“十二五”职业教育国家规划教材修订版
高等职业教育新形态一体化教材

分析化学实验

（第六版）

高等职业教育化学教材编写组　编

500

400

300

200

100

FENXI HUAXUE SHIYAN

中国教育出版传媒集团
高等教育出版社·北京

内容提要

本教材为“十二五”职业教育国家规划教材修订版，也是“十四五”职业教育国家规划教材《分析化学(第六版)》(高等职业教育化学教材编写组编)配套用书。

本教材由四个模块(共九章)构成。模块一为分析基础，包括分析化学实验室基本知识、分析天平和称量；模块二为化学分析，包括化学分析基本操作、标准滴定溶液的制备和化学分析实验；模块三为仪器分析，包括常见分析仪器及其使用方法和仪器分析实验；模块四为综合训练，包括产品质量检验、化学检验工职业鉴定和化学实验技术技能大赛。书中重要知识点的动画和视频资源可通过扫描二维码观看。

本教材含化学分析实验 18 项，仪器分析实验 12 项，综合性实验 2 项；化学实验技术技能大赛(鉴定)理论知识考核样卷 1 套，化学分析和仪器分析操作技能考核实例及其评分细则各 1 套。

本教材适用于高等职业院校化工、环保、能源、医药、食品、地质、冶金、商检等专业使用，也可作为行业化学检验人员考取职业资格证书、参与技能大赛的参考用书。

图书在版编目(CIP)数据

分析化学实验/高等职业教育化学教材编写组编.--6 版.--北京：高等教育出版社，2024.9

ISBN 978-7-04-061398-8

Ⅰ.①分…　Ⅱ.①高…　Ⅲ.①分析化学-化学实验　Ⅳ.①O652.1

中国国家版本馆 CIP 数据核字(2023)第 218475 号

FENXI HUAXUE SHIYAN

策划编辑　苗叶凡　　责任编辑　苗叶凡　　封面设计　王　洋　　版式设计　童　丹

责任绘图　于　博　　责任校对　马鑫蕊　　责任印制　刁　毅

出版发行	高等教育出版社	网　　址	http://www.hep.edu.cn
社　　址	北京市西城区德外大街 4 号		http://www.hep.com.cn
邮政编码	100120	网上订购	http://www.hepmall.com.cn
印　　刷	北京玥实印刷有限公司		http://www.hepmall.com
开　　本	787mm×1092mm　1/16		http://www.hepmall.cn
印　　张	13.25	版　　次	1993 年11月第 1 版
字　　数	300 千字		2024 年 9 月第 6 版
购书热线	010－58581118	印　　次	2024 年 9 月第 1 次印刷
咨询电话	400－810－0598	定　　价	31.80 元

本书如有缺页、倒页、脱页等质量问题，请到所购图书销售部门联系调换

物 料 号　61398－00

第六版前言

preface

本教材为“十二五”职业教育国家规划教材修订版，高等职业教育新形态一体化教材，可与“十四五”职业教育国家规划教材《分析化学(第六版)》(高等职业教育化学教材编写组编)配套使用。本教材是在第五版教材的基础上修订而成的，更加符合职业教育的培养目标，更加具有可操作性、实用性和先进性。本次修订工作主要包括以下几个方面：

1. 精炼语言，使表达更加流畅，便于阅读。

2. 注重内容的科学性和先进性，依据新的国家标准对部分内容进行了更新。

3. 为适应分析化学实验教学对仪器设备需要的新形势：对“第二章 分析天平和称量”内容进行了大幅缩减和改编，删除了原第2节“机械电光天平”，对“实验一 分析天平称量练习”做了相应的调整；对目前最常用和较先进的实验仪器设备，给予了必要的补充。

4. 在第七章中增加了“芳香族未知物的测定(紫外分光光度法)”“醇系物的分析(程序升温气相色谱法)”和“茶叶中咖啡因含量的测定(反相HPLC法)”，使分析项目更加全面。

5. 为对接世界技能大赛化学实验室技术、全国职业院校技能大赛化学实验技术赛项，对“第九章 化学检验工职业鉴定和技能大赛”内容进行了调整和改编。

6. 对第五版教材在使用过程中发现的错误和不当之处做了修改。

本教材模块一(第一章和第二章)，模块二(第三章、第四章和第五章)，模块三(第六章和第七章)和模块四(第八章和第九章)，分别由河北石油职业技术大学王秀艳、张晓飞、祁强和南京科技职业学院王建梅修订。全书由张晓飞统稿并担任主编。

本次修订过程中，高等教育出版社苗叶凡编辑为本书的出版付出了辛勤的劳动，在此致以衷心的感谢。

限于编者水平，本次修订疏漏和不足之处在所难免，敬请广大读者不吝赐教，以便日后再版时予以更正和完善。

编 者

2024年3月

第一版前言

preface

分析化学是工程专科学校有关专业必修的技术基础课，是一门实践性很强的课程。分析化学实验是本课程的重要组成部分，它不仅训练学生正确掌握分析化学实验的基本知识、基本操作和基本技能，树立严格的"量"的概念，而且培养学生实事求是的科学作风，严谨的科学态度，整洁而有秩序的良好实验习惯，使其逐步具备作为高级工程技术应用型人才应有的素质。

本书是根据国家教委审定的《高等学校工程专科分析化学课程教学基本要求》编写的，是高等工程专科学校分析化学课程的实验教材。全书共七章，选编实验 32 个，主要内容包括分析化学实验基本知识和基本操作、化学分析实验及仪器分析实验，以化学分析实验为主。为了加强针对性和应用性，本书中选用的分析试样尽可能结合实际，其中有金属、非金属、矿石、药物、化工及环境的样品等，使本书具有学以致用的专科特色。

根据教学基本要求，本课程教学时数为 81～100 学时，其中实验时数为 50～60 学时。本书按学时上限编写，考虑到各专业所要求的内容有所不同，各学校具备的实验条件也不尽相同，相近内容的实验常并列几个，以便各校选用。

参加本书编写的有盐城工业专科学校陆为林（第一章；第二章；第五章：实验一、实验八～十二、十六、十八；第六章：实验二十六～二十九、第七章及附录）；江汉大学谢能咏（第三章；第五章：实验二～七、二十；第六章：实验二十四、二十五、三十、三十一）；盐城工业专科学校陈玄杰（第四章；第五章：实验十三～十五、十七，十九、二十一～二十三）。全书由陆为林统稿。

本书的主要审稿人为清华大学薛华教授、郁鉴源教授，中国纺织大学周增枘教授。参加审稿的还有上海化工高等专科学校刘莲芬，上海石油化工高等专科学校徐嘉凉，湖南城市建设高等专科学校杨丽君，在审稿中他们提出了许多极为宝贵的意见，为提高本书质量作出了贡献。在此，对以上各位老师表示衷心感谢。

由于编者水平有限，书中缺点甚至错误在所难免，恳切希望使用本书的师生多多提出宝贵意见和批评指正。

编　者

1994 年 4 月

目 录

contents

模块一 分析基础

模块二 化学分析

模块一　分析基础

第一章　分析化学实验室基本知识

1.1　分析化学实验室规则

分析化学是一门实践性很强的学科。分析化学实验课不但能够使学生掌握规范的化学分析及仪器分析实验的基本操作技能，培养严格、认真、实事求是的工作态度，练就进行科学实验的正确思路、方法和本领，提高分析和解决实际问题的能力，同时也强化了对分析化学与仪器分析基础理论的理解，达到学以致用的目的。为了实现上述教学效果，应该做到以下几点：

(1) 实验课前必须认真预习，明确实验目的，领会实验原理，熟悉实验内容和实验步骤，写好实验预习报告，对将要进行的实验做到心中有数。

(2) 实验过程中，保持实验室安静，严格遵守操作规程，切忌机械地“照方抓药”；应积极思考每一步操作的目的和作用，认真观察实验现象，发现异常情况时，要研究其原因并找出解决的办法。

(3) 对不熟悉的仪器和设备，应仔细阅读使用说明，听从教师指导，切不可随意动手，以防损坏仪器设备或发生事故。实验中如有仪器设备损坏，应及时报告实验指导教师，并按规定予以登记、办理补领手续。

(4) 实验台应始终保持清洁、有序，注意节约取用试剂，爱护公共财产。不乱倒(扔)废物，将废液倒入废液桶中，纸屑等杂物放入废物篓内，以免堵塞水槽、下水管道和污染环境。剧毒与贵重的废物，分类集中回收处理或再利用。

(5) 严禁在实验室饮食、吸烟，严格遵守水、电、气、易燃、易爆及有毒物品使用的安全规则，不得将实验室物品带出室外。

(6) 实验原始数据是得出分析结论的唯一依据，从学生时代起就应养成良好的职业习惯，认真、如实地做好原始数据记录和实验现象记录。所有原始数据都应边实验边准确地记录在专用的实验记录本上，而不要待实验结束后补记。不能凭主观意愿删去自己不喜欢的数据，更不能随意更改数据。若数据记错了，在错的数据上画一条线，再将正确的数据记在旁边。数据记录本应有页码或预先编好页码，不得撕毁其中的任何一页。

(7) 操作结束后，将玻璃器皿和仪器附件等洗刷干净，复原仪器，并填写记录卡。清洁实验台、清扫实验室，最后检查水、电、气、窗和门等是否关闭，方能离开实验室。

(8) 实验完毕，认真书写实验报告和回答思考题，及时总结做好实验的要领、存在问题并进行误差分析等。

1.2 分析化学实验用水

1.2.1 纯水的级别与合理取用

分析化学实验不能直接使用自来水或其他天然水，而需要使用按一定方法制备得到的纯水。纯水并不是绝对不含杂质，只是杂质含量低微而已。国家标准《分析实验室用水规格和试验方法》(GB/T 6682—2008)，规定的分析实验室用水的规格如表1.1所示。

表1.1 分析实验室用水的规格

名称	一级	二级	三级
pH范围(25 ℃)	—	—	5.0～7.5
电导率(25 ℃)/($mS\cdot m^{-1}$)	≤0.01	≤0.10	≤0.50
可氧化物质含量[以(O)计]/($mg\cdot L^{-1}$)	—	≤0.08	≤0.40
吸光度(254 nm,1 cm光程)	≤0.001	≤0.01	—
蒸发残渣含量[(105±2) ℃]/($mg\cdot L^{-1}$)	—	≤1.0	≤2.0
可溶性硅含量[以(SiO_2)计]/($mg\cdot L^{-1}$)	≤0.01	≤0.02	—

注：$1\ mS\cdot m^{-1}=0.01\ mS\cdot cm^{-1}=10\ \mu S\cdot cm^{-1}$。

1.2.2 纯水制备方法

(1) 三级水：三级水是分析实验室使用的最普通的纯水。过去多用蒸馏方法制备，故所制纯水通常称为蒸馏水。蒸馏法只能除去水中非挥发性杂质，不能完全除去水中溶解的气体杂质。现三级水多用离子交换方法制备。离子交换法适宜除去水中离子型杂质，故所制纯水通常称为去离子水，去离子水中常含有微量的非离子型有机物。

除用蒸馏法和离子交换法制备纯水外，目前电渗析、反渗透、膜分离等纯水制备技术在分析实验室中也得到了较为广泛的应用。

(2) 二级水：对无机、有机或胶态杂质的限量更为严格，可通过将蒸馏、离子交换后所得的三级水，再经蒸馏等纯化方法来制备。

(3) 一级水：基本不含有溶解或胶态杂质及有机物，可用二级水经进一步纯化来制备。

小贴士

纯水来之不易，应根据实验对水的要求合理选用适当级别的水，并注意节约用水。化学定量分析实验，一般使用三级水。仪器分析实验，一般使用二级水(如原子吸收光谱等)。有的实验(如高效液相色谱等)则需要使用一级水。

1.2.3 纯水质量的检验

分析实验室用纯水质量的检验，最简单且直接的检测方法是测定其电导率。电导率试验应选用适于测定高纯水的电导仪。三级水测定时，电极常数为 0.1～1 cm^{-1}；一、二级水测定时，电极常数为 0.01～0.1 cm^{-1}。电导仪一般都有温度补偿功能，否则应进行水温测定，再换算成 25 ℃时的电导率。

GB/T 6682—2008 中规定的其他五个指标的试验方法如下。

(1) pH 的测定。量取 100 mL 水样，用 pH 计或类似功能的仪器测定其 pH。

(2) 可氧化物质的限量试验。量取 200 mL 三级水(二级水取 1 000 mL)注入烧杯中，加入 1.0 mL 20 % 硫酸溶液(二级水为 5.0 mL)，混匀。向上述已酸化的试液中，加入1.00 mL $c\left(\frac{1}{5}\text{KMnO}_4\right)=0.1\ \text{mol}\cdot\text{L}^{-1}$标准溶液，混匀。盖上表面皿，加热至沸腾并保持 5 min，溶液的粉红色不得完全消失。

(3) 吸光度的测定。将水样分别置入 1 cm、2 cm 吸收池中，在紫外-可见分光光度计上，于 254 nm 处，以 1 cm 吸收池中水样为参比，测定 2 cm 吸收池中水样的吸光度。

(4) 蒸发残渣的测定。量取 500 mL 三级水(二级水量取 1 000 mL)，将水样分几次加入旋转蒸发仪的蒸馏瓶中，于水浴上减压蒸发(应避免蒸干)。待水样蒸发至约 50 mL 时，停止加热。将上述预浓集的水样转移至一个已于(105±2) ℃恒重的玻璃蒸发皿中。用 5～10 mL 水样分2～3次冲洗蒸馏瓶，将洗液合并入蒸发皿中，于水浴上蒸干，并在(105±2) ℃的电烘箱中干燥至恒重，计算其蒸发残渣。

(5) 可溶性硅的限量试验。量取 270 mL 二级水(一级水量取 520 mL)注入铂皿中。在防尘条件下，亚沸蒸发至约 20 mL 时，停止加热，冷却至室温。加 1.0 mL 50 $g\cdot L^{-1}$钼酸铵溶液，摇匀。放置 5 min 后，加 1.0 mL 50 $g\cdot L^{-1}$草酸溶液，摇匀。再放置 1 min，加 1.0 mL 2 $g\cdot L^{-1}$对甲氨基酚硫酸盐(米吐尔)溶液，摇匀。将上述试液转移至 25 mL 比色管中，稀释至标线、摇匀，于 60 ℃水浴中保温 10 min。溶液的蓝色不得深于标准比色溶液①。

在实际工作中，有的实验对纯水的质量或许有更特殊的要求，还可能要检验其他项目，这里不再一一赘述。

小贴士

纯水在与空气接触或贮存过程中，由于容器材料可溶解组分的引入或吸收空气中 CO_2 等气体及其他杂质，都会引起纯水质量的改变。水越纯，影响越显著，高纯水需要临用前制备，不宜存放。

---

① 一级水、二级水的标准比色溶液制备过程为：量取 0.50 mL 二氧化硅标准溶液(1 mL 溶液中含有 0.01 mg SiO_2)于铂皿中，用水稀释至 20 mL 后，再按上述硅钼杂多酸显色步骤同时同样处理。

1.3 化学试剂

1.3.1 化学试剂的等级与使用

试剂的纯度对分析结果的准确度影响很大,不同的分析工作对试剂纯度的要求也不相同。因此,必须了解试剂的门类与等级标准,以便正确使用化学试剂。

根据国家标准《化学试剂 包装及标志》(GB 15346—2012)有关规定,可将实验室通常使用的化学试剂,按其所含杂质及对应的标签颜色标记,划分为不同的门类、等级(如表1.2所示)。

表1.2 化学试剂的门类、等级和主要用途

门类	等级		标签颜色	主要用途	备注
	中文名称	英文及缩写			
通用试剂	优级纯(保证试剂)	guaranteed reagent,GR	深绿	精密分析实验	一级
	分析纯	analytical reagent,AR	金光红	普通分析实验	二级
	化学纯	chemical pure,CP	中蓝	一般化学实验	三级
基准试剂		primary reagent,PT	深绿	配制与标定标准滴定溶液	
生物染色剂		biological stain,BS	玫红	配制微生物标本染色液	

此外,还有高纯试剂、专用试剂等。基准、高纯等试剂的纯度相当于或高于优级纯试剂,其价格要比一般试剂高数倍乃至数十倍。因此,应根据分析工作的具体情况进行选择,不要盲目追求高纯度。

关于基准试剂的应用,以后的章节中还要专门讲解,这里仅给出化学试剂选用的一般原则:

(1) 滴定分析常用的标准滴定溶液,一般应选用分析纯试剂配制,再用基准试剂进行标定(某些对分析结果要求不很高的实验,也可用优级纯或分析纯试剂代替基准试剂);滴定分析中所用其他试剂一般为分析纯。

(2) 仪器分析实验一般使用优级纯、高纯或专用试剂,测定微量或超微量组分时应选用高纯试剂。

(3) 某些试剂从主体含量看,优级纯与分析纯很接近或相同,只是杂质含量不同。若所做实验对试剂杂质要求高,应选用优级纯试剂;若只对主体含量要求高,可选用分析纯试剂。

(4) 按GB 15346—2012规定,化学试剂的标签上应标明:品名(中、英文),化学式或结构简式,相对原子质量或相对分子质量,质量等级,技术要求,产品标准号,生产许可证号,净重或体积,生产批号(日期),厂名及商标,有效期等;危险品还应给出相应的标志图形符号。

(5) 指示剂的纯度往往不太明确,除少数标明"分析纯""试剂某级"外,经常只注明"化学试剂""企业标准"等。常用的有机试剂有时也等级不明,一般只可作"化学纯"试剂使用。

当所用化学试剂的纯度不能满足实验要求时，应将试剂提纯后再使用。

1.3.2 化学试剂的保管与取用

化学试剂的贮存、保管和取用是实验室一项十分重要的工作。一般原装试剂应存放在通风良好、洁净和干燥的房间，远离火(热)源并注意防止水分、灰尘和其他物质的沾染。对实验室待用试剂的盛放容器或试剂瓶等，其外部应贴上标签(最好涂上石蜡保护)，标明试剂的名称、规格、浓度、制备时间等。试剂保管不善或取用不当，极易变质或产生沾染，这在分析化学实验中往往是引起误差甚至造成实验失败的主要原因。因此，必须按一定的要求保管和取用试剂。

(1) 使用前，要认清标签。取用时，不要随意乱放瓶盖(塞)，应将其反放在洁净的地方。取完后，应随手盖上瓶盖，切不可“张冠李戴”。固体试剂用干净的药匙取用，用毕应将药匙洗净、晾干备用；液体试剂一般用干净的量器取用，倾倒液体试剂时瓶子应标签朝上，不要将液体洒在外面，多余试剂不要倒回原试剂瓶内。

(2) 液体试剂通常盛于细口瓶中；固体试剂一般装在广口瓶内。盛装试剂的试剂瓶都应贴有标签，若标签脱落要用碳素墨水书写或采用计算机打字，贴在试剂瓶适当位置。标签丢失的试剂，未查明前不得使用。

(3) 使用标准滴定溶液前，应把试剂充分摇匀。

(4) 易腐蚀玻璃的试剂(如氟化物、苛性碱等)，应保存在塑料瓶或涂有石蜡的玻璃瓶中。

(5) 易被氧化的试剂(如氯化亚锡、低价铁盐等)、易风化或潮解的试剂(如三氯化铝、无水碳酸钠等)，应用石蜡密封瓶口。

(6) 易受光分解的试剂(如硝酸银、高锰酸钾等)，应用棕色瓶盛装，并保存在暗处。

(7) 易受热分解的试剂、低沸点的液体和易挥发的试剂，应保存在阴凉处。

(8) 剧毒试剂[如氰化物、三氧化二砷(砒霜)等]应存放于保险箱中，要特别妥善保管和安全使用，领用时须登记，余量要回收，对废液须进行适当处理。

1.4 常用玻璃器皿的洗涤和干燥

1.4.1 器皿的洗涤

分析化学实验中需要使用洁净的玻璃器皿，因此在使用前必须将其充分洗涤，以利获得准确的分析结果。按国家标准《实验室玻璃仪器 玻璃量器的容量校准和使用方法》(GB/T 12810—2021)，用于清洗玻璃器皿的洗涤方法如下。

(1) 机械洗涤。实验室常用的烧杯、表面皿、试剂瓶、锥形瓶，甚至是量筒、量杯(粗量器)等一般的玻璃器皿，可用刷子蘸取去污粉、肥皂水或洗涤剂等刷洗。清洗时先将要刷洗的器皿用适量水润湿，洒入少量助洗剂，然后用毛刷直接刷洗或再蘸少许助洗剂洗刷器皿的内外壁，最后用自来水边冲边刷，洗净为止。

(2) 洗液洗涤。移液管、吸量管、滴定管、容量瓶等口径较细且带有准确刻度的量器，其内壁一般不宜用刷子刷洗，通常采取洗涤剂或洗液浸泡等方式洗涤，再用自来水冲净残留在器皿上的洗液，洗净为止。

分析化学实验常用 $K_2Cr_2O_7-H_2SO_4$、$KMnO_4-NaOH$、$CH_3CH_2OH-HCl$ 和有机溶剂等洗液。铬酸洗液最为常用，其制备方法是：称取 10 g $K_2Cr_2O_7$ 于 400 mL 烧杯中，加入 30 mL 水加热溶解，在不断搅拌下缓慢加入 170 mL 浓硫酸，冷却后转入试剂瓶中备用。

铬酸洗液适合洗涤无机物、油污和部分有机物，利用该洗液洗涤器皿应按下列顺序操作。

① 用洗液洗涤前，凡能用毛刷洗刷的器皿必须先用自来水和毛刷洗刷并倾尽水，以免洗液被稀释后降低洗涤效果。

② 取欲洗涤的器皿(尽量干燥)，倒入适量洗液，不断转动器皿使其内壁充分被润湿、浸没；对于难以清洗部位，亦可采取将洗液在局部滞留或浸泡的办法。

③ 洗液用过后需倒回原试剂瓶中，以备下次再用；当洗液变为绿色时则不宜使用，废液应回收集中处理。

若洗液具有强酸性、强氧化性和强腐蚀性时，使用中应特别小心。

带有磨口塞的器皿，在洗涤前应用线配套拴好、不要弄混，以免影响其密合性。

分光光度计中使用的吸收池等器皿，一般采用酸洗液、$CH_3CH_2OH-HCl$ 或有机溶剂洗涤。

无论用上述哪种方法洗涤器皿，最后都必须用自来水冲洗，再用蒸馏水或去离子水①荡洗3 次。洗净的器皿在水流出后，内壁应均匀地润上一薄层水膜，若器壁仍挂有水珠，说明未洗净，必须重洗。

1.4.2 器皿的干燥

(1) 不加热干燥器皿。将洗净的器皿倒置于干净的实验柜内或器具架上自然晾干或用吹风机将器皿吹干。

(2) 加热干燥器皿。将洗净的器皿放入恒温电烘箱内烘干(器皿尽量优先平放在烘箱上层，若已摆满则放在下层，即按照先上后下的原则放置)；有些器皿也可套在气流烘干机的杆上烘干；烧杯或蒸发皿等还可在石棉网上用温火烤干。

(3) 用有机溶剂协助干燥。向器皿内加入少量乙醇或丙酮有机溶剂，再将其倾斜转动，壁上的水即与溶剂混合，然后倾出溶液，留在器皿内的溶剂会快速挥发，而使器皿干燥。

小贴士

用有机溶剂干燥器皿，不能在实验室内大范围使用，以避免其蒸气在空气中的含量太高而发生危险；有刻度的量器，不能用加热的方法干燥，因受热会影响其标称容量。

1.5 实验室安全知识

1.5.1 实验室安全规则

在分析化学实验中经常遇到腐蚀性、易燃或易爆甚至有毒的化学试剂，频繁使用易

① 除特殊情况外，本书后续所涉及的蒸馏水或去离子水，一般用“水”或“纯水”表示。

损玻璃器皿，时常用到一些精密分析仪器，还经常与实验所用辅助设施（如水、电、气）打交道。因此，为保证实验的正常进行、确保国家财产与人身安全，必须严格遵守实验室的安全规则。

(1) 必须熟悉实验室及其周边环境和水截门、电闸、灭火器的位置。

(2) 使用电器设备时，不能用湿的手去开启电闸，以防触电。

(3) 不能用手直接拿取试剂，要用药匙或指定的容器取用。对一些强腐蚀性的试剂（如氢氟酸、溴水等）的取用，须戴上防护手套。

(4) 对易燃物（如丙酮、乙醇等）、易爆物（如氯酸盐、硝酸盐等），使用时要远离火源，用完后及时加盖，存放在阴凉通风处。

(5) 使用浓酸和一切能产生有毒、有气味气体的实验时，应在通风橱内进行。

(6) 热、浓的高氯酸遇有机物易发生爆炸。如果试样为有机物时，应先用浓硝酸加热，使之与有机物发生反应，将有机物破坏后再加入高氯酸。蒸发高氯酸所产生的烟雾可在通风橱中凝聚，经常使用高氯酸的通风橱应定期用水冲洗，以免高氯酸的凝聚物与尘埃、有机物等作用，引起燃烧或爆炸。

(7) 氰化物、砷化物等剧毒物品，使用时应特别小心。严禁在酸性介质中使用氰化物，不然会产生剧毒的氢氰酸。氰化物废液应倒入碱性亚铁盐溶液中，使其转化为亚铁氰化铁盐类，然后作废液处理。

(8) 实验室里禁止吸烟、饮食，一切化学药品严禁入口。实验结束后，需认真洗手。

1.5.2 实验室意外事故的正确处置方法

实验时，若有事故发生，应沉着、冷静，正确应对。实验室意外事故的处理方法见表 1.3。

表 1.3 实验室意外事故的处理方法

事故	正确处置方法
强酸腐伤	先用大量水冲洗，然后擦上碳酸氢钠油膏
氢氟酸腐伤	迅速用水冲洗，再用 5 % 小苏打溶液冲洗，然后浸泡在冰冷的饱和硫酸镁溶液中30 min，最后敷以含硫酸镁 26 %、氧化镁 6 %、甘油 18 %、水和盐酸普鲁卡因 1.2 %配成的药膏（或甘油和氧化镁质量比为 2∶1 的悬浮剂涂抹，用消毒纱布包扎）
强碱腐伤	立即用大量水冲洗，然后用 1 % 柠檬酸或硼酸溶液洗
磷烧伤	用 1 % 硫酸铜、1 % 硝酸银或浓高锰酸钾溶液处理伤口后，送医院治疗
吸入溴、氯等有毒气体	吸入少量酒精和乙醚的混合蒸气以解毒，同时应到室外呼吸新鲜空气
汞泄漏	立即用滴管或毛笔尽可能将汞拾起，然后用锌皮接触使成锌汞合金而消除之，最后撒上硫黄粉，使汞与硫反应，生成不挥发的硫化汞
触电事故	立即拉开电闸，截断电源；或尽快地利用绝缘物（干木棒、竹竿）将触电者与电源隔离
火灾	酒精及其他可溶于水的液体着火，可用水灭火；汽油、乙醚等有机溶剂着火时，用沙土扑灭；导线或电器着火时，首先切断电源，用 CCl_4 灭火器灭火

以上事故如果严重，应立即将伤员送医院医治。

1.6 分析数据的记录和处理

建立有效数字的概念并掌握其运算规则，应用有效数字的概念在实验中正确做好原始记录，正确处理原始数据，正确表示分析结果，这对于刚开始学习分析化学的学生，具有十分重要的意义。以下为根据实验室的具体情况，介绍有效数字的记录和运算的一般规则，以及分析结果的正确表示方法。

(1) 所有的分析数据，应当根据仪器的测量误差，只保留一位不定数字。在分析化学中，几个重要物理量的测量误差一般为

质量：±0.000x g；

容积：±0.0x mL；

pH：±0.0x 单位；

电位：±0.000x V；

吸光度：±0.00x 单位等。

如在一台单次称量误差为±0.000 1 g的分析天平上，称出某物质的质量为21.432 8 g，其最后一位数“8”是不定数字。

(2) 数字“0”及“9”在确定有效数字位数时，应根据具体情况而定。“0”有时仅起定位作用，不是有效数字。如在0.006 0一数中，前面三个“0”是起定位作用的，后面一个“0”才是有效数字。因此，该数仅有两位有效数字。9、99等大数的相对误差与10、100十分接近，因此可以分别视为两位和三位有效数字。

(3) 运算过程中，弃去多余数字(称为“修约”)的原则是“四舍六入五成双”。当测量值中被修约的那个数字等于或小于4，则舍去；等于或大于6，则进位。等于5时，当5后面为0，其前面数字若为偶数，则舍去(若为奇数，则进位)；当5后面不为0，无论其前面数字是偶数还是奇数，均应进位。

例如，将0.374 2、4.586、13.35、0.476 5、0.244 51五个测量值修约为三位有效数字时，结果分别为0.374、4.59、13.4、0.476和0.245。

(4) 在加减法的运算中，以小数点后位数最少的数，即绝对误差最大的数为准，确定有效数字的位数。

例如，求0.012 1+25.64+1.057 82=？

三个数据中，25.64中的4有0.01的误差，绝对误差以它最大。因此，所有数据只能保留至小数点后第二位，得到

$$0.01+25.64+1.06=26.71$$

(5) 在乘除法的运算中，以有效数字位数最少的数，即相对误差最大的数为准，确定有效数字的位数。

例如，求0.012 1×25.64×1.057 82=？

其中，以0.012 1的有效数字位数最少，即相对误差最大，因此所有的数据只能保留三位有效数字，得到

$$0.0121\times25.6\times1.06=0.328$$

(6) 对数的有效数字位数取决于尾数部分的位数。如$\lg K=10.34$,为两位有效数字;pH=2.08,也是两位有效数字。

(7) 计算式中的系数(倍数或分数)或常数(如 π,e 等)的有效数字位数,可以认为是无限制的。

(8) 如果要改换单位,则要注意不能改变有效数字的位数。如“5.6 g”只有两位有效数字,若改用 mg 表示,正确表示应为“5.6×10^3 mg”,若写为“5 600 mg”,则有四位有效数字,就不合理了。

(9) 在实际测定中,分析结果通常以平均值 $\bar{x}$ 来表示。对质量分数大于 10 %的分析结果,一般要求有四位有效数字;对 1 %～10 %的分析结果,则一般要求有三位有效数字;对小于 1%的微量组分,一般只要求有两位有效数字。有关化学平衡的计算中,一般保留 2～3 位有效数字,pH 的有效数字一般保留 1～2 位。有关误差的计算,一般也只保留 1～2 位有效数字,通常要使其值变得更大一些,即只进不舍。

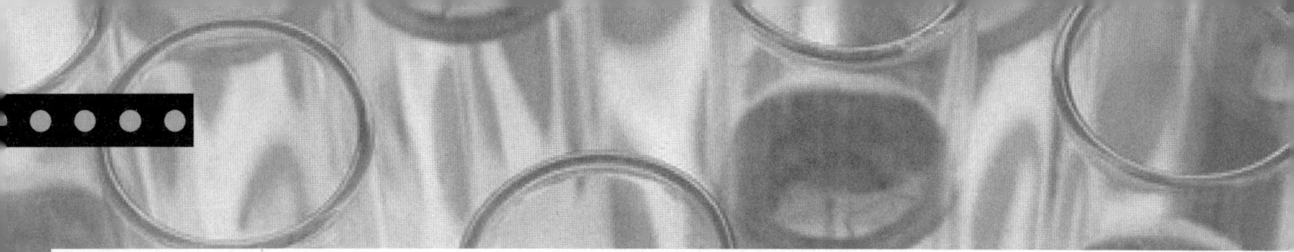

第二章　分析天平和称量

分析天平是定量分析中最重要的计量仪器之一,用于直接测定物体质量或准确称取一定质量的物体。正确、熟练地使用分析天平是获得准确分析结果的基本保证,因此分析工作者必须了解分析天平的构造和性能,掌握其正确的使用和维护保养方法。

2.1　天平的技术指标、分类及选用

2.1.1　天平的主要技术指标

1. 最大称量

最大称量(又称最大载荷),表示天平可称量的最大值,用 $m_{\max}$ 表示。被称物体的质量必须小于天平的最大称量。在分析工作中常用的天平最大称量一般为 100～200 g。

2. 分度值

检定标尺分度值(简称分度值),是指天平标尺一个分度对应的质量,用 e 表示。对于机械天平,分度值就是天平读数标尺能够读取的有实际意义的最小质量数。

天平的分度值越小,灵敏度越高。最大称量在 100～200 g 的分析天平,其分度值一般为 0.1 mg,即万分之一天平;最大称量在 20～30 g 的分析天平,其分度值一般为 0.01 mg,即十万分之一天平。

3. 分度数

检定标尺分度数(简称分度数)是指天平的最大称量与其分度值之比,用 n 表示,$n = m_{\max}/e$。分度数越大,天平的准确度越高,n 在 10^4 以上的天平称为高精密天平。

4. 称量空间

称量空间是指天平最大可容纳称量物体的尺寸大小。在天平的技术规格中,称量空间常以秤盘直径和秤盘上方空间,即宽度和高度的形式给出。日常使用中,在满足高度的前提下,常常只用秤盘直径表示天平最大可容纳称量物件的尺寸大小。

2.1.2　天平的分类

1. 标准天平和工作天平

按照是否直接用于检定传递砝码的质量量值,天平可分为标准天平和工作天平两类。

供各级计量部门作标准质量传递和检定砝码使用的天平称为标准天平。

标准天平以外的天平称为工作天平。工作天平又分为分析天平、工业天平和托盘天平等。其中,分析天平用于科研和工业微量化学分析及高准确度衡量;工业天平用于工业分析和中等准确度衡量;托盘天平常用于粗称试样。

2. 机械天平和电子天平

按照天平的构造原理不同,天平分为机械天平和电子天平两大类。

机械天平主要依据杠杆原理,按等臂和不等臂杠杆结构,可分别制成等臂双盘机械天平和不等臂单盘机械天平。其中,双盘机械天平又可分为半自动和全自动机械电光天平。

电子天平主要依据电磁力平衡原理。此类天平目前在实验室最为常用,具有称量速度快、结果以数字显示、便于读数等优点。某些电子天平还具有自动检测系统、自动校准装置及超载保护装置等。

3. 不同天平准确度级别

视频:分析化学实验室常用的台秤与天平

按分度值(e)和分度数(n),可将天平划分为以下四个准确度级别:

(1) 特种准确度级高精密天平,符号为 (Ⅰ),简称特准。

(2) 高准确度级精密天平,符号为 (Ⅱ),简称高准。

(3) 中准确度级商用天平,符号为 (Ⅲ),简称中准。

(4) 普通准确度级普通天平,符号为 (Ⅳ),简称普准。

天平的准确度级别与 e、n 的关系如表 2.1 所示。

表 2.1 天平的准确度级别与 e、n 的关系

准确度级别	e	$n=\frac{m_{max}}{e}$	
		最小	最大
特 准 (Ⅰ)	$e \leqslant 5\ \mu g$ $10\ \mu g \leqslant e \leqslant 500\ \mu g$ $1\ mg \leqslant e$	1×10^3 5×10^4 5×10^4	不限制
高 准 (Ⅱ)	$e \leqslant 50\ mg$ $0.1\ g \leqslant e$	1×10^2 5×10^3	1×10^5 1×10^5
中 准 (Ⅲ)	$0.1\ g \leqslant e \leqslant 2\ g$ $5\ g \leqslant e$	1×10^2 5×10^2	1×10^4 1×10^4
普 准 (Ⅳ)	$5\ g \leqslant e$	1×10^2	1×10^3

2.1.3 天平的选用

选择天平主要应考虑天平的分度值和最大称量是否符合称量的要求。

1. 精度要求

天平的精度即分度值，选择天平应首先考虑天平的分度值是否符合称量精度的要求。在满足精度要求的前提下，不宜选择精度过高的天平，以免造成不必要的浪费。

> **小贴士**
>
> 电子天平的分度值(e)与实际分度值(d)是两个概念。d 代表天平的可读性，是指两个相邻可读示值之差；e 是指天平精度。一般的天平 $d<e\leqslant 10\ d$。选取电子天平的最佳精度不能只看 d 值，还要看 e 值，尤其是进行精确称量、科学实验或量值传递部门，选择天平要看 e 值。

2. 量程要求

在选择天平时，除了要考虑其精度等级，还应看其最大称量质量是否满足常用载荷的需要。通常选取常用载荷的上限再加少许保险系数即可，不必过分追求更大的量程。例如，称取试样供测试用时，容器质量为数十克，试样质量为 0.2 g，通常选择最大载荷 100 g、分度值 0.1 mg 的分析天平或电子天平；称量精度要求高时，可选择最大载荷 50 g、分度值 0.01 mg 的分析天平或电子天平。

2.2 电 子 天 平

2.2.1 称量原理

应用现代电子控制技术进行称量的天平称为**电子天平**。电子天平是最新一代的天平，目前应用的主要有顶部承载式(吊挂单盘)和底部承重式(上皿式)两种。尽管不同类型的电子天平的控制方式和电路不尽相同，但其称量原理大多依据电磁力平衡理论。

我们知道，把通电导线放在磁场中，导线将产生电磁力，力的方向可以用左手定则来判定。当磁感应强度不变时，力的大小与流过线圈的电流成正比。如果使重物的重力方向向下，电磁力的方向向上，并与之相平衡，则通过导线的电流与被称物体的质量成正比。

电子天平的结构如图 2.1 所示。

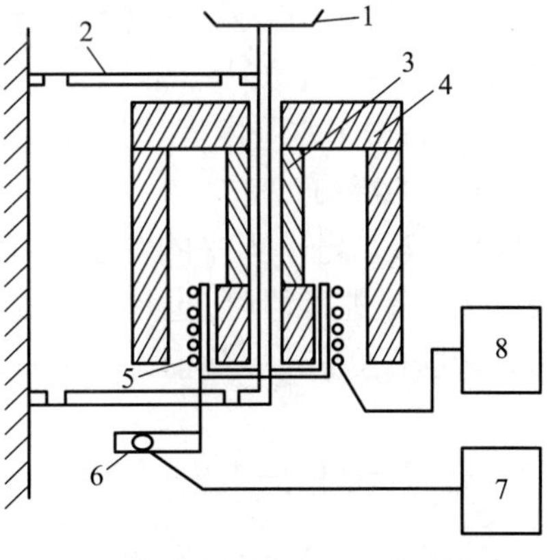

1—秤盘；2—簧片；3—磁钢；4—磁回路体；5—线圈及线圈架；6—位移传感器；7—放大器；8—电流控制电路

图 2.1 电子天平结构示意图(上皿式)

秤盘通过支架连杆与线圈相连，线圈置于磁场中。秤盘及被称物体的重力通过连杆支架作用于线圈上，方向向下。线圈内有电流通过，产生一个向上作用的电磁力，与秤盘重力方向相反、大小相等。位移传感器处于预定的中心位置，当秤盘上的物体质量发生变化时，位移传感器检出位移信号，经调节器和放大器改变线圈的电流直至线圈回到中心位置为止。通过数字显示出物体的质量。

2.2.2 性能特点

电子天平的性能特点如下。

(1) 电子天平支撑点采用弹性簧片,没有机械天平的宝石或玛瑙刀,取消了升降框装置,采用数字显示方式代替指针刻度式显示。使用寿命长,性能稳定,灵敏度高,操作方便。

(2) 电子天平采用电磁力平衡原理,称量时全量程不用砝码。放上被称物后,即刻便达到平衡,显示读数,称量速度快,精度高。

(3) 有的电子天平具有称量范围和读数精度可变的功能,如瑞士梅特勒 AE240 电子天平,在0～205 g 称量范围,读数精度为0.1 mg。在 0～41 g 称量范围,读数精度为 0.01 mg。可以一机多用。

(4) 分析及半微量电子天平一般具有内部校正功能。天平内部装有标准砝码,使用校准功能时,标准砝码被启用,天平的微处理器将标准砝码的质量值作为校准标准,以获得正确的称量数据。

(5) 电子天平是高智能化的,可在全量程范围内实现去皮重、累加、超载显示、故障报警等。

(6) 电子天平具有质量电信号输出,这是机械天平无法做到的。电子天平可以连接打印机、计算机,实现称量、记录和计算的自动化。同时也可以在生产、科研中作为称量、检测的手段,或组成各种新仪器。

2.2.3 安装和校准

1. 电子天平的安装

电子天平是精密的计量仪器,选择合适的安装场所,正确进行安装,是保证电子天平正常使用的前提条件。

(1) 场所。电子天平应放置在避免阳光直射、远离暖气与空调、附近无带磁设备的地方;精度要求高的电子天平的理想放置条件是温度控制在(20±2) ℃、相对湿度为45%～60%;天平台要求水平度好、坚固,具有抗震及减震性能;天平室内应保持清洁,避免尘埃及气体流动的影响。

(2) 安装。电子天平的安装较简单,一般按以下步骤进行即可,也可查阅说明书。图 2.2 是电子天平外形及相关部件图(ES-J 系列)。

① 选择合适的安装实验室和合格的安装台。

② 拆除电子天平的外包装,并将外包装和防震物品保存好以备后用。

③ 按照包装清单,清点电子天平主机和主要零件是否齐全完好。

④ 对电子天平主机和零部件进行清洁

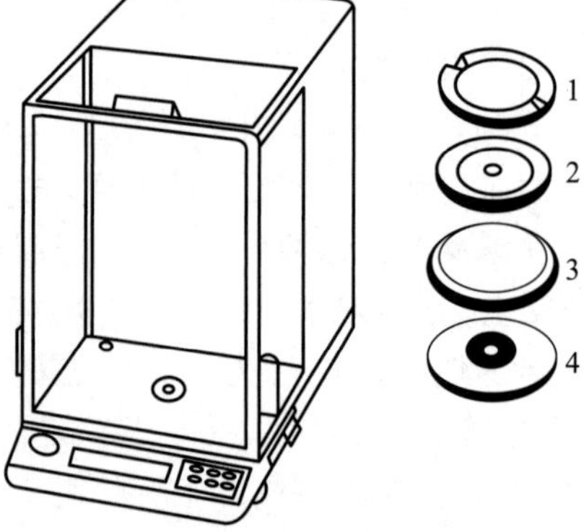

1—秤盘;2—盘托;3—防风环;4—防尘隔板

图 2.2 电子天平外形及相关部件图

和防尘工作。

⑤ 安装电子天平主机,并通过调节天平底部的水平调节螺脚将天平调至水平(观察天平水平仪的气泡是否位于圆环中央)。

⑥ 按照“电子天平说明书”依次将防尘隔板、防风环、盘托、秤盘放上。

⑦ 连接外接电源线即可。

2. 电子天平的校准

因长时间未使用、位置移动、环境变化或为获得精确测量,电子天平在使用前一般都应进行校准操作。校准方法分为内校准和外校准两种,一般分析实验室电子天平使用中常采用外校准。现以“FA/JA 系列天平”为例,具体校准方法如下。

① 保持电子天平处于水平状态,预热 30 min。

② 准备好随机配置用于校准的标准砝码或经过计量单位检定的标准砝码。

③ 电子天平空载状态下,按“TAR(去皮)”键进行清零,显示稳定零点。

④ 按“CAL(校准)”键,启动天平的校准功能。

⑤ 天平显示屏显示“CAL-100”(200 或其他数字)。其中“100”为闪烁码,表示校准需要用 100 g 的标准砝码。将准备好的“100 g”校准砝码轻放到秤盘的中央,显示器即出现“CAL---”等待状态,此时应关闭防风玻璃,避免天平震动或受到干扰,等待十几秒后,显示屏显示标准砝码的质量,即 100.000 g。

⑥ 拿去校准砝码,显示器应显示零位,完成校准。若不为零,则再在空载状态下,按“TAR(去皮)”键进行清零,重复以上校准操作。

2.2.4 使用方法及注意事项

1. 电子天平的使用方法

正确使用电子天平,不仅是获取准确称量数据的关键,也对延长电子天平使用寿命、降低电子天平故障发生至关重要。常用电子天平的使用方法如下。

视频:
电子天平的水平调节

① 使用电子天平前,首先应查看天平铭牌,了解天平型号、最大量值、分度值等电子天平基本性能指标。

② 打开电子天平的防尘罩,叠放平整后放到电子天平台的左上角。

③ 通过水平仪检查电子天平是否水平,如电子天平倾斜,可通过调节天平螺脚进行水平调节,直至水平仪中气泡位于圆圈的正中央。

④ 检查电子天平秤盘是否清洁,可用电子天平配备的毛刷进行简单清理。若污染严重,用毛刷无法去除时,用含少量中性洗涤剂的柔软布擦拭,切记勿用有机溶剂和化纤布擦拭。秤盘清洗后,一定在充分干燥后再安装到天平上。

⑤ 接通电源,按“ON/OFF”键开机。电子天平进入自检程序,一般显示屏首先显示版本号和天平型号;数秒熄灭后,显示屏所有字段短时点亮,此时应观察显示屏工作是否正常,能否完整显示;之后再显示零位,电子天平进入称量状态。

⑥ 称量前电子天平预热至少 30 min。

⑦ 电子天平校准。首次使用电子天平时必须对电子天平进行校准;将电子天平从一地移到另一地使用时或在使用一段时间(一般 30 天)后,应对电子天平进行重新校准。如果对称量精度要求高,亦可每天使用之前对电子天平进行校准。

⑧ 称量。天平空载，待显示屏显示稳定的零点后即可进行称量；若显示不在零状态，可按“TAR(去皮)”键进行清零，显示稳定零点后，才可称量。称量时将物品放到秤盘中间，关上防风门。称量时等显示器左下角“0”标志熄灭稳定后，即可读取称量值。操纵相应的按键可以实现“去皮”“增重”“减重”等称量功能。

⑨ 关机。称量完毕，及时取出称量物，清洁秤盘周围，关闭防风门。若短时间(如 2 h 内)暂不使用天平，则可不关闭天平电源开关，使天平处于待机状态，以免再使用时重新通电预热；若长时间不使用天平，则需按“OFF”键关机，拔下电源，罩上防尘罩。

2. 电子天平的使用注意事项

① 电子天平必须置于稳固的工作台上，避免震动、气流、阳光照射及电磁干扰等。

② 必须了解所使用电子天平的性能参数，电子天平操作时，禁止过载使用，以免损坏。

③ 使用电子天平前，必须观察水平仪，确定天平是否水平。若不在水平位置，应调整电子天平螺脚，使水平仪气泡置于中间位置，保持电子天平水平；使用过程中，不可轻易移动天平，否则应重新对电子天平进行水平调节。

④ 使用电子天平称量时，物品应轻拿轻放，尽可能置于秤盘的中心，这样可以有效减少称量误差，使测定数据更准确。

⑤ 电子天平属于精密电子仪器，应在称量室内放置干燥剂，保持电子元件的干燥，避免空气湿度大等引起电路受潮，甚至发生故障。常使用的干燥剂为变色硅胶，干燥剂失效后应定期更换。

⑥ 使用电子天平称量易挥发和具有腐蚀性的物品时，要将物品盛放在密闭的容器中，以免物品撒落或挥发，腐蚀和损坏电子天平。

⑦ 电子天平不能直接称量过热的物品。称量过热的物品时，需要将过热物品放置在干燥器里，冷却至室温，再进行称量。

⑧ 必须定期对电子天平进行维护和检定，使电子天平时刻处于良好的状态。电子天平出现故障应及时检修，不可带“病”工作。

⑨ 若较长时间不使用电子天平，则应每隔一段时间通电一次以保持电子元件干燥。特别是湿度大时，更应该经常通电，并妥善保存。

2.2.5 常见故障、原因与排除方法

电子天平常见故障、原因与排除方法见表 2.2。

表 2.2 电子天平常见故障、原因与排除方法

序号	故障	原因	排除方法
1	显示器无显示	天平未正常接通电源	检查未接通原因，重新接通
		天平未开启	按“ON/OFF”键
		瞬时干扰	重新开机或断开电源后再次通电
2	显示器仅显示上部线段	超过规定的最大载荷	立即减少载荷
		内部记忆校准数据丢失	按操作顺序重新校准
		秤盘未安装好	重新安装

续表

序号	故障	原因	排除方法
3	显示器仅显示下部线段	未放秤盘	安装秤盘
		秤盘单元未安装好	重新安装秤盘
4	称量结果不稳定	天平周围有较大气流	改善工作条件与环境
		天平工作台不稳定	
		工作室温度不稳定	
5	称量时显示数据上升或下降或称量误差超出规定范围	天平未经规定时间预热和校准	达到规定预热时间后按“TAR(去皮)”键使天平显示零位后重新校准
		使用的校准砝码实际质量值超差	更换标准砝码重新校准
		称物前未清零	按“TAR(去皮)”键使天平显示零位
		电源电压不正常	改用正常电源
6	显示某一位数字或其他无意义字段和符号	瞬时干扰	重新开机或断开电源后再次通电
		使用的电源电压低于正常范围	检查电源插座是否松动,使用正常电源后重新开机
7	显示器左下角“O”标志不灭	天平工作环境不理想,如气流大、震动等	改善工作环境并将防风罩玻璃门关好
8	显示器一直显示等待状态	天平工作环境不理想,如气流大、震动、工作室温度不稳定等	改善工作环境并将防风罩玻璃门关好
9	显示器显示出错符号“CAL ERR”;称量结果出现成倍误差	在校准天平时秤盘上放有其他物品	拿去秤盘上的物品,按“TAR(去皮)”键使天平显示零位后重新校准
		在校准天平前未清零	按“TAR(去皮)”键使天平显示零位后重新校准
		天平未显示零位时就按“校准”键	
		未按提示要求正确使用校准砝码	用随机配置的校准砝码重新校准
10	显示器最右边的称量单位不显示	天平未经校准	对天平重新进行校准
		天平内部记忆校准数据丢失	

2.3 称量方法

根据不同的称量对象,需采用相应的称量方法。对常用分析天平而言,大致有如下几种常用的称量方法。

2.3.1 直接法

天平零点调定后，将被称物直接放在秤盘上，所得读数即为被称物的质量。这种称量方法适用于称量洁净干燥的器皿、棒状或块状的金属及其他整块的不易潮解或升华的固体试样。注意：不得用手直接取放被称物，而应采用戴汗布手套、垫纸条、用镊子或钳子等适宜的办法。

2.3.2 减量法

取适量待称试样置于一干燥洁净的容器（称量瓶、纸簸箕、小滴瓶等）中，在分析天平上准确称量后，取出欲称量的试样置于实验器皿中，再次准确称量，两次称量读数之差，即为所称得试样的质量。如此重复操作，可连续称取若干份试样。这种称量方法适用于一般的颗粒状、粉末状试剂或试样及液体试样。

视频：
减量法称量

称量瓶的使用方法：称量瓶（图 2.3）是减量法称量粉末状、颗粒状试样最常用的容器。用前要洗净烘干，用时不可直接用手拿，而应用纸条套住瓶身中部，用手指捏紧纸条进行操作，这样可避免手汗和体温的影响。先将称量瓶放在托盘天平上粗称，然后将瓶盖打开放在同一秤盘上，根据所需试样量（应略多些）向右移动游码或加砝码。用药匙缓缓加入试样至托盘天平平衡。盖上瓶盖，再拿到分析天平上准确称量并记录读数。取出称量瓶，在盛接试样的容器上方打开瓶盖并用瓶盖的下面轻敲称量瓶口的右上部，使试样缓缓倾入容器（图 2.4）。估计倾出的试样已够量时，再边敲瓶口边将瓶身扶正，盖好瓶盖后方可离开容器的上方，再准确称量。如果一次倾出的试样质量不够，可再次倾倒试样，直至倾出试样的量满足要求后，再记录第二次分析天平称量的读数。

图2.3　称量瓶

图2.4　倾出试样的操作

视频：
增量法称量

2.3.3 增量法

直接用基准物质配制标准溶液时，有时需要配成一定浓度的溶液，这就要求所称基准物质的质量必须是一定的，如配制 100 mL 含钙 1.000 $mg\cdot mL^{-1}$ 的标准溶液，必须准确称取0.249 7 g $CaCO_3$基准试剂。称量方法：准确称量一洁净干燥的小烧杯（50 mL 或 100 mL），在分析天平半开状态下，小心缓慢地向烧杯中加 $CaCO_3$ 基准试剂，直至分析天平读数正好增加0.249 7 g 为止。这种称量操作的速度很慢，适用于不易吸潮的粉末状或小颗粒（最大颗粒应小于 0.1 mg）试样。

2.3.4 液体试样的称量

液体试样的准确称量比较麻烦。根据不同试样的性质有多种称量方法，现就主要的称量方法予以简单介绍。

(1) 性质较稳定、不易挥发的试样可装在干燥的小滴瓶中用减量法称取，应预先粗测每滴试样的大致质量。

(2) 较易挥发的试样可用增量法称量。例如，称取浓盐酸试样时，可先在 100 mL 具塞锥形瓶中加 20 mL 水，准确称量后，加入适量的试样，立即盖上瓶塞，再进行准确称量，然后即可进行测定(如用 NaOH 标准溶液滴定 HCl 溶液)。

(3) 易挥发或与水作用强烈的试样需要采取特殊的方法进行称量。例如，冰醋酸试样可用小称量瓶准确称量，然后连瓶一起放入已盛有适量水的具塞锥形瓶中，摇开称量瓶盖，试样与水混匀后进行测定。发烟硫酸及浓硝酸试样一般采用直径约 10 mm、带毛细管的安瓿球称取。已准确称量的安瓿球经火焰微热后，毛细管尖插入试样中，因球泡冷却后内部为负压可吸入 1～2 mL试样，用火焰封住毛细管尖后准确称量。将安瓿球放入盛有适量水的具塞锥形瓶中，摇碎安瓿球，试样与水混合并冷却后即可进行测定。

模块二　化学分析

第三章　化学分析基本操作

3.1　玻璃量器及其使用

定量分析中常用的玻璃量器可分为量出式[①](如移液管、滴定管等)和量入式(如容量瓶等)两大类别。前者,液面对应的刻度为放出溶液的体积;后者,液面对应的刻度为所盛溶液的容积。

视频：量出式玻璃量器

3.1.1　移液管和吸量管

1. 移液管

移液管是用于准确量取一定体积溶液的量出式玻璃量器,正规名称是"单标线吸量管",习惯上称之为移液管。它的中间有一膨大的贮液泡(图 3.1),管颈上刻有一标线,用来控制所取溶液的体积。移液管的标称容量最小的为 1 mL,最大的为 100 mL,其容量为 20 ℃时按规定方式排空后所流出纯水的体积,单位为毫升(mL)。

按照原国家质量监督检验检疫总局(现国家市场监督管理总局)颁布的《常用玻璃量器检定规程》(JJG 196—2006)和国家标准《实验室玻璃仪器 单标线吸量管》(GB/T 12808—2015)规定,依据容量允差可将移液管分为 A 级和 B 级(后续所述的吸量管、滴定管、容量瓶亦然),其标称容量、容量允差如表 3.1 所示(仅为部分产品)。

表 3.1　常用移液管的规格

标称容量/mL		2	5	10	20	25	50	100
容量允差/mL	A	±0.010	±0.015	±0.020	±0.030		±0.05	±0.08
	B	±0.020	±0.030	±0.040	±0.060		±0.10	±0.16

移液管的正确使用方法如下。

(1) 用铬酸洗液将其洗净,使其内壁及下端的外壁均不挂水珠。

(2) 量取溶液之前,先用欲量取的溶液润洗 3 次。方法是向洗净并烘干的小烧杯中倒入一部分欲量取的溶液,用移液管吸取溶液 5～10 mL[②],立即用右手食指按住管口(尽量勿使溶液回流,以免将其稀释),将管横过来,用两手的拇指及食指分别拿住移液管的

① 量出式量器常标记"Ex"字样,量入式为"In"。

② 润洗 25 mL 以下的移液管,所用体积可适度减少。

两端，转动移液管并使溶液布满全管内壁，当溶液流至距上口 2～3 cm 时，将管直立，使溶液由流液口(尖嘴)放出，弃去。

(3) 用移液管自容量瓶中量取溶液时，右手拇指及中指拿住管颈标线以上的地方(后面二指依次靠拢中指)，将移液管插入容量瓶内液面以下 1～2 cm 深度。不要插入太深，以免外壁沾带溶液过多；也不要插入太浅，以免液面下降时吸空。左手拿洗耳球，排出空气后紧按在移液管口上，借吸力使液面慢慢上升，移液管应随容量瓶中液面的下降而下移。当管中液面上升至标线以上时，迅速用右手食指堵住管口(食指最好是潮而不湿)，用滤纸擦去管尖外部的溶液，将移液管的流液口靠着洁净的小烧杯内壁，左手持杯，并使其倾斜 30°～45°。稍松食指，用拇指及中指轻轻捻转管身，使液面缓慢下降，直到溶液的弯液面(最低点)与标线的上边缘水平相切、调定零点(流液口外部的液滴应靠着杯壁除去或用滤纸擦去)。按紧食指，使溶液不再流出，将移液管移入准备接受溶液的锥形瓶中，左手持瓶，流液口接触规定倾斜角度的瓶内壁。松开食指，溶液便自由地沿壁流下(图 3.1)，待液面下降至尖嘴时，再等待规定的时间，然后移开并取出移液管。

小贴士

注意：在调整零点和放出溶液的过程中，移液管都要保持垂直，其流液口要接触倾斜的器壁(不可接触下面的溶液)并保持不动；等待一定时间(通常为 15 s)后，流液口内残留的一点溶液一般不可用外力使其被震出或吹出；移液管用完应清洗干净后放在管架上，不要随便放在实验台上，尤其要防止尖嘴处被玷污。

视频：移液管的清洗

视频：移液管定量量取溶液

视频：吸量管定量量取溶液

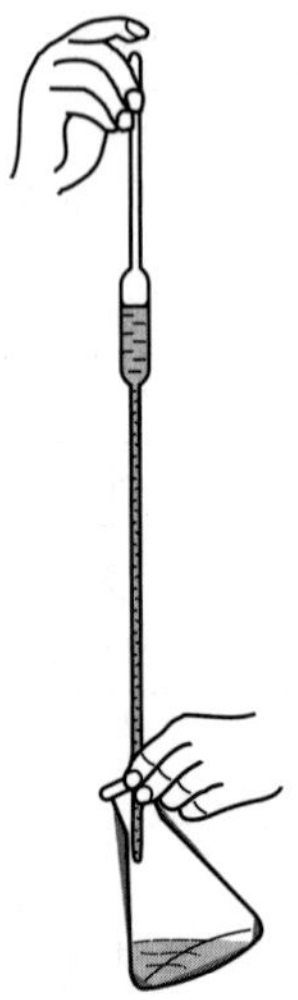

图 3.1　移液管放液操作

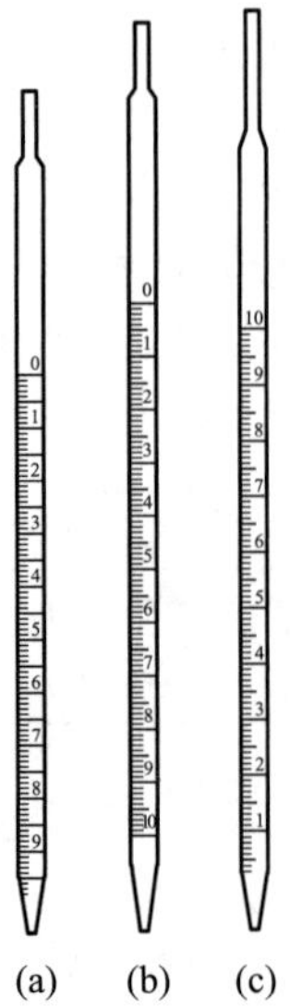

图 3.2　分度吸量管

2. 吸量管

吸量管的全称是“分度吸量管”，它是带有刻度的量出式玻璃量器(图 3.2)，有流出式、吹出式两种类型，用于准确量取所需体积的溶液。

吸量管的使用方法与移液管大致相同,这里只强调几点(详见 GB/T 12807—2021):

(1) 标称容量在 1 mL 及以上容量的吸量管,由于其容量允差比同容量的移液管大,所以在准确量取超过 1 mL 固定体积的溶液时,应尽可能使用移液管①。

(2) 流出式吸量管放出溶液时,与移液管使用情况类似也要一定的等待时间(一般为 3 s 或按量器上的标记进行);吹出式吸量管标称容量较小,常标记“吹”或“Blow out”字样。

(3) 吸量管标称容量最小的为 0.1 mL,最大的为 50 mL,应根据具体情况合理选用。若对量取溶液的误差要求不是太严(或无适宜规格的移液管可供选用),亦可用标称容量相近的吸量管来量取所需体积的溶液;若对量取溶液的体积要求不严,甚至可用量筒、量杯量取。

此外,对更小体积的液体取用,可使用微量移液器。

3.1.2 滴定管

滴定管是带有刻度的可放出不同体积溶液的量出式玻璃量器,主要用于滴定分析中对滴定剂(溶液)体积的测量。

滴定管大致有以下几种类型:普通的具塞(酸式)和无塞(碱式)滴定管(图 3.3)、座式滴定管、侧边旋塞自动定零位滴定管(图 3.4)、三通旋塞自动定零位滴定管等。

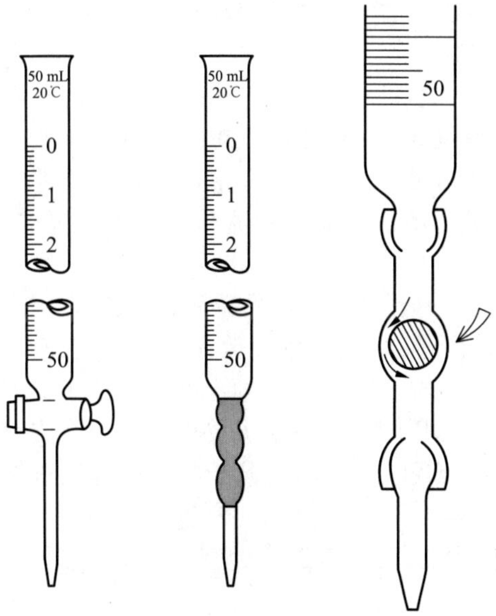

(a) 酸式　(b) 碱式　(c) 碱式

图 3.3　普通滴定管

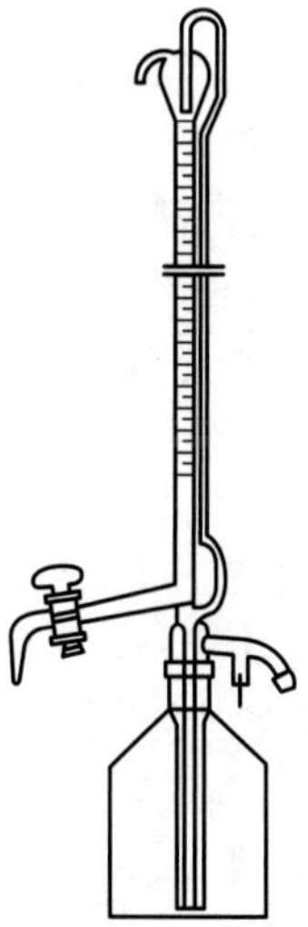

图 3.4　侧边旋塞自动定零位滴定管

普通滴定管(除座式外)的标称容量最小的为 5 mL,最大的为 100 mL,常用的是 25 mL、50 mL 容量的滴定管。按 GB/T 12805—2011 规定,其标称容量、分度值、容量允差如表 3.2 所示(仅为部分产品)。

① 移液管读数处的管径通常较细,因而其准确度相对高些。

表 3.2 普通滴定管的规格

标称容量/mL		5	10	25	50	100
分度值/mL		0.02	0.05	0.1	0.1	0.2
容量允差/mL	A	±0.010	±0.025	±0.04	±0.05	±0.10
	B	±0.020	±0.050	±0.08	±0.10	±0.20

视频：滴定管的洗涤

侧边旋塞自动定零位滴定管是将储液瓶与直通旋塞等通过磨口塞连接在一起的滴定装置(加液方便,可自动调零点),适用于常规分析中的经常性滴定操作。使用时用打气球向储液瓶内加压,使瓶中的标准滴定溶液压入滴定管中,滴定管顶端熔接了一个回液尖嘴,使零线以上的溶液自动流回储液瓶而调定零点。这种滴定管结构比较复杂,清洗和更换溶液也比较麻烦且价格较贵,因此并非普遍在用。

在教学和科研中广泛使用的是无色[①]普通滴定管,在此主要对其进行介绍。

1. 滴定管的准备

使用滴定管前应先做一些初步检查,如酸式滴定管旋塞是否匹配,碱式滴定管的乳胶管是否有孔洞、裂纹和硬化,以及其孔径与玻璃球大小是否合适,滴定管是否完好无损等。初步检查合格后,进行下列准备工作。

(1) 洗涤。滴定管可用自来水冲洗或用细长的软毛刷子蘸洗液洗刷,不要用去污粉,因为去污粉的细颗粒很容易黏附在管壁上,不易清洗除去;也不要用铁丝做的毛刷刷洗,因为硬质刷子容易划伤器壁,引起其容量的变化,而且划伤的表面更易藏污垢。如果经过刷洗后内壁仍有油脂(主要来自旋塞润滑剂)或其他能用铬酸洗液洗去的污垢,可用铬酸洗液荡洗或浸泡。对于酸式滴定管,可直接在管中加入洗液浸泡,而碱式滴定管则要先拔去乳胶管,直接将管下端的出口塞住或套上一小段塞有短玻璃棒的橡胶管,然后用洗液荡洗或浸泡。总之,为了尽快而方便地洗净滴定管,可根据脏物的性质、弄脏的程度,选择合适的洗液和洗涤方法。例如,管内壁残留二氧化锰时,可用亚铁盐溶液进行清洗;被油类沾污较严重时,可用合适的有机溶剂进行清洗。无论用哪种方法进行清洗,最后都要用自来水充分洗涤,继而用纯水荡洗 3 次。

(2) 涂凡士林。使用酸式滴定管时,为使旋塞旋转灵活而又不致漏液,一般需在旋塞密合处涂上一薄层凡士林。其操作方法是如图 3.5 所示,将滴定管平放在实验台上,取下旋塞,用吸水纸将旋塞与旋塞槽内擦干净。然后分别在旋塞的大头表面上和旋塞槽小口内壁沿圆周均匀地涂上一层薄薄的凡士林(也可将凡士林用同法涂在旋塞的两头),再在旋塞孔的两侧小心地涂上一层更薄的凡士林(防止堵塞旋塞孔)。将涂好凡士林的旋塞插进旋塞槽内,向同一方向旋转旋塞,直到旋塞与旋塞槽接触处全部呈透明而没有纹路为止。涂凡士林一定要适量,若过多,则可能会堵塞旋塞中的流液孔;若过少,则起不到润滑和密合作用。

视频：酸式滴定管旋塞涂油

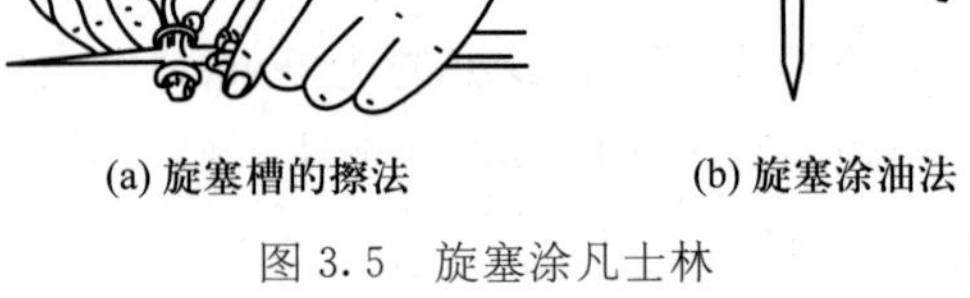

(a) 旋塞槽的擦法　　(b) 旋塞涂油法

图 3.5 旋塞涂凡士林

① 需要避光的标准滴定溶液,须用棕色滴定管。

把涂好凡士林的滴定管平放在桌面上，让旋塞的小头朝上，然后在小头上套一个紧固圈(可从乳胶管上剪取)，以防旋塞脱落于地上，造成整支滴定管报废。

(3) 试漏(通)。将滴定管用水充满至“0”刻度线附近，夹在滴定管架的蝴蝶夹上，用吸水纸将滴定管外壁擦干，静置 1～2 min，检查尖嘴及旋塞周围是否有水渗出。然后将旋塞转动 180°，重新检查，如有漏水，必须重新涂布。若凡士林涂布不当，可能会使尖嘴、旋塞孔受堵。可将管尖插入热水中温热片刻，使凡士林软化后用水冲出；如旋塞流液孔不通，应拆下旋塞予以疏通或再度涂布。

视频：碱式滴定管排气泡

(4) 滴定剂的加入。倾倒滴定溶液前，一般先用纯水将干净的滴定管荡洗3 次，每次约用10 mL。荡洗时，两手平端滴定管，慢慢旋转，让水遍及全管内壁，然后从两端放出[①]。再用待装滴定溶液润洗 3 次，用量依次为 10 mL、5 mL、5 mL(方法同上)。润洗完毕，倒入滴定溶液至“0”刻度线以上，检查旋塞附近(或乳胶管内)及管端有无气泡。若有气泡存在，应采取如下方法将其排出：对酸式滴定管用右手拿住滴定管并倾斜约 30°，左手迅速打开旋塞，使溶液冲下将气泡带出；对碱式滴定管可将乳胶管向上弯曲(图 3.6)，适当挤压玻璃球的上方，气泡即可被溶液顶出。

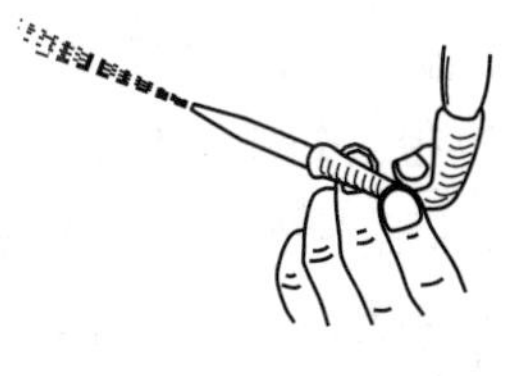

图 3.6　碱式滴定管中气泡的排出

2. 滴定管的操作方法

滴定管应垂直地夹在滴定管架的蝴蝶夹上。使用酸式滴定管滴定时，右手持瓶并摇动瓶体，左手无名指和小指弯向手心，用其余三指轻轻向里控制旋塞旋转(图 3.7)。注意不要将旋塞向外顶，以免旋塞松动、溶液漏出；也不要太向里紧扣，以免旋塞转动不灵。使用碱式滴定管滴定时，右手同上，左手无名指和中指夹住流液管，拇指与食指向侧面挤压玻璃球所在部位稍上处的乳胶管(图 3.8)，使滴定溶液从缝隙处流出。注意不要使玻璃球上下移动，更不要捏玻璃球下部的乳胶管(以避免在尖嘴处引入空气)。

视频：酸式滴定管旋塞控制与滴定速度

视频：碱式滴定管滴定速度的控制

图 3.7　酸式滴定管的操作

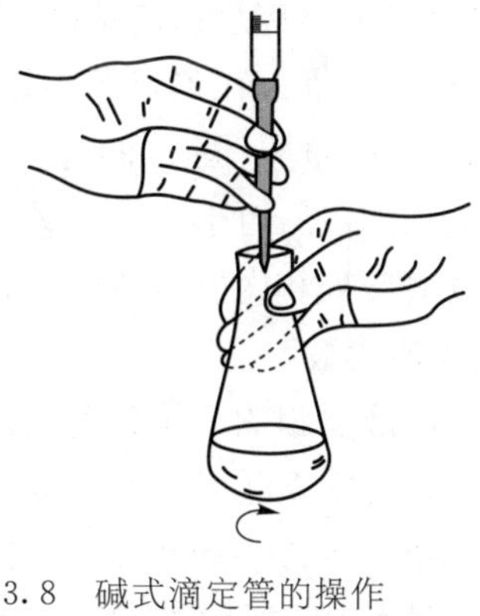

图 3.8　碱式滴定管的操作

无论用哪种滴定管，都必须掌握三种放出溶液的方法：① 逐滴放出；② 只放出 1 滴；③ 使液滴悬而不落，即只放出半滴。

① 从管口放出水时最好不要打开旋塞，否则酸式滴定管旋塞处的油脂可能会流入管中，使管内壁遭受玷污。

3. 滴定方法

滴定操作一般在锥形瓶内进行(如图 3.7 和图 3.8 所示),有时也用烧杯和碘量瓶等进行滴定操作。

在锥形瓶中进行滴定操作时,应将滴定管下端伸入瓶口内约 1 cm,瓶底距离瓷板2～3 cm。左手按前面提到的操作方法进行,右手前三指拿住瓶颈。双手协调进行滴定操作,边摇动瓶体边放出滴定溶液。滴定过程中,还应注意以下几点。

(1) 滴定前,应将试剂瓶中滴定溶液摇匀。

(2) 每次滴定应从"0"刻度线开始并将尖嘴处悬挂的液滴除去,以减少滴定误差。

(3) 摇瓶时,转动腕关节,使溶液沿同一方向旋转(左、右旋均可),瓶口不要接触滴定管尖嘴,勿使瓶内溶液溅出。

(4) 滴定时,左手不能离开旋塞任其自流、形成"水线"。滴定溶液应逐滴放出,滴定速度应控制在6～8 $mL\cdot min^{-1}$(2～3 滴/s)为宜。

(5) 眼睛应密切注意观察溶液颜色的变化,而不要注视滴定管的液面。

(6) 接近终点时,应每放出 1 滴,摇几下,直至放出半滴使溶液出现明显的颜色变化。

(7) 用酸式滴定管放出半滴溶液时,应先将半滴溶液悬挂在滴定管的尖嘴上,以瓶口内壁接触液滴,用少量水吹洗瓶壁;用碱式滴定管放出半滴溶液时,应放开食指与拇指,使悬挂的液滴靠入瓶口内壁,再放开无名指与中指,用少量水吹洗瓶壁。

(8) 滴定结束后,弃去管内剩余的滴定剂,不得将其倒回试剂瓶中,随即洗净滴定管,用水充满滴定管或将滴定管倒置、放在滴定管架的蝴蝶夹上,以备下次再用。

(9) 滴定管长期不用时,应倒尽水。酸式滴定管旋塞处应垫上纸;碱式滴定管乳胶管应拔下保存。

若在烧杯中进行滴定操作,烧杯应放在白瓷板上,将滴定管下端伸入烧杯约 1 cm。滴定管应放在左后方(不要靠上杯壁),左手同前,右手持玻璃棒搅动溶液。放出半滴溶液时,用玻璃棒末端承接悬挂的液滴(不要接触尖嘴),放入溶液中搅拌。

碘量法、溴量法等需在碘量瓶中进行反应或滴定,以防止瓶内反应所生成的物质(如 I_2、Br_2 等)逸出。碘量瓶(图 3.9)是一带有磨口玻璃塞和环形水封槽的锥形瓶,喇叭形瓶口与瓶塞柄之间加水后可形成一圈水封,待瓶内反应完成后打开瓶塞,水封之水即可流下并兼顾冲洗磨口处和内壁,继而进行后续滴定操作。

4. 滴定管的读数

标准滴定溶液体积的测量(读数)应遵循下列原则。

(1) 滴定管读数既可在滴定管架上直接读取,也可用手指夹持滴定管上部无刻线处读取。不管用哪一种方法读数,均应使滴定管保持垂直状态,并在溶液放出 30 s 后读取。

(2) 读数过程中,视线取位应与弯液面最低点和分度线上边缘在同一水平面上(图 3.10)。视线高于该平面,读数偏低;反之则相反。

(3) 对于无色或浅色溶液,通常读取弯液面最低点与分度线上边缘水平相切的位置;当溶液颜色太深而无法观察到弯液面时,则读取弯液面上边缘与分度线上边缘水平相切的位置(图 3.11,详见 GB/T 12810—2021)。无论使用哪种读数方法,初读数与终读数都应采取同一标准。

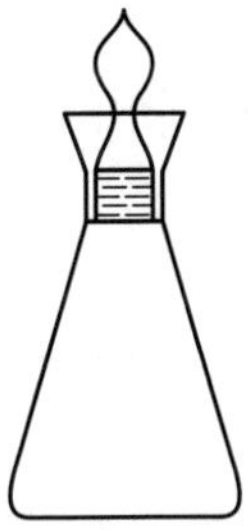

图 3.9　碘量瓶

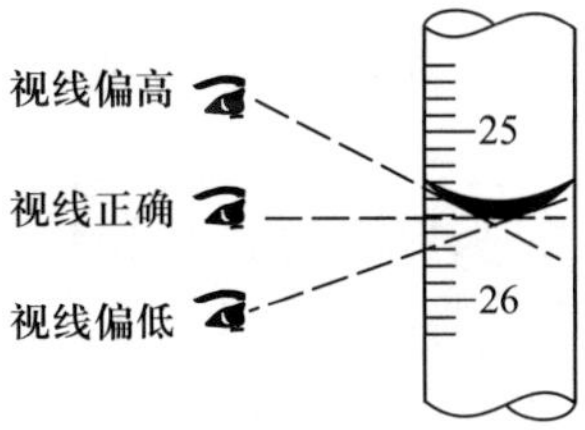

图 3.10　读数时视线的方向

(4) 对无分度线处的读数,应估计到该滴定管分度值的 1/10 处。例如,对于 25 mL、50 mL 常量滴定管(分度值为 0.1 mL),应估读至小数点后第二位,即 0.01 mL(其他规格的普通滴定管的估读方式亦然)。半微量、微量滴定管的分度值更小,故其估读至小数点后的位数则更多。

(5) 初学者练习读数时,可在滴定管后衬一黑白两色的读数卡(图 3.12)。将卡片紧贴滴定管,黑色部分在弯液面下约 1 mm 处,即可看到弯液面反映层呈黑色。若用白色背景,则观察到的是弯液面反映层的虚像。

(6) 乳白板蓝线衬背的滴定管,应当以蓝线的最尖部分的位置读数(图 3.13)。

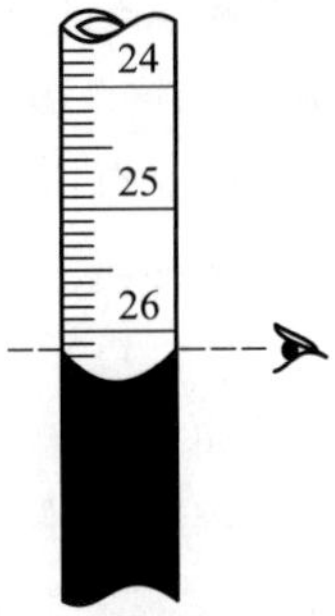

图 3.11　深色溶液的读数

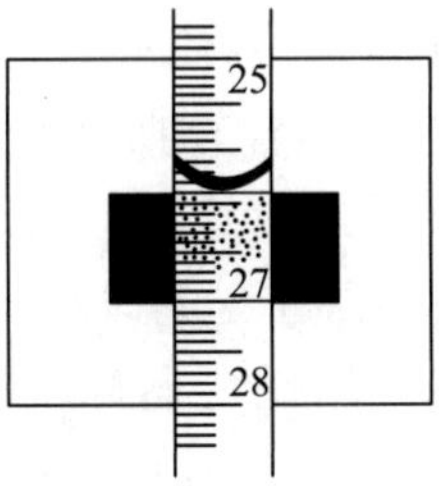

图 3.12　读数卡

图 3.13　蓝线滴定管

视频:容量瓶与移液管的相对校准

3.1.3　容量瓶

容量瓶(图 3.14)的全称是“单标线容量瓶”,它是一细颈梨形平底玻璃量器(分无色、棕色材质),带有磨口玻璃塞或塑料封盖,颈上刻有一标线,标记“In”字样,用于准确容纳一定体积溶液的量入式玻璃器皿。容量瓶标称容量最小的为 1 mL,最大的为 5 000 mL,化学分析实验常用 100 mL、200 mL、250 mL 的容量瓶,仪器分析实验多用 100 mL 及 100 mL 以下规格的容量瓶,其容量是指在20 ℃时,纯水充满至标线所容纳的体积。按 GB/T 12806—2011 规定,其标称容量、容量允差如表 3.3 所示(仅为部分产品)。

表 3.3　常用容量瓶的规格

标称容量/mL		10	25	50	100	200	250	500	1 000	2 000
容量允差/mL	A	±0.020	±0.03	±0.05	±0.10	±0.15	±0.15	±0.25	±0.40	±0.60
	B	±0.040	±0.06	±0.10	±0.20	±0.30	±0.30	±0.50	±0.80	±1.20

容量瓶的主要用途是配制一定浓度的溶液（如标准滴定溶液、待测试样母液制备等）。它常和移液管配合使用，可把配制好的某物质溶液分成若干等份或将其稀释成更低的浓度。

使用容量瓶时，应注意以下几点。

(1) 检查磨口（封盖）是否漏液。加水至标线，盖上瓶塞（盖），颠倒 10 次（每次颠倒过程中要停留在倒置状态 10 s）以后，不应有水渗出（可用滤纸检验）。将瓶塞旋转 180°再行检查，合格后用皮筋或细绳等将瓶塞与瓶颈上端拴在一起，以防摔碎或与其他瓶塞弄混影响其密合性。

(2) 容量瓶洗涤。可先用铬酸洗液清洗内壁，然后用自来水和纯水洗净，晾干、备用。某些仪器分析实验，还要用到其他洗液或溶剂洗涤。

(3) 注意盛液温度。由于容量瓶的标称容量是在 20 ℃下校准的，故在进行定容操作过程中，若遇到待配制物质的溶液温度较高时，应将其冷却到室温后，再定量转移到容量瓶中，以避免因瓶体膨胀而导致溶液浓度的变化。

(4) 固体物质（基准试剂或待测试样）溶液的配制。应先在洁净的烧杯中将固体物质分解，冷却后转移至容量瓶中定容。转移时要使溶液沿玻璃棒流入瓶中，其操作方法如图 3.14(a)所示。烧杯中的溶液倒尽后，烧杯不要直接离开搅拌棒，而应在烧杯扶正的同时使杯嘴沿搅拌棒上提1～2 cm，随后烧杯再离开搅拌棒，这样可避免杯嘴与搅拌棒之间的一滴溶液流到烧杯外面。然后再用少量水（或其他溶剂）涮洗烧杯 3～4 次，每次用洗瓶或滴管冲洗杯壁和搅拌棒，按同样的方法移入瓶中，实现定量转移的目的。当溶液达 2/3 容量时，应将容量瓶沿水平方向轻轻摆动几周以使溶液初步混匀。再加水至标线以下约 1 cm，等待 1～2 min，最后用滴管从标线以上 1 cm 以内的一点沿颈壁缓缓加水、沥下，调定弯液面的最低点与标线上边缘水平相切，随即盖紧瓶塞，左手捏住瓶颈（标线之上），食指压住瓶塞，右手三指托住瓶底[图 3.14(b)]，将容量瓶倒置，使瓶内气泡升到顶部并水平旋摇几周[图 3.14 (c)]，如此重复操作 15 次左右，可使瓶内溶液充分摇匀。100 mL以下的容量瓶，可不用手托瓶，单手抓住瓶颈及瓶塞进行倒置和旋摇即可。

视频：容量瓶的清洗

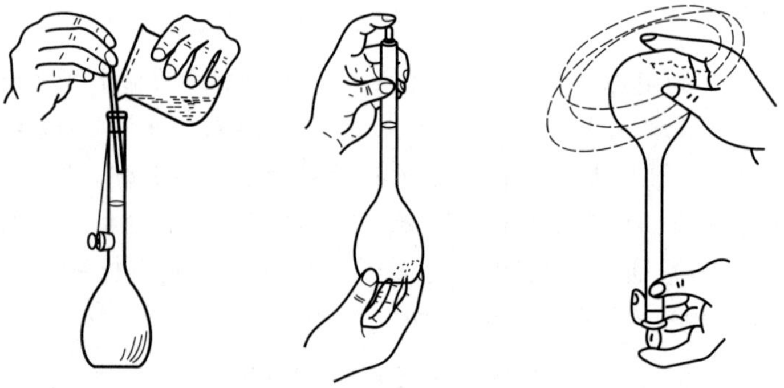

(a) 转移　　(b) 直立　　(c) 旋摇

图 3.14　容量瓶的使用

(5) 防止容器腐蚀。容量瓶不能用于长期保存溶液，决不可将其当作试剂瓶用。对于有腐蚀性的溶液（如强碱溶液），配好后应立即转移到其他容器（如塑料试剂瓶）中存放。

3.2　重量分析的操作技术

视频：
晶形沉淀的形成

重量分析(也称为称量分析①)是化学分析中经典的分析方法,主要涉及沉淀分离、质量测定(如沉淀生成、过滤、转移、洗涤、烘干或灼烧、恒重等)操作技术,所用工具包括:滤纸、漏斗、过滤器、干燥器、坩埚、烘箱、马弗炉等。

3.2.1　沉淀的形成

沉淀的性质不同,所采取的操作方法也不同。

晶形沉淀一般宜在热的、较稀的溶液中形成,沉淀剂常用滴管加入。操作时,左手拿滴管滴加沉淀剂;滴管口需接近液面以防溶液溅出;滴加速度要慢,接近沉淀完全时可以稍快。与此同时,右手持玻璃棒充分搅拌,且不要碰到容器的壁和底。充分搅拌的目的是防止沉淀剂局部过浓而形成细的沉淀,太细的沉淀容易吸附杂质、难以洗涤。

检查沉淀完全的方法是:静置,使生成的沉淀下沉至容器底部,向上层清液中加入少量沉淀剂,液面不应出现浑浊。沉淀完全后,盖上表面皿,放置过夜或在水浴上加热 1 h 左右,使沉淀陈化。

视频：
无定形沉淀的形成

非晶形(无定形或胶状)沉淀的形成可用较浓的沉淀剂,加入沉淀剂的速度和搅拌的速度都可以快些。沉淀完全后,用适量热水稀释,不必放置陈化。

3.2.2　沉淀的过滤和洗涤

需要灼烧的沉淀,要用定量滤纸过滤。对于过滤后只要烘干就可进行称量的沉淀(如丁二酮肟镍),则可采用微孔玻璃过滤器过滤。

1. 用滤纸过滤

(1) 滤纸的选择。国产定量滤纸分优等品、一等品、合格品三个等级,每一等级又分快、中、慢(201、202、203)速三种型号,应根据沉淀的性质及其生成量②选用合适的滤纸。按国家标准《化学分析滤纸》(GB/T 1914—2017)规定,定量滤纸的主要技术规格如表 3.4 所示(只选取部分指标)。

表 3.4　定量滤纸的主要技术规格

项目		要求								
		优等品			一等品			合格品		
		快速(201)	中速(202)	慢速(203)	快速(201)	中速(202)	慢速(203)	快速(201)	中速(202)	慢速(203)
定量/($g\cdot m^{-2}$)		80.0 ± 4.0			80.0 ± 4.0			80.0 ± 5.0		
分离性能(沉淀物)	—	氢氧化铁	硫酸铅	硫酸钡(热)	氢氧化铁	硫酸铅	硫酸钡(热)	氢氧化铁	硫酸铅	硫酸钡(热)

① 见国家标准《分析化学术语》(GB/T 14666—2003)。

② 通常沉淀的质量应加以控制:晶形沉淀一般不超过 0.5 g;非晶形沉淀一般不超过 0.2 g。

续表

项目	要求								
	优等品			一等品			合格品		
	快速(201)	中速(202)	慢速(203)	快速(201)	中速(202)	慢速(203)	快速(201)	中速(202)	慢速(203)
滤水时间/s	≤35	>35～≤70	>70～≤140	≤35	>35～≤70	>70～≤140	≤35	>35～≤70	>70～≤140
湿耐破度/mm 水柱≥	130	150	200	120	140	180	120	140	180
灰分/%≤	0.009			0.010			0.011		

注:定性滤纸的快、中、慢速,分别为 101、102、103 三种型号。

定量滤纸的纸浆是经过盐酸和氢氟酸处理的,每张滤纸灼烧后的灰分很低(故称无灰滤纸),一般不需要扣除灰分。以滤纸直径①为 90 mm 为例,不难得出:每张滤纸的灰分仅为 0.05 mg 左右。若使用的滤纸尺寸较大且对测定结果要求又特别严格时,可根据情况进行本体校正。

沉淀的性质与滤纸型号的选择密切相关。晶形沉淀、体积小,应选用致密、孔小的慢速滤纸;非晶形沉淀、体积大,应选用质松、孔大的快速滤纸。滤纸直径大小的选择应与沉淀量的多少相适应,滤纸放入漏斗内,其上缘应比漏斗上缘低 0.5～1 cm;将沉淀全部转移至漏斗内,沉淀物的高度不应超过滤纸倒锥体高度的 1/2。

(2) 漏斗的准备。化学分析实验常选用标准三角过滤漏斗(分长颈和短颈两种类型),其漏斗滤碗底部的夹角为 60°的圆锥形、管尾端口为 45°(详见 GB/T 28211—2011)。为加快过滤速度,常使用长颈漏斗(管颈长 150 mm、内径为 4～9 mm)。

当需要的滤纸选好后,先将手洗净擦干,将滤纸轻轻地对折后再对折(图 3.15)。为保证滤纸与漏斗密合,第二次对折时暂不压紧,可改变滤纸折叠的角度,直到与漏斗密合为止(这时可把滤纸压紧,但不要用手指在纸上抹,以免滤纸破裂而造成沉淀漏出)。为了使滤纸的三层纸那边能紧贴漏斗壁,常把三层纸的外面两层撕去一角(撕下来的纸角保存起来,以备需要时擦拭可能沾在烧杯口外或漏斗壁上少量残留的沉淀之用)。将折好后的滤纸放入漏斗中,用食指按住三层纸那边,以少量的水润湿滤纸,使它紧贴在漏斗壁上。轻压滤纸,赶走气泡(切勿上下搓揉,湿滤纸极易破损!)。加水于漏斗中,使其管颈内充满水(即形成水柱)。若不能形成完整的水柱,可一边用手指堵住漏斗的管尾端口,一边稍掀起三层那边的滤纸,用洗瓶在滤纸和漏斗之间加水,使漏斗管颈和滤纸倒锥体的大部分被水充满,然后一边轻轻按下掀起的滤纸,一边断续放开堵在管尾端口处的手指,即可形成水柱。将准备好的漏斗安放在漏斗架上,盖上表面皿,下接一洁净烧杯(以备滤纸万一破裂,重新过滤溶液之用),烧杯的内壁与漏斗管尾端口尖处接触,收集滤液的烧杯也用表面皿盖好,然后开始过滤。

① 定量滤纸通常为圆形,直径尺寸有 50 mm、70 mm、90 mm、110 mm、125mm、150 mm、180 mm、230 mm 和 270 mm 九个规格。

(3) 过滤和洗涤的操作。一般采用倾析法进行过滤。首先只过滤上层清液，将沉淀留在烧杯中，然后在烧杯中加洗涤液，初步洗涤沉淀，澄清后再滤去上层清液，经几次洗涤后，最后再转移沉淀。

倾析法的主要优点是过滤开始时，不致因沉淀堵塞滤纸而减缓过滤速度，而且在烧杯中初步洗涤沉淀可提高洗涤效果。具体操作分三步。

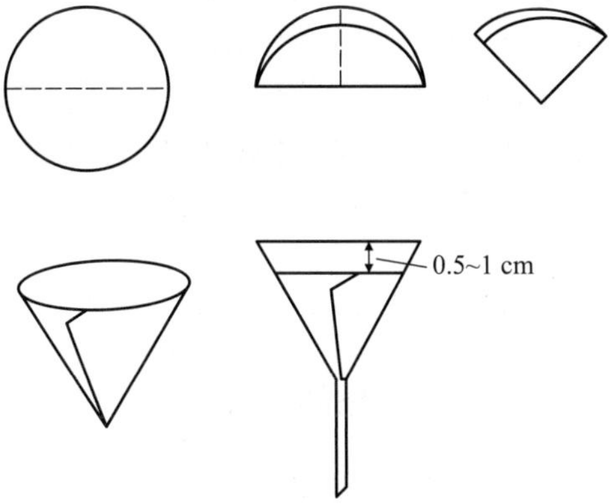

图 3.15　滤纸的折叠和安放

视频：
滤纸的叠放
（玻璃漏斗）

第一步：用倾析法把清液倾入滤纸中，留下沉淀。为此，在漏斗上方将玻璃棒从烧杯中慢慢取出并直立于漏斗中，下端对着三层滤纸的那边约 2/3 纸高处，尽可能靠近滤纸，但不要碰到滤纸[图 3.16(a)]。将上层清液沿着玻璃棒倾入漏斗，漏斗中的液面不得高于滤纸的 2/3 高度，以免部分沉淀可能由于毛细管作用越过滤纸上缘而损失。用 15 mL 左右洗涤液吹洗玻璃棒和杯壁并进行搅拌，澄清后，再按上法滤出清液。当倾析暂停时，保持玻璃棒不动，将烧杯沿玻璃棒往上提，逐渐地扶正[图 3.16(b)]，再将玻璃棒收回直接放入烧杯中[图 3.16(c)]，此时玻璃棒不要靠在烧杯嘴处，因为此处可能沾有少量的沉淀。最后将烧杯从漏斗上移开。如此反复用洗涤液洗 2～3 次，将黏附在烧杯壁上的沉淀洗下，并对烧杯中的沉淀进行初步洗涤。

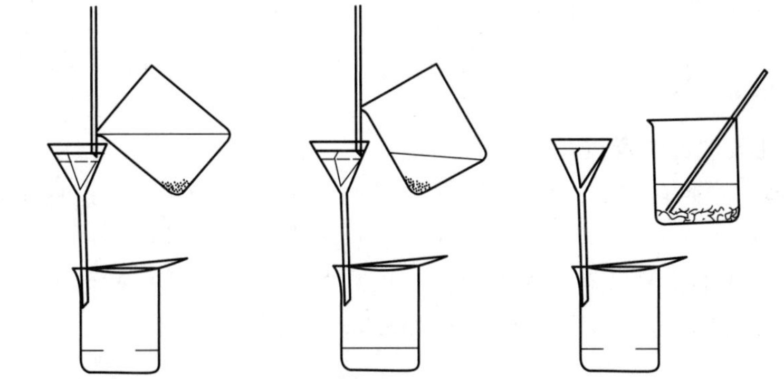

(a) 玻璃棒垂直紧靠烧杯嘴，下端对着滤纸三层的一边，但不能碰到滤纸　(b) 慢慢扶正烧杯，但杯嘴仍与玻璃棒贴紧，接住最后一滴溶液　(c) 玻璃棒远离烧杯嘴搁放

图 3.16　过滤

视频：
倾析法过滤

第二步：把沉淀转移到滤纸上。为此，用少量洗涤液冲洗烧杯壁和玻璃棒上的沉淀，再把沉淀搅起，将悬浮液小心地转移到滤纸上，每次倾入的悬浮液不得超过滤纸倒锥体高度的 2/3，如此反复进行几次，尽可能地将沉淀转移到滤纸上。烧杯中残留的少量沉淀，则可按图 3.17 所示的方法转移，用左手将烧杯斜放在漏斗上方，杯底略朝上，玻璃棒下端对准三层滤纸处，右手拿洗瓶冲洗烧杯壁上所黏附的沉淀，使沉淀和洗涤液一起顺着玻璃棒流入漏斗中(注意勿使溶液溅出)。

第三步:洗涤烧杯和沉淀。黏着在烧杯壁和玻璃棒上的沉淀,可用淀帚(图 3.18)自上而下刷至杯底,再转移到滤纸上;也可用撕下的滤纸角擦净玻璃棒和烧杯的内壁,将擦过的滤纸角放在漏斗的沉淀里。最后在滤纸上将沉淀洗至无杂质。洗涤沉淀时应先使洗瓶出口管充满液体,然后用细小的洗涤液流缓慢地从滤纸上部沿漏斗壁螺旋向下冲洗,绝不可骤然浇在沉淀上。待上一次洗涤液流完后,再进行下一次洗涤。在滤纸上洗涤沉淀的目的主要是洗去杂质,并将黏附在滤纸上部的沉淀冲洗至下部。

视频:
沉淀的洗涤

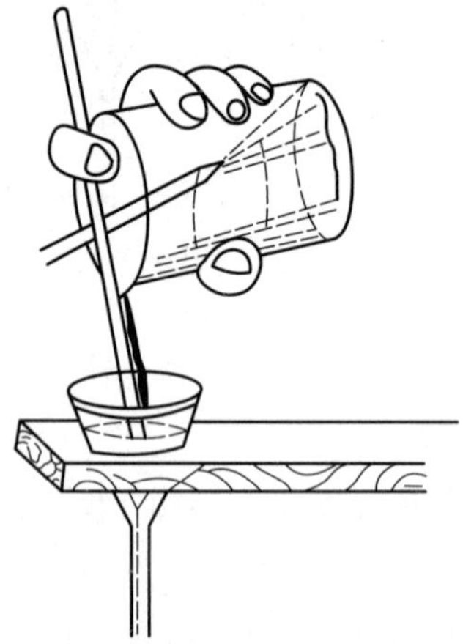

图 3.17　残留沉淀的转移

图 3.18　淀帚

为了检查沉淀是否洗净,先用洗瓶将漏斗管尾端口外壁洗净。用洁净的小试管收集滤液少许,用适当的方法(如用 $AgNO_3$ 检验是否有 Cl^-)进行检验。

过滤和洗涤沉淀的操作必须不间断地一气呵成。否则,搁置较久的沉淀干涸后,易结成团块,就难以洗净了。

2. 用微孔玻璃过滤器过滤

微孔玻璃过滤器有滤埚式和漏斗式两种类型[图 3.19(a)、(b)]。前者称玻璃坩埚式过滤器或简称玻璃滤埚;后者称玻璃漏斗式过滤器或简称砂芯漏斗。这两种过滤器虽然形状不同,但其底部滤片皆是用玻璃砂在 600 ℃左右烧结制成的多孔滤板。微孔玻璃过滤器按其平均孔径分布划分为 8 种型号(如表 3.5 所示)。

(a) 滤埚式过滤器　(b) 漏斗式过滤器　(c) 吸滤瓶

图 3.19　微孔玻璃过滤器与吸滤瓶

表 3.5　微孔玻璃过滤器的规格

牌号	平均孔径分级/μm		与 G 牌号比较
	>	≤	
$P_{1.6}$	—	1.6	相当 G_6
P_4	1.6	4	相当 G_5
P_{10}	4	10	相当 G_{4A}
P_{16}	10	16	相当 G_4
P_{40}	16	40	相当 G_3
P_{100}	40	100	包含 G_2、G_1 和 G_{1A}
P_{160}	100	160	等同 G_0
P_{250}	160	250	等同 G_{00}

注:表中右边一栏为过去常用的旧牌号,共 10 个型号。

在化学分析实验中常用 P_{40}(G_3)或 P_{16}(G_4)型号的微孔玻璃过滤器,如丁二酮肟镍沉淀(见实验十七)用 P_{16}或 G_4型号的玻璃滤埚过滤。

微孔玻璃过滤器一般可用稀盐酸洗涤,用自来水冲洗后再用纯水荡洗,并在吸滤瓶上抽洗干净。洗净的滤埚不能用手直接接触,可用洁净的软纸衬垫着拿取,将其放在洁净的烧杯中,盖上表面皿,置于电烘箱中在烘沉淀的温度下烘干,直至恒重。

微孔玻璃过滤器不能用来过滤不宜溶解的沉淀(如二氧化硅等),否则沉淀将无法清洗;也不宜用来过滤浆状沉淀,以免堵塞烧结玻璃(砂芯)的微孔滤板;更不能用来过滤碱性强的溶液,因为强碱性溶液会腐蚀玻璃滤板微孔。

微孔玻璃过滤器用过后,先尽量倒出其中的沉淀,再用适当的清洗剂(表 3.6)清洗。不能用碱性溶液和去污粉洗涤;也不要用坚硬的物质擦划滤板。

表 3.6　微孔玻璃过滤器常用的清洗剂

沉淀物	清洗剂
油脂等各种有机物	先用四氯化碳等适当的有机溶剂洗涤,然后用铬酸洗液洗涤
氯化亚铜、铁斑	含 $KClO_4$ 的热浓 HCl 溶液
汞渣	热浓 HNO_3
氯化银	氨水或 $Na_2S_2O_4$ 溶液
铝质、硅质残渣	先用 HF,然后用浓 H_2SO_4 洗涤,随即用蒸馏水反复漂洗几次
二氧化锰	$HNO_3-H_2O_2$

微孔玻璃过滤器常与吸滤瓶配合使用[图 3.19(c)]。过滤器可通过一特制的橡胶适配座接在吸滤瓶上,用水泵(或其他泵)抽气、负压下过滤。过滤时应先开水泵,后接真空橡胶管,再倾析待过滤溶液。过滤完毕,应先拔下真空橡胶管,再关水泵,否则由于瓶内负压,会形成倒吸现象甚至可能沾污滤饼。

3.2.3　沉淀的干燥和灼烧

1. 干燥器的准备和使用

干燥器(图 3.20)是一适用于贮藏易于吸收水分、需要避光的化学试剂和精密仪器零件的玻璃器具(有无色和棕色之分,非普通型还可外接真空系统[①]),器身内径最小的为100 mm、最大的为350 mm,总高为165～390 mm。器内放置一块带圆孔的瓷板(坩埚可安放其孔中)将其分成上、下两室:下室放干燥剂,上室放需保存物品。为防止上室物品落入下室,常在瓷板下衬垫一块金属网。

准备干燥器时用干抹布将瓷板和内壁擦干净(一般不用水洗,因为水洗后不能很快地干燥)。干燥剂装到下室的一半即可,太多容易沾污待干燥物品。装干燥剂时,可用一张稍大的纸折成喇叭形,大口从上插入干燥器底,从中倒入干燥剂,可使干燥器避免沾污。干燥剂常使用变色硅胶(硅胶内部孔隙及表面含有 $CoCl_2$),当其蓝色变成浅红色时,需将其重新烘干。其他常用的干燥剂如表 3.7 所示。

图 3.20　干燥器

表 3.7　常用干燥剂

干燥剂	25 ℃时,1 L 干燥后的空气中残留的水分/mg	再生方法
$CaCl_2$(无水)	0.14～0.25	烘干
CaO	3×10^{-3}	烘干
NaOH(熔融)	0.16	熔融
MgO	8×10^{-3}	再生困难
$CaSO_4$(无水)	5×10^{-3}	于 230～250 ℃加热
H_2SO_4(95 %～100 %)	3×10^{-3}～0.30	蒸发浓缩
$Mg(ClO_4)_2$(无水)	5×10^{-4}	减压下,于 220 ℃加热
P_2O_5	$<2.5\times10^{-5}$	不能再生
硅胶	$\approx1\times10^{-3}$	于 110 ℃烘干

干燥器的沿口和盖的沿口均为磨砂平面,用时涂敷一薄层凡士林以增加其密合性。开启或关闭干燥器时,用左手向右抵住干燥器身,右手握住盖的圆结(把手)向左平推干燥器的盖(图 3.21)。取下的盖子应盖里朝上稳固地放在实验台上,以防止其滚落到地上。

灼烧后的坩埚放入干燥器前,应先在空气中冷却 30～60 s,至红热退去。放入干燥器后,为防止干燥器内空气膨胀而将盖子顶落,应反复将盖子推开一道细缝,让热空气逸出,直至不再有热空气排出时再盖严盖子。

搬移干燥器时,务必用双手拿住干燥器和盖的沿口(图 3.22),禁止仅用双手捧其下部,以防盖子滑落、摔碎。

干燥器不能用来保存潮湿的沉淀或器物。

① 详见《实验室玻璃仪器　干燥器》(GB/T 15723—1995)。

图 3.21　干燥器盖的开启和关闭

图 3.22　干燥器的搬移

2. 坩埚的准备和使用

坩埚是用来进行高温灼烧的器皿[图 3.23(a)]，分析工作中常用坩埚来灼烧沉淀或熔融试样①。坩埚的材质不尽相同，实验室常用瓷质材料的坩埚。为了便于识别瓷坩埚，可用铁盐(如 $FeCl_3$)或钴盐(如 $CoCl_2$)在干燥的坩埚上书写编号，烘干、灼烧后，即可留下不褪色的字迹。

坩埚钳常用铜合金或不锈钢制作，表面镀以镍或铬等，用来移取热的坩埚。用坩埚钳夹持或托拿灼热的瓷坩埚时，应将坩埚钳前部预热，以免坩埚因局部受热不均而破裂。钳尖用于夹持坩埚盖(或壁)，不用时按图 3.23(b)那样放置，以免弄脏其钳夹；弯曲部分用于夹持坩埚。

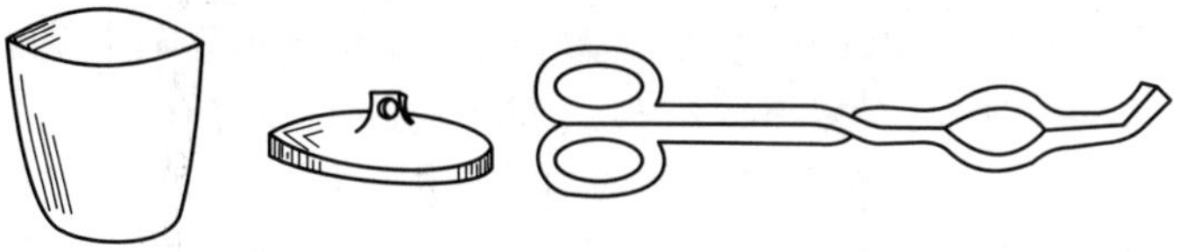

(a) 坩锅　　(b) 坩锅钳

图 3.23　坩埚和坩埚钳

用于灼烧沉淀的空坩埚，在使用前需进行恒重(即两次称量相差 0.2 mg 或以下)，其具体方法如下。

将洁净的空坩埚倾斜放在泥三角上[图 3.24(a)]，坩埚盖斜靠在坩埚口和泥三角上，用燃灯外层小火(氧化焰)小心加热坩埚盖[图 3.24(c)]，使热空气流反射到坩埚内部将其烘干，然后在坩埚底部灼烧[图 3.24(b)]，灼烧温度与时间应与灼烧载有沉淀的坩埚相同(其所需温度与时间随沉淀而异)。在灼烧过程中，要用热坩埚钳将坩埚慢慢转动数次，使其灼烧均匀。例如，在灼烧 $BaSO_4$ 沉淀的实验中，空坩埚第一次灼烧 20～30 min 后，停止加热，稍冷却后(红热退去，再冷 1 min 左右)，用热坩埚钳夹取坩埚，放入干燥器内冷却 30～50 min(包括称量前需将干燥器拿到天平室等待的 10 min)，然后进行称量；第二次再灼烧 20 min

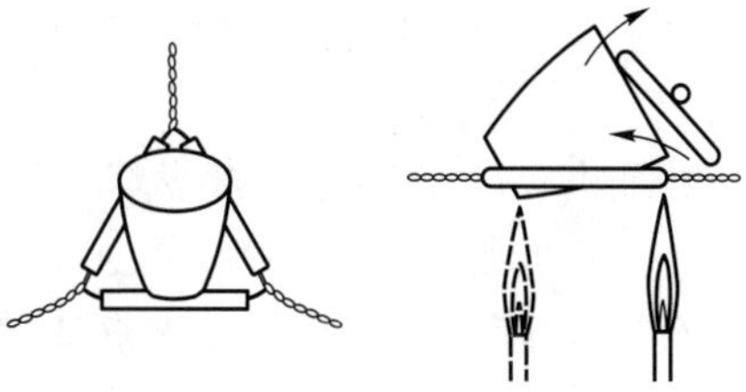

(a)　　(b)　　(c)

图 3.24　坩埚(沉淀)的烘干和灼烧

① 与灼烧沉淀不同，试样分解过程一般是将待熔解的试样，移入炉膛后，采取逐渐升温的方式(详见本书“化学分析实验”九、十八和“仪器分析实验”十九、二十四等)。

左右，冷却、称量，直至恒重。将恒重后的空坩埚放入干燥器中保存、备用。

若使用箱式高温电炉(即马弗炉，简称高温炉)灼烧待装 $BaSO_4$ 沉淀的空坩埚，可将经燃灯(或采用他法)烘干后的坩埚记录编号、排好顺序，用长坩埚钳(叉)依次移入 800～850 ℃的高温炉中(坩埚直立并盖上坩埚盖，但须留有空隙)。灼烧时间和冷却、称量条件与上述燃灯法的操作类同。

3. 沉淀的包裹

晶形沉淀一般体积较小，可按图 3.25 所示的方法包裹：用洁净的玻璃棒从三层滤纸的部位将其挑起，再用洗净的手小心取出载有沉淀的滤纸，打开成半圆形(a)，自右边半径的 1/3 处向左折叠(b)，再自上边向下折叠(c)，然后自右向左卷(d)，最后将卷成的柱筒状滤纸包(e)放入已恒重的空坩埚中。

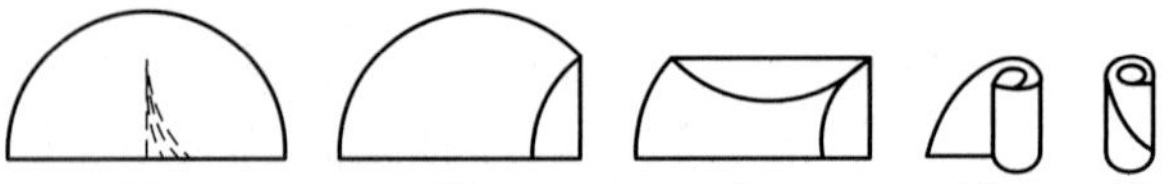

图 3.25　晶形沉淀的包裹

对于非晶形沉淀，由于体积一般较大，不宜采用上述方法，而应采取图 3.26 所示的方法包裹：先用玻璃棒将三层滤纸的部位挑拨松动，然后用玻璃棒把滤纸上缘折向中间，使三层滤纸部分折叠在最外面，围成倒锥体滤纸包。用玻璃棒轻轻转动滤纸包或轻微压住滤纸包用手旋转漏斗管颈，慢慢将滤纸包从漏斗的底部迁移至上沿(这样可擦净黏附在漏斗壁上的沉淀)，取出滤纸包，倒置、尖头朝上，放入已恒重的空坩埚中。

4. 沉淀的烘干、灼烧和恒重

把载有沉淀的坩埚及盖按图 3.24 安放妥当，以烘干空坩埚相同的操作方式，将坩埚内滤纸和沉淀烘干。烘干时要防止温度升得太快，坩埚中氧气供给不足致使滤纸变成整块的炭，如果生成大块炭，则使滤纸完全炭化非常困难。在炭化时不能让滤纸着火，否则会将一些微粒扬出。万一着火，应立即将坩埚盖盖上，同时移去火源使滤纸火焰熄灭，不可用嘴吹灭。

图 3.26　非晶形沉淀的包裹

滤纸烘干、部分炭化后，将燃灯放在坩埚下面［图 3.24(b)］，先用小火使滤纸大部分炭化，再逐渐加大火焰把炭完全烧成灰。炭粒完全消失后，可改用喷灯或置于高温炉中，在既定温度下维持一定时间灼烧沉淀。仍以灼烧 $BaSO_4$ 沉淀为例：第一次灼烧时间可长些(如 30 min 左右)，按灼烧空坩埚的操作方式冷却、称量，然后进行第二次灼烧(时间可比第一次短些)，如前法冷却、称量，直至恒重。

滤纸包的烘干、炭化和灰化过程，除用燃灯法外，还可在电热装置(如电炉、电热板等)上进行，待炭完全灰化后再将坩埚移入高温炉中灼烧。

不需要高温灼烧的沉淀，经已恒重的微孔玻璃过滤器过滤后，可在电烘箱中直接进行干燥、恒重操作(详见实验十七)。

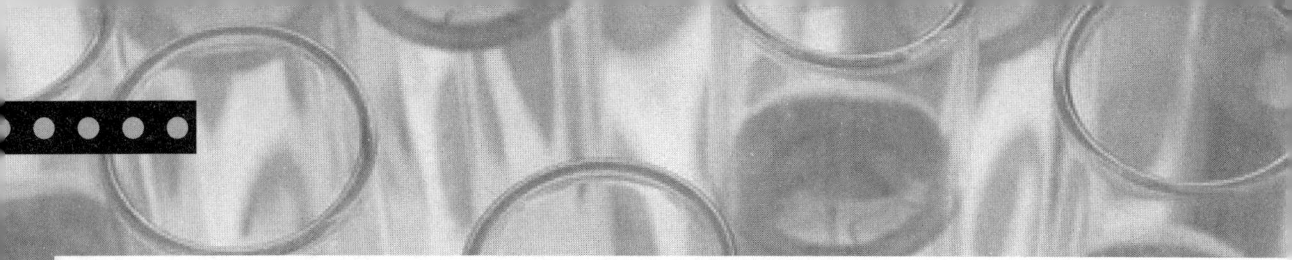

第四章　标准滴定溶液的制备

4.1　溶液浓度的表示方法

根据国际单位制(SI),各学科都有自己常用的物理量及其单位。现将分析化学中常用的物理量及其单位列于表 4.1 中。

表 4.1　分析化学中常用的物理量及其单位

量的名称	量的符号	单位名称	单位符号	代用单位
相对原子质量	A_r	—	1	
相对分子质量	M_r	—	1	
质量	m	千克	kg	g,mg 等
摩尔质量	M	千克每摩(尔)	$kg \cdot mol^{-1}$	$g \cdot mol^{-1}$等
物质的量	n	摩(尔)	mol	mmol 等
体积	V	立方米	m^3	dm^3,cm^3;L,mL 等
摩尔体积	V_m	立方米每摩(尔)	$m^3 \cdot mol^{-1}$	$L \cdot mol^{-1}$等

在分析工作中,随时都要使用不同浓度的溶液。以表 4.1 中物理量为基础,溶液浓度的表示方法大致有以下几种。

(1) **物质的量浓度**。单位体积溶液中所含溶质 B 的物质的量,称为 B 的物质的量浓度(简称浓度),以符号 c(B)或 c_B 表示,有时在化学反应式或计算公式中也用[B]表示,常用单位为$mol \cdot L^{-1}$。例如,$c(NaOH) = 0.1\ mol \cdot L^{-1}$,表示 1 L 溶液中所含 NaOH 的物质的量为 0.1 mol,即 1 L 溶液中含有 NaOH 的质量为 4 g。

(2) **质量分数**。单位质量溶液中所含溶质 B 的质量,或混合物中某一组分 B 的质量与各组分总质量之比,以符号 w_B 表示,过去曾用 m/m 表示。例如,$w(HNO_3) = 70\%$,表示 100 g 的硝酸溶液中含有 HNO_3 的质量为 70 g,其余的是水。市售的酸、碱及物料中组分含量的测定等常用这种表示方法。当混合物中 B 物质的含量很低(如土壤中的 Hg^{2+} 含量为 0.000 5 %),可用5 $\mu g \cdot g^{-1}$ 表示;再低至 1/1 000,还可用 5 $ng \cdot g^{-1}$ 表示。

(3) **质量浓度**。单位体积溶液中所含溶质 B 的质量,以符号 ρ_B 表示,过去曾用 m/V 表示,常用单位为 $g \cdot L^{-1}$。例如,$\rho(NaOH) = 40\ g \cdot L^{-1}$,表示 1 L 溶液中含有 NaOH 的质量为

40 g，其余的是水。低含量的物质的质量浓度也可用 $mg \cdot L^{-1}$ 等单位来表示。

小贴士

在指示剂的配制过程中，过去常用的质量体积百分浓度，现须用质量浓度代替。例如，质量体积百分浓度为 0.1％的甲基橙指示液的配制，可称取 0.1 g 甲基橙，溶于 70 ℃水中，冷却，稀释至 100 mL 而成；用质量浓度表示，就是 $1\ g \cdot L^{-1}$。

(4) **体积分数**。单位体积溶液中所含溶质 B 的体积，或混合物中某一组分 B 的体积与各组分总体积之比，以符号 φ_B 表示，过去曾用 V/V 表示。例如，$\varphi(CH_3CH_2OH)=70\%$，表示 100 mL 的乙醇溶液中含有 CH_3CH_2OH 的体积为 70 mL，其余的是水。低含量的物质的体积分数也可用 $\mu L \cdot mL^{-1}$ 等来表示。

小贴士

为便于配制普通溶液，有时混合物中某组分的含量还可用体积比浓度，以 A∶B 或 A＋B 表示。例如，1∶4 或 1＋4 HCl 溶液，是指 1 体积市售浓 HCl 和 4 体积水混合而制备的溶液。

(5) **滴定度**。在工业分析中，为方便测定大批物料中某一组分（成分或元素）的含量，经常要用到滴定度这一概念。滴定度是指 1 mL 标准滴定溶液 A（即滴定剂）相当于被测组分 B 的质量，以 $T_{B/A}$ 表示（常用单位为 $g \cdot mL^{-1}$）：

$$T_{B/A}=m_B/V_A$$

式中：m_B 为被测组分的质量；V_A 为标准滴定溶液的体积。

例如，用 $K_2Cr_2O_7$ 容量法测定 Fe 时，若每毫升 $K_2Cr_2O_7$ 标准溶液可滴定 0.005 000 g Fe，则此 $K_2Cr_2O_7$ 标准溶液的滴定度 $T(Fe/K_2Cr_2O_7)=0.005\ 000\ g \cdot mL^{-1}$，读作“每毫升 $K_2Cr_2O_7$ 标准溶液相当于 0.005 000 g Fe”。若测定试样时消耗此标准溶液 22.00 mL，则试样中 Fe 的质量为 0.110 0 g。

在实际生产中，有时为了进一步简化结果计算，常固定试样的称取量，而将滴定度直接表示为 1 mL 滴定剂（标准溶液）相当于被测组分在试样中的质量分数。仍以上述 $K_2Cr_2O_7$ 滴定 Fe，$T(Fe/K_2Cr_2O_7)=0.005\ 000\ g \cdot mL^{-1}$ 且消耗此标准溶液 22.00 mL 为例，假设每次测定时都准确称取试样的质量为 0.277 8 g，则滴定度还可表示为 $T(Fe/K_2Cr_2O_7)=1.80\ \% \cdot mL^{-1}$。

在化学分析与仪器分析实验中，随时都要用到各种溶液，根据实验需要与准确度要求，其浓度表示方法①和有效数字可以是不同的。常用的试剂、沉淀剂、指示剂、掩蔽剂、缓冲溶液等，通常可只保留 1～2 位有效数字，如 $2\ mol \cdot L^{-1}$ HCl 溶液、10 ％NaOH 溶液等；而滴定分析中用的标准滴定溶液浓度值，则需要准确到四位有效数字。

① 不同浓度的化学制剂及制品的制备，可参见《化学试剂　试验方法中所用制剂及制品的制备》（GB/T 603—2023）的有关内容。

4.2 标准物质和标准滴定溶液

在工农业生产、环境监测、商品检验和科学研究等众多领域中，经常需要使用标准物质①来校正设备（仪器）、评价测定（分析）方法或给材料（溶液）赋值。因此，标准物质是测定物质组分、结构或其他有关特性量值过程中不可缺少的一种计量标准。

4.2.1 标准物质

分析化学实验使用的标准物质（也称基准试剂），仅是种类繁多的标准物质中的一小部分，主要用来直接制备标准滴定溶液或标定溶液的浓度。这类物质是纯度极高的化合物或单质（如纯金属等），主要成分以外的其他杂质含量很低。

作为基准试剂，应符合下列条件：

(1) 物质的组成应与化学式完全相符。若含结晶水，其结晶水的含量也应与化学式相符（如草酸 $H_2C_2O_4 \cdot 2H_2O$，硼砂 $Na_2B_4O_7 \cdot 10H_2O$ 等）。

(2) 试剂的纯度要足够高。一般要求其纯度（质量分数）应在 99.9%以上，而杂质含量应少到不致影响分析的准确度。

(3) 试剂在一般情况下应该很稳定。如不易吸收空气中的水分和 CO_2，也不易被空气所氧化等。

(4) 试剂最好有比较大的摩尔质量。这样对于相同物质的量而言，称量时取量较多，从而使称量相对误差较小。

(5) 试剂参加反应时，应按反应方程式定量进行而且没有副反应。

滴定分析用基准试剂可细分为：工作基准试剂（working chemical）和第一基准试剂（primary chemical）。前者，其纯度（质量分数）在（100±0.05）%范围内，与国家二级标准物质[GBW(E)]对应、相当于 IUPAC 规定的 D 级（working standard）；后者，其纯度（质量分数）在（100±0.02）%范围内，与国家一级标准物质（GBW）对应、相当于 IUPAC 规定的 C 级（primary standard）。

分析化学实验中标准滴定溶液的标定，一般使用工作基准试剂即可；第一基准试剂通常用于对工作基准试剂的赋值。

表 4.2 列出了常用基准试剂的干燥条件及其应用。

表 4.2 常用基准试剂的干燥条件及其应用

基准试剂		干燥后的组成	干燥条件（至恒重）	标定对象
名称	化学式			
碳酸氢钠	$NaHCO_3$	Na_2CO_3	270～300 ℃	酸
碳酸钠	$Na_2CO_3 \cdot 10H_2O$	Na_2CO_3	270～300 ℃	酸

① 即具有一种或多种足够均匀和很好地确定了的特征值。

续表

基准试剂		干燥后的组成	干燥条件（至恒重）	标定对象
名称	化学式			
硼砂	$Na_2B_4O_7\cdot 10H_2O$	$Na_2B_4O_7\cdot 10H_2O$	放在含 NaCl 和蔗糖饱和溶液的干燥器中	酸
碳酸氢钾	$KHCO_3$	K_2CO_3	270～300 ℃	酸
草酸	$H_2C_2O_4\cdot 2H_2O$	$H_2C_2O_4\cdot 2H_2O$	室温空气干燥	碱或 $KMnO_4$
邻苯二甲酸氢钾	$KHC_8H_4O_4$	$KHC_8H_4O_4$	105～120 ℃	碱
重铬酸钾	$K_2Cr_2O_7$	$K_2Cr_2O_7$	120～150 ℃	还原剂
溴酸钾	$KBrO_3$	$KBrO_3$	130 ℃	还原剂
碘酸钾	KIO_3	KIO_3	130 ℃	还原剂
铜	Cu	Cu	室温干燥器中保存	还原剂
三氧化二砷	As_2O_3	As_2O_3	室温干燥器中保存	氧化剂
草酸钠	$Na_2C_2O_4$	$Na_2C_2O_4$	105～110 ℃	氧化剂
碳酸钙	$CaCO_3$	$CaCO_3$	110 ℃	EDTA
硝酸铅	$Pb(NO_3)_2$	$Pb(NO_3)_2$	室温干燥器中保存	EDTA
氧化锌	ZnO	ZnO	800～1 000 ℃	EDTA
锌	Zn	Zn	室温干燥器中保存	EDTA
氯化钠	NaCl	NaCl	500～600 ℃	$AgNO_3$
氯化钾	KCl	KCl	500～600 ℃	$AgNO_3$
硝酸银	$AgNO_3$	$AgNO_3$	250～280 ℃	氯化物或硫氰酸盐

4.2.2　标准滴定溶液的制备

标准滴定溶液（以下简称**标准溶液**）是具有准确浓度的溶液，用于滴定试样中的待测组分。其制备方法有直接法和标定法两种。

1. 直接法

直接法用工作基准试剂直接制备标准溶液。其方法是：准确称取一定质量的工作基准试剂，溶解后定量转入容量瓶中，用水稀释至标线。根据称取工作基准试剂的质量和容量瓶的体积，计算出该溶液的准确浓度。例如，$K_2Cr_2O_7$ 标准溶液，就可通过直接准确称取工作基准试剂 $K_2Cr_2O_7$ 的质量来制备。

2. 标定法

有些物质不具备作为工作基准试剂的条件，不能直接用来制备标准溶液，这时可采用标定法。所谓标定法是指用工作基准试剂或标准试样来校正所配标准溶液浓度的过程，其方法是：将某物质先配成一种近似所需浓度的溶液，然后用工作基准试剂、标准试样(或另用已知准确浓度的溶液)来标定它的准确浓度。例如,HCl试剂易挥发,欲制备$c(HCl)=0.1\ mol\cdot L^{-1}$的HCl标准溶液时,就不能采用直接法,而是先将浓HCl[①]配制成浓度大约为$0.1\ mol\cdot L^{-1}$的稀溶液,然后准确称取一定质量的工作基准试剂(如无水碳酸钠)对其进行标定,或者用已知准确浓度的NaOH标准溶液来进行标定,从而求出HCl溶液的准确浓度。

用工作基准试剂进行溶液浓度标定时,可采用称量法和移液管法,为避免使用移液管法在称量(只称取一次工作基准试剂)时可能出现的偶然误差,现行标准试验方法中多采用称量法。

(1) 称量法。准确称取n份工作基准试剂,分别用待标定的溶液进行逐一滴定。根据每份工作基准试剂的质量和消耗待标定溶液的体积,计算各自的浓度,取n次平行测定结果的平均值作为该标准溶液的准确浓度。

一般情况下,平行测定时n可取4(下述的移液管法同此)。

(2) 移液管法。准确称取一份质量较大的工作基准试剂,溶解后定量转移于容量瓶中,定容,用移液管从中分别量取等份试液(若用25 mL移液管从250 mL容量瓶中每次分取1/10,则可将此母液分成10等份),用待标定的溶液进行逐一滴定。根据每份试液所含工作基准试剂的相当量和消耗待标定溶液的体积,计算各自的浓度,取n次平行测定结果的平均值作为该标准溶液的准确浓度。

小贴士

值得注意的是,为了保证移液管分别量取那份溶液的准确度,必须进行容量瓶与移液管的相对校准(见实验二)。

以上两种方式不仅适用于标准溶液的标定,也同样适用于试样母液中组分的测定。

在制备标准溶液时,必须注意尽可能地降低操作中的误差,并且对工作基准试剂的称量和滴定溶液所消耗的体积有一定的要求。一般分析天平两次称量的误差为±0.2 mg,因此工作基准试剂称量的质量应大于0.2 g;而滴定管两次读数有±0.02 mL的误差,所以消耗滴定溶液的体积应在20 mL以上。另外,标定标准溶液与测定试样组分时的实验条件应力求一致。

在实际工作中特别是在工厂实验室,还常采用一种称为"标准试样"的标准物质(如钢样),来标定标准溶液的浓度。该"标准试样"中可与标准溶液反应的组分含量是已知的,其他基体组成与待测试样相近,可以抵消分析过程中的系统误差、测定结果的准确度也较高。

制备好的标准溶液应妥善保存(如采取避光、防吸水汽等措施),并根据其不同性质选择合适的盛装容器。例如,碱性标准溶液应用聚乙烯类塑料瓶存放;硝酸银、高锰酸钾等标准溶液应贮存于棕色瓶中(滴定时也应选用棕色滴定管)。对不稳定的标准溶液,其贮备液在使用前最好重新标定。

① 本书后续内容,凡"浓HCl"一般用"HCl"表示(其他试剂亦采用类似方法,特殊情况例外)。

4.3 几种常用标准滴定溶液的制备①

4.3.1 酸碱滴定法用标准溶液的配制与标定

视频：HCl 标准溶液的配制

1. 0.1 mol·L^{-1} HCl 标准溶液

(1) 配制。量取 9 mL 浓 HCl 溶液，注入 1 L 水中，摇匀。

(2) 标定。用无水 Na_2CO_3 作工作基准试剂，有关化学反应式如下：

$$CO_3^{2-} + 2H^+ \longrightarrow CO_2\uparrow + H_2O$$

准确称取 0.2 g(称准至 0.01 mg②)已于 270～300 ℃高温炉中灼烧至恒重的工作基准试剂无水 Na_2CO_3，溶于 50 mL 水中，加 10 滴 3∶1 溴甲酚绿–甲基红混合指示剂，用配制好的0.1 mol·L^{-1} HCl 溶液滴定至试液由绿色变为暗红色，煮沸 2 min，冷却后继续滴定至试液再呈暗红色，即为终点。同时做空白试验。

因无水 Na_2CO_3 吸水性强，有时也用移液管法标定 HCl 溶液，方法如下：

准确称取 2.0 g 上述工作基准试剂无水 Na_2CO_3，置于250 mL烧杯中，加入 50 mL 水搅拌溶解后，定量转入 250 mL 容量瓶中、定容。用移液管量取25.00 mL该溶液，于 250 mL锥形瓶中，补加25 mL 水。再按上述称量法标定 0.1 mol·L^{-1} HCl 溶液的后续操作步骤进行标定。

小贴士

较高浓度 HCl 溶液的配制与标定(如 1 mol·L^{-1})，可依据上述称量法标定过程有关步骤，按比例量取 90 mL 盐酸和准确称取 2.0 g 无水 Na_2CO_3 如法进行；较低浓度 HCl 标准溶液的制备(如 0.05 mol·L^{-1})，可用已制备好的 HCl 标准溶液经稀释后得到(必要时重新进行标定)；更低浓度 HCl 标准溶液的制备(如 0.02 mol·L^{-1})，可参见 4.3.2 中 0.02 mol·L^{-1} EDTA 标准溶液的配制与标定过程。

视频：NaOH 标准溶液的配制

2. 0.1 mol·L^{-1} NaOH 标准溶液

(1) 配制。称取 110 g NaOH，溶于 100 mL 无二氧化碳的水中，摇匀，注入聚乙烯材质容器中，密闭放置至溶液清亮。量取 5.4 mL 上层清液，用无二氧化碳的水稀释至 1 L，摇匀。

(2) 标定。用邻苯二甲酸氢钾作工作基准试剂，有关化学反应式如下：

准确称取 0.75 g 已于 105～110 ℃电烘箱中干燥至恒重的工作基准试剂邻苯二甲酸

① 本节制备的溶液均以 0.1 mol · L^{-1} 为基础，其他物质的量浓度可如法炮制。

② 按《化学试剂　标准滴定溶液的制备》(GB/T 601—2016)规定：工作基准试剂的称量质量≤0.5 g(称准至 0.01 mg，需用电子天平)，称量质量≥0.5 g(称准至 0.1 mg)；下同(皆用“准确称取”字样，不再赘述“称准至”)。

氢钾,加 50 mL 无二氧化碳的水溶解(浓度在 0.5 $mol \cdot L^{-1}$ 及其以上 NaOH 溶液的标定,用 80 mL 无二氧化碳的水),加 2 滴 10 $g \cdot L^{-1}$ 酚酞指示剂,用配制好的 0.1 $mol \cdot L^{-1}$ NaOH 溶液滴定至试液呈粉红色并保持 30 s,即为终点。同时做空白试验。

显而易见,0.5 $mol \cdot L^{-1}$ NaOH 溶液的配制与标定,应量取 NaOH 上层清液 27 mL、准确称取邻苯二甲酸氢钾 3.8 g、加 80 mL 无二氧化碳的水,按上述标定过程有关步骤进行。

4.3.2 配位滴定法用标准溶液的配制与标定

1. 0.1 $mol \cdot L^{-1}$ EDTA 标准溶液

(1) 配制。称取约 40 g 乙二胺四乙酸二钠,加入 1 L 水中,加热溶解,冷却,摇匀。

(2) 标定。准确称取 0.3 g 已于(800±50) ℃高温炉中灼烧至恒重的工作基准试剂 ZnO,用少量水润湿,加 2 mL 20 % HCl 溶液溶解,加 100 mL 水,用 10 % $NH_3 \cdot H_2O$ 将溶液 pH 调至7～8,加 10 mL $NH_3 \cdot H_2O-NH_4Cl$ 缓冲溶液(pH≈10)及 5 滴 5 $g \cdot L^{-1}$ 铬黑 T 指示剂,用配制好的 0.1 $mol \cdot L^{-1}$ EDTA 溶液滴定至试液由紫色变为纯蓝色,即为终点。同时做空白试验。

对于浓度较低 EDTA 标准溶液的制备(如 0.02 $mol \cdot L^{-1}$),可用 0.1 $mol \cdot L^{-1}$ EDTA 溶液直接稀释或称取乙二胺四乙酸二钠 8 g 溶解在 1 L 水中进行标定而得到,但后者因用称量法标定时仅需 ZnO 的质量为 0.06 g(称量误差较大),故应采取移液管法进行标定。准确称取 0.3 g 上述 ZnO 溶解后,定容于 250 mL 容量瓶中,量取 50.00 mL 于锥形瓶中,补加50 mL水。再按上述称量法标定 0.1 $mol \cdot L^{-1}$ EDTA 溶液的后续有关步骤操作进行标定。

2. 0.1 $mol \cdot L^{-1}$ Zn^{2+} 标准溶液

(1) 配制。称取 14 g $ZnCl_2$,溶于 1 L 1∶2 000 的 HCl 溶液中,摇匀。

(2) 标定。准确称取 1.4 g 在 $Mg(NO_3)_2$ 饱和溶液恒湿器中放置 7 天后的工作基准试剂乙二胺四乙酸二钠,溶于 100 mL 热水中,加 10 mL $NH_3 \cdot H_2O-NH_4Cl$ 缓冲溶液(pH≈10),用配制好的 0.1 $mol \cdot L^{-1}$ Zn^{2+} 溶液滴定,近终点时加 5 滴 5 $g \cdot L^{-1}$ 铬黑 T 指示剂,继续滴定至试液由蓝色变为紫红色,即为终点。同时做空白试验。

若无工作基准试剂乙二胺四乙酸二钠,也可用 0.1 $mol \cdot L^{-1}$ EDTA 标准溶液进行标定。

视频:
锌标准溶液的配制

4.3.3 氧化还原滴定法用标准溶液的配制与标定

1. 0.1 $mol \cdot L^{-1}$ $\frac{1}{5}$ $KMnO_4$ 标准溶液

(1) 配制。称取 3.3 g $KMnO_4$,溶于 1 050 mL 水中,缓缓煮沸 15 min,冷却,于暗处放置 2 周,用 P_{16} 或 G_4 型号的玻璃滤埚过滤,贮存于棕色瓶中。

(2) 标定。在酸性溶液中,用 $Na_2C_2O_4$ 作工作基准试剂,有关化学反应式如下:

$$5C_2O_4^{2-} + 2MnO_4^- + 16H^+ \longrightarrow 2Mn^{2+} + 8H_2O + 10CO_2 \uparrow$$

准确称取 0.25 g 已于 105～110 ℃电烘箱中干燥至恒重的工作基准试剂 $Na_2C_2O_4$,溶于100 mL 8∶92 H_2SO_4 溶液中,用配制好的 $c\left(\frac{1}{5}KMnO_4\right)=0.1\ mol \cdot L^{-1}$ 溶液滴定(自

身为指示剂)，临近终点时加热至 65 ℃左右，继续滴定至试液呈粉红色并保持 30 s，即为终点。同时做空白试验。

视频：

$K_2Cr_2O_7$ 标准溶液的配制

2. 0.1 mol·L^{-1} $\frac{1}{6}$ $K_2Cr_2O_7$ 标准溶液

因为 $K_2Cr_2O_7$ 本身是工作基准试剂，可按下法直接制备其标准溶液(不需要标定)。

准确称取(4.9±0.20) g 已于(120±2) ℃电烘箱中干燥至恒重的工作基准试剂 $K_2Cr_2O_7$，溶于水，移于 1 L 容量瓶中，稀释至标线。根据称取的 $K_2Cr_2O_7$ 的质量与容量瓶的容量，计算标准溶液的准确浓度。

3. 0.1 mol·L^{-1} $Na_2S_2O_3$ 标准溶液

(1) 配制。称取 16 g 无水硫代硫酸钠或 26 g 结晶硫代硫酸钠($Na_2S_2O_3 \cdot 5H_2O$)，加 0.2 g无水 Na_2CO_3，溶于 1 L 水中，缓缓煮沸 10 min，冷却，放置 2 周后用 P_{16}或 G_4 型号的玻璃滤埚过滤。

(2) 标定。在酸性溶液中，用定量工作基准试剂 $K_2Cr_2O_7$ 与过量 KI 作用置换出相当量的 I_2，生成的 I_2 再与 $Na_2S_2O_3$ 反应，有关化学反应式如下：

视频：

$Na_2S_2O_3$ 标准溶液的配制

$$Cr_2O_7^{2-} + 6I^- + 14H^+ = 2Cr^{3+} + 3I_2 + 7H_2O$$

$$I_2 + 2S_2O_3^{2-} = 2I^- + S_4O_6^{2-}$$

准确称取 0.18 g 上述工作基准试剂 $K_2Cr_2O_7$ 置于碘量瓶中，加 25 mL 水溶解，加 2 g KI 及 20 mL 20 % H_2SO_4 溶液，摇匀，于暗处放置 10 min。加 150 mL 水，用配制好的 0.1 mol·L^{-1} $Na_2S_2O_3$ 溶液滴定，近终点时加 2 mL 10 g·L^{-1}的淀粉指示剂，继续滴定至试液由蓝色变为亮绿色，即为终点。同时做空白试验。

也可用 $c\left(\frac{1}{6}K_2Cr_2O_7\right) = 0.1$ mol·L^{-1}标准溶液进行标定。

4. 0.1 mol·L^{-1}[$(NH_4)_2Fe(SO_4)_2$]标准溶液

(1) 配制。称取 40 g 六水合硫酸铁(Ⅱ)铵[$(NH_4)_2Fe(SO_4)_2 \cdot 6H_2O$]，溶于 300 mL 20 % H_2SO_4 溶液中，加 700 mL 水，摇匀。

(2) 标定。

① 准确称取 0.18 g 已于(120±2) ℃电烘箱中干燥至恒量的工作基准试剂 $K_2Cr_2O_7$，溶于 25 mL 水中，加 10 mL 2∶3∶3 水—硫酸—磷酸混合溶液，加 70 mL 水，用配制好的 0.1 mol·L^{-1}[$(NH_4)_2Fe(SO_4)_2$]溶液滴定至试液橙黄色消失，加 2 滴 2 g·L^{-1} *N*—苯代邻氨基苯甲酸指示液，继续滴定至试液由紫红色变为亮绿色，即为终点。同时做空白试验。

② 量取 35.00～40.00 mL 已配制好的 0.1 mol·L^{-1}[$(NH_4)_2Fe(SO_4)_2$]溶液，加 25 mL 无氧的水，用 $c\left(\frac{1}{5}KMnO_4\right) = 0.1$ mol·L^{-1}标准溶液滴定至试液呈粉红色，并保持 30 s，即为终点。同时做空白试验。

5. 0.1 mol·L^{-1} $\frac{1}{2}$ I_2 标准溶液

(1) 配制。称取 13 g I_2 及 35 g KI，溶于 100 mL 水中，置于棕色瓶中，放置 2 天，稀释至 1 L，摇匀。

(2) 标定。在碱性溶液中,用 As_2O_3(剧毒!)作工作基准试剂,有关化学反应式如下:

$$As_2O_3 + 6OH^- \xlongequal{} 2AsO_3^{3-} + 3H_2O$$
$$AsO_3^{3-} + I_2 + H_2O \xlongequal{} AsO_4^{3-} + 2I^- + 2H^+$$

准确称取 0.18 g 预先在 H_2SO_4 干燥器中干燥至恒重的工作基准试剂 As_2O_3,置于碘量瓶中,加 6 mL 1 $mol \cdot L^{-1}$ NaOH溶液溶解,加 50 mL 水,加 2 滴 10 $g \cdot L^{-1}$酚酞指示剂,用0.5 $mol \cdot L^{-1}$ H_2SO_4溶液滴定至试液呈无色,加 3 g $NaHCO_3$ 及 2 mL 10 $g \cdot L^{-1}$酚酞指示剂,用配制好的 $c\left(\frac{1}{2} I_2\right) = 0.1\ mol \cdot L^{-1}$溶液滴定至试液呈浅蓝色,即为终点。同时做空白试验。

为安全起见,也可用 $Na_2S_2O_3$ 标准溶液进行标定,量取 35.00～40.00 mL 上述溶液,置于碘量瓶中,加 150 mL 水,加 5 mL 0.1 $mol \cdot L^{-1}$ HCl 溶液,用0.1 $mol \cdot L^{-1}$ $Na_2S_2O_3$标准溶液滴定,近终点时加 2 mL 10 $g \cdot L^{-1}$淀粉指示剂,继续滴定至试液蓝色消失,即为终点。同时做空白试验。

6. 0.1 $mol \cdot L^{-1}$ $\frac{1}{2}$ Br_2 标准溶液

(1) 配制。称取 3 g $KBrO_3$ 及 25 g KBr,溶于 1 L 水中,摇匀。

(2) 标定。在酸化条件下,定量 $KBrO_3$ 与过量 KBr 作用,生成定量 Br_2,定量 Br_2 再与过量 KI 反应,置换出定量 I_2,最后用 $Na_2S_2O_3$ 标准溶液标定析出的 I_2,有关化学反应式如下:

$$BrO_3^- + 5Br^- + 6H^+ \xlongequal{} 3Br_2 + 3H_2O$$

$$Br_2 + 2I^- \xlongequal{} 2Br^- + I_2$$

$$I_2 + 2S_2O_3^{2-} \xlongequal{} 2I^- + S_4O_6^{2-}$$

量取 35.00～40.00 mL 上述溶液,置于碘量瓶中,加 2 g KI 及5 mL 20 % HCl 溶液,摇匀,于暗处放置 5 min。加 150 mL 水,用 0.1 $mol \cdot L^{-1}$ $Na_2S_2O_3$ 标准溶液滴定,近终点时加入 2 mL 10 $g \cdot L^{-1}$淀粉指示剂,继续滴定至试液蓝色消失,即为终点。同时做空白试验。

4.3.4 沉淀滴定法用标准溶液的配制与标定

0.1 $mol \cdot L^{-1}$ $AgNO_3$ 标准溶液

(1) 配制。称取 17.5 g $AgNO_3$,溶于 1 L 水中,摇匀,溶液贮存于密闭的棕色瓶中。

(2) 标定。准确称取 0.22 g 已于 500～600 ℃高温炉中灼烧至恒重的工作基准试剂 NaCl,溶于 70 mL 水中,加 10 mL 10 $g \cdot L^{-1}$的淀粉溶液,以 216 型银电极作指示电极,217 型双盐桥饱和甘汞电极作参比电极,用已配制好的 0.1 $mol \cdot L^{-1}$ $AgNO_3$ 溶液滴定[《化学试剂　电位滴定法通则》(见 GB/T 9725—2007)],依据 NaCl 的摩尔质量及用量和 $AgNO_3$ 溶液所消耗的体积,计算出 0.1 $mol \cdot L^{-1}$ $AgNO_3$ 溶液的准确浓度。

第五章　化学分析实验

实验一　分析天平称量练习

一、目的

1. 了解分析天平的构造。
2. 学会分析天平的使用方法。
3. 培养准确、简明地记录实验原始数据的习惯。

二、原理

见本书第二章有关内容。

三、仪器和试剂

1. 托盘天平，分析天平。
2. 干燥器，称量瓶，小烧杯。
3. 石英砂［固体粉末(仅供称量练习用)］。

四、步骤

1. 直接称量法

从干燥器中取出盛有石英砂粉末的称量瓶和干燥的小烧杯，准确称出(称量瓶＋试样)的质量和空烧杯的质量(称准至 0.1 mg)，记录(称量瓶＋试样)的质量为 m_1、空烧杯的质量为 m_0。

2. 减量称量法

将称量瓶中的试样慢慢倾入按上法已准确称出质量的空烧杯中。倾样时，由于初次称量，缺乏经验，很难一次倾准，因此要试称，即第一次倾出少些，粗称此量，根据其质量估计不足的量(以倾出量的份数来预测)，继续倾出所需量后，再准确称量(称量瓶＋试样)的质量，记为 m_2，则m_1-m_2即为倾出试样的质量。

称出(烧杯＋倾入试样)的质量①，记为 m_3。检查 m_1-m_2 是否等于小烧杯增加的质

① 该步操作仍为直接称量法。

量(m_3-m_0)，如不相等，求出差值。要求每份试样质量为 0.2～0.4 g，称量的绝对差值小于 0.5 mg。如不符合要求，分析原因并继续再称。

3. 指定质量称量法

对于在空气中稳定的试样(如金属、矿石样等)，常称取某一固定质量的试样。可先将一洁净干燥的小烧杯(或表面皿)置于秤盘上，“调零”后，缓慢地向小烧杯(或表面皿)中加入试样，直至天平显示读数正好为要求值。

经称量练习后，如果实验结果已符合要求，再做一次计时称量练习，以检验自己称量操作的熟练程度。

参照表 5.1 记录格式，记录实验数据并计算实验结果。

表 5.1 称量练习记录格式示例

项目	次数	
	1	2
(称量瓶+试样)的质量(倾出前)m_1/g	17.6389	17.3211
(称量瓶+试样)的质量(倾出后)m_2/g	17.3211	16.9881
倾出试样的质量(m_1-m_2)/g	0.3178	0.3330
(烧杯+倾入试样)的质量 m_3/g	24.3967	24.5326
空烧杯的质量 m_0/g	24.0791	24.1992
称得试样的质量(m_3-m_0)/g	0.3176	0.3334
偏差/mg	0.2	0.4

附 注

1. 拿取称量瓶和小烧杯，可借助于洁净干燥的纸带或戴上洁净的手套，不能直接用手拿取。

2. 学生初次使用分析天平，因操作不熟悉同时对物体质量的估计缺乏经验，故可在托盘天平上进行粗称，然后再在电子天平上称出准确的质量。在称量比较熟悉的情况下，宜直接在电子天平上进行准确称量。

思 考 题

1. 采用减量称量法时，盛接试剂的容器必须烘干吗？若倾出的试剂超过要求值时应该如何处理？

2. 指定质量称量法和减量称量法各宜在何种情况下采用？

实验二 玻璃量器的容量校准

一、目的

1. 了解玻璃量器容量校准的意义和方法。

2. 掌握移液管的校准和容量瓶与移液管间相对校准的方法。

二、原理

欲使分析结果准确，所用量具必须有足够的准确度，但有些容量器皿达不到要求，故需校准。

校准的方法通常是称量容器中容纳或放出的纯水质量，由 $V_{20}=m_t/\rho_t$ 直接计算出它的容积(V_{20})，或用一已经校准过的容器间接地校准另一容器。式中：V_{20} 为容器在 20 ℃时的容积；m_t 为容器中容纳或放出的纯水在大气中、温度为 t 时，称量所得的质量；ρ_t 为考虑了进行校准时的温度、空气浮力影响后，水在不同温度 t 时的密度，见表 5.2。

表 5.2　20 ℃时体积为 1 L 的水在不同温度时的质量

t/℃	m/g	t/℃	m/g	t/℃	m/g	t/℃	m/g
10	998.39	16	997.80	22	996.81	28	995.44
11	998.32	17	997.66	23	996.60	29	995.18
12	998.23	18	997.51	24	996.39	30	994.92
13	998.14	19	997.35	25	996.17	31	994.64
14	998.04	20	997.18	26	995.94	32	994.34
15	997.93	21	997.00	27	995.69	33	994.06

校准后的体积是指该容器在 20 ℃时的容积。

三、仪器

1. 电子天平。

2. 温度计。

3. 磨口锥形瓶(50 mL)，酸式滴定管(50 mL)，移液管(25 mL)，容量瓶(250 mL)，溶解氧瓶(250 mL)。

四、步骤

1. 滴定管的校准

将欲校准的滴定管洗净，加入与室温达平衡的蒸馏水(可事先用烧杯盛装，放在天平室内，杯中插有温度计，用以测定水温)至“0”刻线，记录水温(℃)及滴定管中弯液面的起始读数(mL)。

视频：移液管的校准

称量 50 mL 磨口锥形瓶(其具塞磨口处及瓶体外部应保持洁净和干燥)的质量，再以正确操作由滴定管中放出 15.00 mL 水于上述锥形瓶中(勿将水滴在瓶口上)，迅速盖紧瓶塞，称量[①]。两次称量值之差，即为滴定管中放出水的质量。

① 称准至 0.01 g 即可。若瓶中存水太多，不便继续接受水或称量操作，可用吸管等将其吸出，以便续用。

用同样方法分别测取自滴定管“0”刻线依次放出 20.00 mL、25.00 mL、30.00 mL、35.00 mL、40.00 mL 五刻度间水的质量。由表 5.2 查得校准实验温度下水的密度，计算所测滴定管各段的真正容积，再按表 5.3 列出滴定管不同刻度区间的校准数据。

表 5.3 滴定管校准表

校准温度下水的密度：______ $g\cdot L^{-1}$

滴定管放出水的间隔读数/mL			放出水的质量/g			真正容积/mL	校准值/mL
$V_{起始}$	$V_{放水后}$	$V=V_{放水后}-V_{起始}$	$m_{瓶}$	$m_{瓶+水}$	$m_{水}$	$V_{20}=m_{水}/\rho_t$	$V_{20}-V$

每段重复测定 1 次，两次校准值之差不得超过 0.02 mL，取其平均值作为测定结果。将所得结果绘制成以滴定管读数为横坐标、以校准值为纵坐标的校准曲线。

2. 移液管的校准

由 25 mL 移液管放出水的质量，计算其真正容积。校准方法及误差要求同上。

3. 容量瓶的校准

用上述已校准的移液管进行间接校准。由移液管量取 25.00 mL 水至洗净且干燥的 250 mL 容量瓶中，注入 10 次后，仔细观察瓶中弯液面是否与标线相切，否则另作一新的标线。由移液管的真正容积可知容量瓶的容积(至新标线)。经相对校准后的移液管和容量瓶应配套使用。

4. 溶解氧瓶的校准①

根据上述原理，将 250 mL 溶解氧瓶校准。

附　注

其他玻璃量器的容量校准，可参见《实验室玻璃仪器　玻璃量器的容量校准和使用方法》(GB/T 12810—2021)的有关内容。

思　考　题

1. 玻璃量器为什么要校准？

① 若“化学分析实验”十四“水中溶解氧的测定”项目不做，则不必进行这一校准内容。

2. 称量纯水所用的具塞锥形瓶，为什么要避免将磨口部位和瓶体外部沾湿？

3. 在本校准实验中，为什么只要称准至 0.01 g 即可？

4. 分段校准滴定管时，为何每次都要从 0.00 mL 刻度线开始？

实验三　滴定分析基本操作练习

一、目的

1. 掌握 HCl 溶液和 NaOH 溶液的配制方法。
2. 掌握滴定管、移液管和容量瓶的使用方法。
3. 通过甲基橙和酚酞指示剂的使用，掌握判断滴定终点的方法。

二、原理

一定浓度的 HCl 溶液和 NaOH 溶液相互滴定，达到终点时，所消耗的两种滴定溶液体积之比应是一定的。因此，通过滴定分析的基本操作练习，可以检验滴定操作技术及判断滴定终点的能力。

滴定终点的判断是否正确，是影响滴定分析准确度的重要因素。滴定终点是根据指示剂颜色变化来判断的，绝大多数指示剂变色过程是可逆的，这有利于练习判断终点。本实验选用的甲基橙指示剂的变色范围是 pH＝3.1(红色)～4.4(黄色)，pH 在 4.0 附近为橙色。用 NaOH 溶液滴定 HCl 溶液时，终点颜色的变化是由红色转变为黄色；用 HCl 溶液滴定 NaOH 溶液时，则由黄色转变为橙色。酚酞指示剂的变色范围是 pH＝8.0(无色)～10.0(红色)，用 NaOH 溶液滴定 HCl 溶液时，终点颜色由无色转变为微红色，通常需保持 30 s 不褪色。

三、试剂

1. 0.1 $mol\cdot L^{-1}$ HCl 溶液。
2. 0.1 $mol\cdot L^{-1}$ NaOH 溶液。
3. 0.2%甲基橙指示剂。
4. 0.2%酚酞指示剂。

四、步骤

1. 0.1 $mol\cdot L^{-1}$ HCl 溶液和 0.1 $mol\cdot L^{-1}$ NaOH 溶液的配制

见本书 4.3.1 中“1.”有关内容：先分别配制 1 $mol\cdot L^{-1}$ HCl 溶液和 0.5 $mol\cdot L^{-1}$ NaOH 溶液(供实验四、实验五标定其准确浓度用)，再直接配制(或通过稀释制得) 0.1 $mol\cdot L^{-1}$ HCl 溶液和 0.1 $mol\cdot L^{-1}$ NaOH 溶液，供本实验用。

2. 滴定管与移液管的准备

(1) 酸式滴定管的准备。取一支 50 mL 酸式滴定管，将旋塞涂以凡士林，试漏(通)、洗净后，用配制好的 HCl 溶液将滴定管润洗 3 次(每次用 10～15 mL)，再将 HCl 溶液直接由试剂瓶倾倒入管内至“0”刻线以上，排出流液口管内的气泡，调定弯液面至0.00 mL处。

（2）碱式滴定管（50 mL）的准备。碱式滴定管经安装乳胶管和玻璃珠及试漏、洗净后，用配制好的 NaOH 溶液润洗 3 次（每次用 10～15 mL），再将 NaOH 溶液直接由试剂瓶倾倒入管内至“0”刻线以上，排出乳胶管和流液口管内的气泡，调定弯液面至0.00 mL处。

（3）移液管的准备。移液管洗净后，用欲取用的溶液润洗 3 次，待用。

视频：HCl 溶液滴定 NaOH 溶液（甲基橙指示剂）

3. 酸碱相互滴定（浓度约为 0.1 mol·L^{-1}）

（1）用 HCl 溶液滴定 NaOH 溶液。由碱式滴定管放出 25 mL 左右（读至 0.01 mL）的 NaOH 溶液于 250 mL 锥形瓶中，加 2～3 滴 0.2%甲基橙指示剂，用 HCl 溶液滴定至试液刚好由黄色转变为橙色，即为终点。平行测定 3 次，要求测定的相对平均偏差在 0.2%以内。

（2）用 NaOH 溶液滴定 HCl 溶液。用移液管量取 25.00 mL HCl 溶液于 250 mL 锥形瓶中，加 2～3 滴 0.2%酚酞指示剂，用 NaOH 溶液滴定至试液呈微红色，并保持 30 s 内不褪色，即为终点。测定次数与偏差要求同上。

五、拓展内容

对照仪器，由教师现场讲解自动定零位滴定管的使用方法。

六、实验报告示例

在预习时要求在实验记录本上写好下列示例中的（一）、（二），画好（三）的表格。实验过程中把数据记录在表格中，实验后完成计算、思考题解答和讨论等项。

实验三　滴定分析基本操作练习

（一）日期　　年　月　日

（二）方法摘要

（1）配制 0.1 mol·L^{-1} HCl 溶液和 0.1 mol·L^{-1} NaOH 溶液。

（2）以甲基橙为指示剂进行 HCl 溶液与 NaOH 溶液的浓度比较滴定。

（3）以酚酞为指示剂进行 NaOH 溶液与 HCl 溶液的浓度比较滴定。

（4）计算 NaOH 溶剂与 HCl 溶液的体积比。

（三）记录和计算

（1）以甲基橙为指示剂，用 HCl 溶液滴定 NaOH 溶液。

项目	次数		
	1	2	3
NaOH 溶液终读数/mL			
NaOH 溶液初读数/mL			
V_{NaOH}/mL			
HCl 溶液终读数/mL			
HCl 溶液初读数/mL			
V_{HCl}/mL			

续表

项目	次数		
	1	2	3
V_{NaOH}/V_{HCl}			
体积比的平均值			
个别测定的绝对偏差			
平均偏差			
相对平均偏差			

（2）以酚酞为指示剂，用 NaOH 溶液滴定 HCl 溶液。

项目	次数		
	1	2	3
V_{HCl}/mL		25.00	
NaOH 溶液终读数/mL NaOH 溶液初读数/mL V_{NaOH}/mL			
V_{NaOH}/V_{HCl}			
体积比的平均值			
个别测定的绝对偏差			
平均偏差			
相对平均偏差			

（四）思考题解答

（五）讨论

思　考　题

1. 滴定管在倒入酸或碱溶液前，为什么要用相应的溶液润洗 3 次？
2. 用 HCl 溶液滴定 NaOH 溶液时，是否可用酚酞作指示剂？

实验四　工业氢氧化钠中 NaOH 和 Na_2CO_3 含量的测定

一、目的

1. 掌握 HCl 标准溶液的标定方法。
2. 了解测定混合碱中 NaOH 和 Na_2CO_3 含量的原理和方法。
3. 掌握在一份试液中或由母液分别量取两份试液，用不同指示剂测定混合碱中

$NaOH$ 和 Na_2CO_3 含量的操作技术。

二、原理

工业用 $NaOH$ 中常含有质量分数不超过 2.5%的 Na_2CO_3(详见 GB/T 209—2018),这种混合碱中 $NaOH$ 和 Na_2CO_3 含量的测定,可在一份试液中或由母液分别量取两份试液,以酚酞、甲基橙为指示剂,用 HCl 标准溶液滴定,有关化学反应式如下:

$$NaOH + HCl \xlongequal{} NaCl + H_2O$$
$$Na_2CO_3 + HCl \xlongequal{} NaHCO_3 + NaCl$$
$$NaHCO_3 + HCl \xlongequal{} NaCl + H_2O + CO_2\uparrow$$

在同一份试液中,用酚酞、甲基橙相继指示滴定终点的操作方法是:当酚酞变色时,达第一终点,$NaOH$ 已全部被中和为 $NaCl$,而 Na_2CO_3 只被中和到 $NaHCO_3$(即只滴定了一半);向此溶液中另加入甲基橙指示剂,继续滴定至甲基橙变色时,达第二终点,此时生成的 $NaHCO_3$ 被进一步中和为 CO_2(又滴定了另一半)。设酚酞指示剂变色时消耗 HCl 标准溶液的体积为 V_1,随后甲基橙指示剂变色时又消耗 HCl 标准溶液的体积为 V_2,则 V_1 必大于 V_2。根据 V_1-V_2 来计算 $NaOH$ 的质量分数;再根据 $2V_2$ 计算 Na_2CO_3 的质量分数。这就是适用于"快速分析"的所谓"**双指示剂法**"。

在国家或行业标准中,通常不在同一份试液中另加甲基橙指示剂来指示 Na_2CO_3 的第二终点,而是在同一份制备试液(母液)中量取等体积的另一份溶液,加甲基橙指示剂后,将 $NaOH$ 溶液和 Na_2CO_3 溶液一并滴定到甲基橙变色时为终点,使之分别被中和为 $NaCl$ 和 CO_2。设该份溶液消耗 HCl 标准溶液的体积为 V_3,则 V_3 必大于 V_1 且等于 V_1+V_2。根据 $2(V_3-V_1)$计算 Na_2CO_3 的质量分数;再根据 $2V_1-V_3$ 计算 $NaOH$ 的质量分数。

三、试剂

1. 1 $mol\cdot L^{-1}$ HCl 标准溶液。
2. 1%酚酞指示剂。
3. 0.1%甲基橙指示剂。

四、步骤

1. 1 $mol\cdot L^{-1}$ HCl 标准溶液的标定

见本书 4.3.1 中"1."有关内容:对实验三已备好的 1 $mol\cdot L^{-1}$ HCl 溶液进行标定。

2. 试样溶解与试液制备

用已知质量的干净烧杯,迅速称取 9.5 g 固体 $NaOH$ 试样或 12.5 g 液体 $NaOH$ 试液(称准至 0.001 g),用水溶解,冷却,定量转移至 250 mL 容量瓶中①,稀释至标线,摇

① 国家标准《化纤用氢氧化钠　氢氧化钠含量的测定》(GB/T 11213.1—2007),实际称取(38±2)g 固体 NaOH 或相当量液体 NaOH(皆为大样),溶解后定量转移至 1 L 容量瓶中。为进行平行实验,这里出于节约试剂的目的,相应进行了三组数值的等比例用量缩减调整,其他操作步骤等效采用标准内容。本章实验十六也为大样取样,这种特殊的取样方式,须留意并知其所以然。

匀,作为母液备用。

3. 快速法(即“双指示剂法”)

量取一份 50.00 mL 上述母液,注入 250 mL 锥形瓶中,加 2～3 滴 1%酚酞指示剂,充分摇匀(或用磁力搅拌器搅拌),用 1 $mol\cdot L^{-1}$ HCl 标准溶液滴定至试液由红色变为无色,即为终点,记录 HCl 标准溶液消耗的体积(V_1)。

双指示剂法的后续操作步骤:向上述试液中加 2～3 滴 0.1%甲基橙指示剂,继续用 1 $mol\cdot L^{-1}$ HCl 标准溶液滴定至试液由黄色变为橙色,即为终点,记录 HCl 标准溶液消耗的体积(V_2)。

4. 标准法

量取另一份 50.00 mL 上述母液,注入 250 mL 锥形瓶中,加 2～3 滴 0.1%甲基橙指示剂,充分摇匀(或用磁力搅拌器搅拌),用 1 $mol\cdot L^{-1}$ HCl 标准溶液滴定至试液由黄色变为橙色,即为终点,记录 HCl 标准溶液消耗的体积(V_3)。

NaOH 含量平行测定的允许误差:固体和液体均不超过 0.10%。

Na_2CO_3 含量平行测定的允许误差:固体不超过 0.05%;液体不超过 0.03%。

附　注

工业氢氧化钠中 NaOH 和 Na_2CO_3 含量的测定,还可采用如下标准。

①《工业用氢氧化钠　氢氧化钠和碳酸钠含量的测定》(GB/T 4348.1—2013):用 $BaCl_2$ 溶液将试液中的 Na_2CO_3 沉淀为 $BaCO_3$,以酚酞为指示剂,用 HCl 标准溶液滴定 NaOH;以溴甲酚绿－甲基红为指示剂,用 HCl 标准溶液滴定 NaOH 和 Na_2CO_3;

②《工业用氢氧化钠　碳酸盐含量的测定　滴定法》(GB/T 7698—2014):用 HCl 酸化试液并加热,用氮气流将释放出的 CO_2 导入含有已知浓度、定量且过量的 $Ba(OH)_2$ 标准溶液中进行吸收,再以百里香酚酞为指示剂,用 HCl 标准溶液返滴定剩余的 $Ba(OH)_2$,测得 Na_2CO_3 的含量。

思　考　题

1. 什么叫混合碱? 什么叫“双指示剂法”?

2. Na_2CO_3 和 $NaHCO_3$ 的混合物能不能采用“双指示剂法”测定其含量? 测定结果的计算公式如何表示?

3. 国家标准中,为什么称取(38±2)g 固体 NaOH 或相当量液体 NaOH 试样(大样)来进行实验? 为什么液体比固体的称取量还要多? 采用大样取样的目的是什么?

4. 快速分析法有什么特点? 一般在什么场合下使用?

实验五　硫酸铵肥料中氨态氮含量的测定(甲醛法)

一、目的

1. 掌握 NaOH 标准溶液的标定方法。
2. 掌握甲醛法测定铵盐中氨态氮含量的方法和原理。

二、原理

硫酸铵为常用的含氮化学肥料之一。由于 NH_4^+ 的酸性太弱($K_a = 5.6\times10^{-10}$)，无法用 NaOH 标准溶液直接滴定，因此可将铵离子(NH_4^+)与 HCHO 反应，定量生成质子化六亚甲基四胺和游离的 H^+ 再行滴定，有关化学反应式如下：

$$4NH_4^+ + 6HCHO = (CH_2)_6N_4H^+ + 3H^+ + 6H_2O$$

生成的$(CH_2)_6N_4H^+$($K_a = 7.1\times10^{-6}$)和 H^+ 可用 NaOH 标准溶液直接滴定，以酚酞为指示剂，滴定至试液呈现稳定的微红色，即为终点。根据 NaOH 标准溶液的消耗量，计算试样中 N 的质量分数。

三、试剂

1. 0.1 $mol\cdot L^{-1}$ NaOH 溶液，0.5 $mol\cdot L^{-1}$ NaOH 标准溶液。
2. 0.05 $mol\cdot L^{-1}$ H_2SO_4 溶液。
3. 250 $g\cdot L^{-1}$ HCHO 溶液。
4. 1 $g\cdot L^{-1}$甲基红指示剂。
5. 10 $g\cdot L^{-1}$酚酞指示剂。

四、步骤

1. 0.5 $mol\cdot L^{-1}$ NaOH 标准溶液的标定

见本书 4.3.1 中“2.”有关内容：对实验三中已备好的 0.5 $mol\cdot L^{-1}$ NaOH 溶液进行标定。

2. 试样溶解与试液制备

准确称取 1.0 g $(NH_4)_2SO_4$ 试样，置于 250 mL 锥形瓶中，加 100～120 mL 水溶解，加 1 滴1 $g\cdot L^{-1}$的甲基红指示剂，用 0.1 $mol\cdot L^{-1}$ NaOH 溶液或 0.05 $mol\cdot L^{-1}$ H_2SO_4 溶液调节至试液呈橙色(此时不计 NaOH 或 H_2SO_4 溶液的用量)。同时做空白试验。

3. 氨态氮含量的测定

向上述试液中，加 15 mL 250 $g\cdot L^{-1}$ HCHO 溶液，加 3 滴 10 $g\cdot L^{-1}$酚酞指示剂，混匀，放置5 min。用 0.5 $mol\cdot L^{-1}$ NaOH 标准溶液滴定至试液呈微红色并保持 30 s 不褪色，即为终点。

4. 空白试验①

在测定的同时不加试样，但用与有试样时同样的操作进行的试验。

取平行测定结果的算术平均值为测定结果，平行测定的绝对差值不大于 0.06%。

五、拓展内容

全班分几个大组，探讨采用“蒸馏法”测定肥料中氮含量的蒸馏仪器(装置)究竟如何组装，并课后查阅有关国家标准予以补充或更正。

① 本书后续所涉及的“空白试验”，如法炮制。

附　注

1. 本实验基本操作步骤,等效采用 GB/T 3600—2000《肥料中氨态氮含量的测定 甲醛法》有关内容。

2. 如试样中含有游离酸,在加甲醛之前先用 NaOH 溶液中和,此时应采用甲基红作指示剂,但不能用酚酞,否则将有部分 NH_4^+ 被中和。如果试样中不含游离酸,可省去此步操作。

3. 由于 NH_4^+ 与甲醛的反应在室温下进行得较慢,故加入甲醛溶液后,需放置几分钟,使反应完全。也可温热至 40 ℃左右以加速反应进行,但不能超过 60 ℃,以免生成的六亚甲基四胺分解。

思 考 题

1. 用本法测定铵盐中氮含量时,为什么不能用碱标准溶液直接滴定?
2. 本实验中加入 HCHO 的作用是什么?
3. 若试样为 NH_4Cl 或 NH_4NO_3,或 NH_4HCO_3,是否都可以用本法测定?
4. 若所配制的 HCHO 溶液中含有微量的酸,在使用前应如何予以除去?

实验六　食醋中总酸含量的测定

一、目的

1. 进一步熟悉滴定分析操作技术。
2. 掌握食醋中总酸含量的测定方法。

二、原理

食醋的主要成分是醋酸(乙酸),此外还含有少量其他弱酸(如乳酸等)。用 NaOH 标准溶液滴定相应的酸,在化学计量点时试液呈弱碱性,以酚酞作指示剂,到达滴定终点时试液呈粉红色。根据 NaOH 标准溶液的浓度与用量,计算试样中的总酸含量,结果用乙酸的质量浓度$[g\cdot(100\ mL)^{-1}]$表示。

三、试剂

1. 0.05 $mol\cdot L^{-1}$ NaOH 标准溶液。
2. 0.2%酚酞指示剂。

四、步骤

1. 0.05 $mol\cdot L^{-1}$ NaOH 标准溶液的配制与标定

见本书 4.3.1 中“2.”有关内容,也可用实验五中的 0.5 $mol\cdot L^{-1}$ NaOH 标准溶液经稀释、定容后制得。

2. 试液制备

量取 10.00 mL 食醋置于 100 mL 容量瓶中,加水稀释至标线,混匀。

3. 总酸含量的测定

量取上述试液 20.00 mL 置于 250 mL 锥形瓶中，加 60 mL 水，加 2～3 滴 0.2%酚酞指示剂，用 0.05 $mol\cdot L^{-1}$ NaOH 标准溶液滴定至试液呈粉红色，并保持 30 s 不褪色（或滴定至酸度计指示 pH 为 8.2①），即为终点。同时做试剂空白试验。

在重复性条件下获得的 2 次独立测定结果的绝对差值不得超过算术平均值的 10%②。

五、拓展内容

全班分几个组，探讨"工业冰醋酸"中乙酸含量（质量分数在 98.0%～99.8%）的试样取样、试液制备与滴定溶液浓度选择及具体测定方法，并在教师指导下测定其质量浓度（取 2 次平行测定结果的算术平均值为测定结果，两次平行测定结果之差不大于 0.15%）。

附　注

1. 酸碱指示剂滴定法适用于白醋，其他有色的醋可用 pH 计电位滴定法和自动电位滴定法进行滴定。
2. 测定食醋中总酸含量时，所用的水不能含有 CO_2，否则 CO_2 溶于水生成 H_2CO_3，将同时被滴定。

思 考 题

1. 强碱滴定弱酸与强碱滴定强酸相比，滴定过程中 pH 变化有哪些不同？
2. 用酸碱滴定法测定总酸含量的依据是什么？
3. 滴定食醋时为什么要用酚酞作指示剂？为什么不可以用甲基橙或甲基红？

实验七　铅铋合金中 Pb 和 Bi 含量的测定（连续滴定法）

一、目的

1. 掌握 EDTA 标准溶液的配制与标定方法。
2. 了解合金试样的酸溶解技术。
3. 掌握用控制酸度进行 Pb 和 Bi 连续配位滴定的原理和方法。

二、原理

Bi^{3+} 与 EDTA 的配合物远比 Pb^{2+} 与 EDTA 的配合物稳定（$\lg K_{BiY}=27.9$，$\lg K_{PbY}=$

① 参见《食品安全国家标准　食品中总酸的测定》（GB 12456—2021）。

② 尽管允许的绝对差值较大，但的确是标准中规定的实用数据；对试样中微（痕）量组分的测定，有时所允许的绝对差值可以更大（如"仪器分析"中实验二十五）。本书其他实验项目测定所允许的差值，大部分都采用相应的现行国家标准之规定。

18.0)，因此可以用控制酸度的方法在同一份试液中连续配位滴定 Bi^{3+} 和 Pb^{2+}。二甲酚橙在 pH<6 时显黄色，但与 Bi^{3+}、Pb^{2+} 形成的配合物显紫红色，故可作为 Bi^{3+}、Pb^{2+} 连续配位滴定的指示剂。

首先，调节试液的酸度为 pH≈1，加入二甲酚橙指示剂后，试液呈现二甲酚橙铋配合物的紫红色，用 EDTA 标准溶液滴定至试液呈亮黄色，即可测得 Bi 的含量。

然后，加入六亚甲基四胺溶液，使试液的酸度为 pH≈5，此时 Pb^{2+} 与二甲酚橙形成紫红色的配合物，再用 EDTA 标准溶液滴定至试液变为亮黄色，由此可测得 Pb 的含量。

用 HNO_3 溶液溶解铅铋合金试样，滴定 Bi^{3+} 时，试液的酸度由加入的 HNO_3 溶液量来控制；滴定 Pb^{2+} 时，其酸度由滴定 Bi^{3+} 后加入的六亚甲基四胺缓冲溶液所决定。

视频：
铅铋合金的溶解

三、试剂

1. 0.02 $mol \cdot L^{-1}$ EDTA 标准溶液。
2. 1∶1 HNO_3 溶液，0.05 $mol \cdot L^{-1}$ HNO_3 溶液。
3. 0.2%二甲酚橙指示剂。
4. 15%六亚甲基四胺溶液。

四、步骤

1. 0.02 $mol \cdot L^{-1}$ EDTA 标准溶液的配制与标定

见本书 4.3.2 中“1.”有关内容，先制备 0.05 $mol \cdot L^{-1}$ EDTA 标准溶液（包括配制与标定过程），供实验八用；再制备 0.02 $mol \cdot L^{-1}$ EDTA 标准溶液或由 0.05 $mol \cdot L^{-1}$ EDTA 标准溶液经稀释、定容后制得，供本实验和实验九用。

2. 试样溶解与试液制备

准确称取 0.5～0.6 g 铅铋合金试样，置于 250 mL 烧杯中，加 6～7 mL 1∶1 HNO_3 溶液，加热，使试样完全溶解。用 0.05 $mol \cdot L^{-1}$ HNO_3 溶液洗涤杯壁，将试液定量转入 100 mL 容量瓶中，并用 0.05 $mol \cdot L^{-1}$ HNO_3 溶液稀释至标线，摇匀。

3. Bi 和 Pb 含量的测定

量取 25.00 mL 上述试液于 250 mL 锥形瓶中，加 2～3 滴 0.2%二甲酚橙指示剂，用 0.02 $mol \cdot L^{-1}$ EDTA 标准溶液滴定至试液由紫红色变为亮黄色，即为测 Bi^{3+} 终点，记录 EDTA 消耗的体积为 V_1。向该试液中另加 10 mL 15%六亚甲基四胺溶液，此时溶液又变为紫红色，继续用 0.02 $mol \cdot L^{-1}$ EDTA 标准溶液滴定至试液呈亮黄色，即为测 Pb^{2+} 终点，记录 EDTA 消耗的体积为 V_2。

平行滴定 3 次，计算合金中 Pb 和 Bi 的质量分数。

五、拓展内容

全班分几个大组，探讨“铅及铅合金”中微量铁、锌应当如何进行测定，并课后查阅《铅及铅合金化学分析方法　第 4 部分：铁量的测定》(GB/T 4103.4—2012)和《铅及铅合金化学分析方法　第 11 部分：锌量的测定》(GB/T 4103.11—2012)进行比较。

附　注

1. 溶解合金时切勿煮沸，溶解完全后即停止加热，以防 HNO_3 蒸干造成迸溅，且再加水溶解时由于酸度过低导致 Bi^{3+} 水解。

2. 所加六亚甲基四胺是否够量，应在第一次滴定时用 pH 试纸检验(pH≈5)，以便调整后续滴定。

思 考 题

1. 滴定 Bi^{3+} 时要控制溶液 pH≈1，酸度过低或过高对测定结果有何影响？实验中是如何控制这个酸度的？

2. 滴定 Pb^{2+} 前要调节 pH≈5，为什么用六亚甲基四胺而不用强碱或氨水、乙酸钠等弱碱？

3. 若铅铋合金中混有铁、铝等杂质，能不能用本方法进行铅、铋的连续配位滴定？为什么？

实验八　复方氢氧化铝片(胃舒平)中 Al 和 Mg 含量的测定(返滴定法)

一、目的

1. 掌握 Zn^{2+} 标准溶液的配制与标定方法。
2. 了解药剂成分测定的预处理方法，学习沉淀分离技术在具体测定中的应用。
3. 掌握返滴定法测定 Al 的原理和方法。

二、原理

胃病患者服用的复方氢氧化铝片(胃舒平)主要成分为氢氧化铝、三硅酸镁及少量中药颠茄流浸膏，在制成片剂时还加了大量糊精等赋形剂。药片中 Al 和 Mg 的含量可用 EDTA 配位滴定法测定。试样经酸溶解，分离除去不溶物质，制备成待测母液。分取该试液加入过量 EDTA 标准溶液，调节溶液酸度为 pH≈4，煮沸，使 EDTA 与 Al^{3+} 配位完全，再以二甲酚橙作指示剂，用 Zn^{2+} 标准溶液返滴定过量 EDTA，即可测定 Al 的含量。另分取一份试液，调节溶液酸度使 Al 形成的沉淀过滤后与 Mg 分离，控制滤液的 pH≈10，以铬黑 T 为指示剂，用 EDTA 标准溶液直接滴定 Mg^{2+}。

三、仪器和试剂

1. 研钵。
2. 复方氢氧化铝片(胃舒平)。
3. 0.05 $mol\cdot L^{-1}$ EDTA 标准溶液(可使用实验七中已备好的标准溶液)。
4. 0.05 $mol\cdot L^{-1}$ Zn^{2+} 标准溶液。
5. 1∶1 HCl 溶液。
6. 1∶1 $NH_3\cdot H_2O$。

7. 20%六亚甲基四胺溶液。

8. 0.2%二甲酚橙指示剂。

9. NH_4Cl(固体)。

10. 1∶2 三乙醇胺溶液。

11. $NH_3 \cdot H_2O-NH_4Cl$ 缓冲溶液(pH≈10)。

12. 0.2%甲基红指示剂。

13. 铬黑 T 指示剂(将铬黑 T 与固体 NaCl 按质量比 1∶100 研细、混合均匀)。

四、步骤

1. 0.05 mol·L^{-1} Zn^{2+} 标准溶液的配制与标定

见本书 4.3.2 中“2.”有关内容,先制备 0.05 mol·L^{-1} Zn^{2+} 标准溶液,供本实验用;再制备0.02 mol·L^{-1} Zn^{2+} 标准溶液或由 0.05 mol·L^{-1} Zn^{2+} 标准溶液经稀释、定容后制得,供实验九用。

2. 试样溶解与试液制备

准确称取 10 片药片,研细,从中再准确称取药粉 2～3 g,置于 400 mL 烧杯中,加 20 mL 1∶1 HCl 溶液,加 100 mL 水,煮沸,溶解。将该试液冷却后过滤,并以水洗涤沉淀,定量收集滤液及洗涤液于 250 mL 容量瓶中,稀释至标线,摇匀。

3. Al 含量的测定

量取 5.00 mL 上述试液置于 250 mL 锥形瓶中,加水至 25 mL 左右。滴加 1∶1 $NH_3 \cdot H_2O$ 溶液至刚出现浑浊,再滴加 1∶1 HCl 溶液至沉淀恰好溶解。准确加入 25.00 mL 0.05 mol·L^{-1}EDTA标准溶液,再加入 10 mL 20 %六亚甲基四胺溶液,煮沸 10 min。冷却后,加入 2～3 滴 0.2%二甲酚橙指示剂,用 0.05 mol·L^{-1} Zn^{2+} 标准溶液返滴定至试液由黄色转变为红色,即为终点。根据 EDTA 标准溶液的加入量和 Zn^{2+} 标准溶液的消耗量,计算每片药片(或每克药品)中氢氧化铝 $Al(OH)_3$ 的质量分数。

4. 沉淀 Al

另量取 25.00 mL 上述试液置于 250 mL 烧杯中,滴加 1∶1 $NH_3 \cdot H_2O$ 至刚出现沉淀,再滴加 1∶1 HCl 溶液至沉淀恰好溶解。加入 2 g 固体 NH_4Cl,滴加 20%六亚甲基四胺溶液至沉淀出现并过量 15 mL。加热至 80 ℃,维持 10～15 min。

5. Mg 含量的测定

将上述沉淀冷却,过滤,以少量水洗涤沉淀数次,收集滤液与洗涤液于 250 mL 锥形瓶中,加入 10 mL 1∶2 三乙醇胺溶液、10 mL $NH_3 \cdot H_2O-NH_4Cl$ 缓冲溶液及 1 滴 0.2% 甲基红指示剂和少许铬黑 T 指示剂,用 0.05 mol·L^{-1}EDTA 标准溶液滴定至试液由暗红色转变为蓝绿色,即为终点。根据 EDTA 标准溶液的消耗量,计算每片药片(或每克药品)中氧化镁(MgO)的质量分数。

五、拓展内容

将所测氢氧化铝、氧化镁[折算为三硅酸镁($2\ MgO \cdot 3\ SiO_2 \cdot 5\ H_2O$)]含量的结果,按每片的含量(mg)与实际复方氢氧化铝片(胃舒平)药品标签数据进行对比,检验各自的实测结果。

附　注

1. 试样(药片)中 Al 和 Mg 的含量可能不均匀,为使测定结果具有代表性,本实验取较多试样,研细后再取部分进行分析。

2. 实验结果表明,用六亚甲基四胺溶液调节 pH 以分离 $Al(OH)_3$,其结果比用 $NH_3 \cdot H_2O$ 好,可以减少 $Al(OH)_3$ 沉淀对 Mg^{2+} 的吸附。

3. 测定 Mg 时,加入 1 滴 0.2%甲基红指示剂,能使滴定终点更为敏锐。

思 考 题

1. 在控制一定的条件下,能否用 EDTA 标准溶液直接滴定 Al?
2. 在分离 Al^{3+} 后的滤液中测定 Mg^{2+},为什么还要加入三乙醇胺溶液?

实验九　硫铁矿或硫精矿中 Al 含量的测定(置换滴定法)

一、目的

1. 学习用碱熔剂分解试样的操作技术。
2. 掌握用置换滴定法测定 Al 的原理和方法。

二、原理

在 pH 为 5～6 的酸性介质中,Al^{3+} 可与 EDTA 形成稳定的配合物($\lg K = 16.3$),但由于 Al^{3+} 与 EDTA 的配位反应速率较慢,对指示剂有封闭作用,为提高滴定反应的准确性,可利用配位置换滴定法进行物料中 Al 的测定。

试样经 NaOH、Na_2O_2 碱性熔剂高温分解后,用水浸取,Al 呈可溶性偏铝酸盐。调节试液为酸性条件,以二甲酚橙为指示剂,加入过量的 EDTA 标准溶液,煮沸,使 Al^{3+} 与 EDTA 配位反应进行完全,生成一定量的 EDTA－Al,剩余的 EDTA 可用 Zn^{2+} 标准溶液返滴定扣除。加入 NaF 溶液,煮沸,使 Al^{3+} 与 F^- 生成更为稳定的$[AlF_6]^{3-}$配合物,置换出与 EDTA－Al 配合物中等物质的量的EDTA。最后用 Zn^{2+} 标准溶液滴定释放出 EDTA。根据 Zn^{2+} 标准溶液的消耗量,计算试样中氧化铝(Al_2O_3)的质量分数。有关化学反应式如下:

$$n\,Al^{3+} + m\,H_2Y^{2-}(\text{过量}) = n\,AlY^-(\text{生成}) + (m-n)H_2Y^{2-}(\text{剩余}) + 2n\,H^+$$

$$(m-n)H_2Y^{2-}(\text{剩余}) + (m-n)Zn^{2+} = 2(m-n)H^+ + (m-n)ZnY^{2-}(\text{扣除})$$

$$n\,AlY^-(\text{生成}) + 6n\,F^- + 2n\,H^+ = n\,[AlF_6]^{3-} + n\,H_2Y^{2-}(\text{置换})$$

$$n\,H_2Y^{2-}(\text{置换}) + n\,Zn^{2+} = n\,ZnY^{2-} + 2n\,H^+(\text{滴定})$$

由上述反应过程不难看出:

$$1\text{ mol }Al^{3+} \sim 1\text{ mol }AlY^-(\text{生成}) \sim 1\text{ mol }H_2Y^{2-}(\text{置换}) \sim 1\text{ mol }Zn^{2+}$$

三、仪器和试剂

1. 高温炉(马弗炉)。

2. 镍坩埚。

3. 0.02 $mol \cdot L^{-1}$ EDTA 标准溶液(可使用实验七中已备好的标准溶液)。

4. 0.02 $mol \cdot L^{-1}$ Zn^{2+} 标准溶液(可使用实验八中已备好的标准溶液)。

5. NaOH(固体)。

6. Na_2O_2(固体)。

7. Na_3PO_4(固体)。

8. 1∶1 HCl 溶液。

9. 1∶1 $NH_3 \cdot H_2O$。

10. $CH_3COOH-CH_3COONa$ 缓冲溶液(pH≈5.8)。

11. 5 $g \cdot L^{-1}$ 二甲酚橙指示剂。

12. 40 $g \cdot L^{-1}$ NaF 溶液。

四、步骤

1. 试样称取

按下表准确称取待测粉状试样。

氧化铝(Al_2O_3)含量/%	试样量/g
<1.00	0.80
1.00～2.00	0.40～0.60
>2.00	0.20

2. 试样熔解

按上表准确称取适量试样,均匀置于预先铺有 6 g NaOH(称准至 0.1 g)的镍坩埚中,上面覆盖 2 g Na_2O_2 和 1 g Na_3PO_4(皆称准至 0.1 g),将坩埚置于高温炉中,由低温升至 650 ℃,保温15 min,取出冷却。同时做空白试验。

3. 试液制备

将坩埚置于 500 mL 烧杯中,加入 100 mL 热水,浸取熔块。待熔块脱落后,用热水洗净坩埚,洗涤液并入烧杯中,加热煮沸,冷却至室温。将试液连同沉淀转移至 200 mL①容量瓶中,用水稀释至标线,摇匀,放置澄清,用中速定量滤纸干过滤。

4. 滴定剩余 EDTA

量取 50.00 mL 上述滤液②于 250 mL 烧杯中,加入 10 mL 0.02 $mol \cdot L^{-1}$ EDTA 标准溶液(过量),加 6～8 mL 1∶1 HCl 溶液,投入一小块刚果红试纸,滴加 1∶1 $NH_3 \cdot H_2O$ 溶液中和试纸使其变红,加入 10 mL $CH_3COOH-CH_3COONa$ 缓冲溶液,加热煮沸 1～2 min,取下冷却至室温。滴加 3 滴 5 $g \cdot L^{-1}$ 二甲酚橙指示剂,用 0.02 $mol \cdot L^{-1}$ Zn^{2+} 标准溶液滴定至试液呈紫红色(此时不计读数)。

---

① 《硫铁矿和硫精矿中铝含量的测定　EDTA 容量法》(GB/T 16575—1996)中使用 100 mL 容量瓶定容。为便于平行测定,本实验所用的试样用量、溶剂等皆扩大一倍。

② 弃去最初干过滤流出的少量滤液,用其后续的滤液。

5. 置换 Al 并滴定等物质的量 EDTA

向滴定剩余 EDTA 的试液中加入 10 mL 40 $g \cdot L^{-1}$ NaF 溶液，煮沸 1～2 min，取下冷却至室温，补加 1 滴 5 $g \cdot L^{-1}$ 二甲酚橙指示剂，用 0.02 $mol \cdot L^{-1}$ Zn^{2+} 标准溶液滴定至试液呈紫红色，即为终点。

取平行分析结果的算术平均值为最终分析结果，平行分析结果的绝对差值不大于下表所列允许差。

氧化铝(Al_2O_3)含量/%	允许差/%
<1.00	0.15
1.00～5.00	0.25
>5.00	0.35

附　　注

关于 EDTA 滴定法测定物料中的 Al 含量，除利用 Zn^{2+} 标准溶液进行返滴定、置换滴定外，还可用 Cu^{2+} 盐等回滴法测定[详见“产品质量检验实验”三十一有关内容(以 PAN 为指示剂)]。

思 考 题

1. 采用本方法测定 Al，加入过量的 EDTA 标准溶液的浓度是否需要标定？是否需要准确加入？
2. 为什么在滴定剩余 EDTA 时，用 0.02 $mol \cdot L^{-1}$ Zn^{2+} 标准溶液滴定至试液颜色突变时却又不计体积？
3. 若采用 NH_4F 溶液来代替 NaF 溶液，置换 EDTA－Al 配合物中的 EDTA，是否可行？

实验十　工业过氧化氢中 H_2O_2 含量的测定(高锰酸钾法)

一、目的

1. 掌握 $KMnO_4$ 标准溶液的配制与标定方法。
2. 进一步熟悉液体试样质量的称量法取用操作技术。
3. 掌握用高锰酸钾法测定工业过氧化氢中 H_2O_2 含量的原理和方法。

二、原理

工业过氧化氢(俗称双氧水)中，H_2O_2 含量可用高锰酸钾法测定。在酸性溶液中，H_2O_2 遇到氧化剂 $KMnO_4$ 时，表现出还原性，易被氧化而生成游离的氧气和水，有关化学反应式如下：

$$5H_2O_2 + 2MnO_4^- + 6H^+ = 2Mn^{2+} + 5O_2 + 8H_2O$$

滴定开始时反应速率较慢，第一滴 $KMnO_4$ 溶液滴入试液中不易褪色(自身作指示剂)，待生成 Mn^{2+} 之后，由于 Mn^{2+} 的催化作用，加快了反应速率，故能一直顺利地滴定到终点。根据 $KMnO_4$ 标准溶液的消耗量，计算试样中 H_2O_2 的质量分数。

三、仪器和试剂

1. 滴瓶。

2. 0.1 mol·L^{-1} $\frac{1}{5}$ $KMnO_4$ 标准溶液。

3. 1∶15 H_2SO_4 溶液。

四、步骤

1. 0.1 mol·L^{-1} $\frac{1}{5}$ $KMnO_4$ 标准溶液的配制与标定

见本书 4.3.3 中“1.”有关内容。

2. 试液制备

用 10～25 mL 的滴瓶以减量法准确称取 0.16 g 试样(质量分数为 27.5%～35%的工业过氧化氢①)，置于已加有 100 mL 1∶15 H_2SO_4 溶液的 250 mL 锥形瓶中。

3. H_2O_2 含量的测定

用 $c\left(\frac{1}{5}\ KMnO_4\right)=0.1\ mol\cdot L^{-1}$标准溶液滴定上述试液至呈粉红色，并在 30 s 内不消失，即为终点。

取 2 次平行测定结果的算术平均值为测定结果，平行测定结果的绝对差值不大于 0.10%。

五、拓展内容

全班分几个组，研究并制订出特定浓度的医用“过氧化氢消毒液”中 H_2O_2 含量的测定方法，亲自试验并验证分析结果的准确度[通常其质量分数为 3%(以商品标签具体数值为准)]。

附　注

本实验等同采用《工业过氧化氢》(GB/T 1616—2014)。

思 考 题

1. 用 $Na_2C_2O_4$ 标定 $KMnO_4$ 溶液浓度时，酸度过高或过低有无影响？溶液的温度过高或过低有什么影响？

2. 标定 $KMnO_4$ 溶液时，为什么第一滴 $KMnO_4$ 溶液加入后红色褪去很慢？

3. 用 $KMnO_4$ 标准溶液滴定 H_2O_2 时，使用 H_2SO_4 溶液控制试液酸度，为什么不能用 HNO_3 溶液

① 按《工业过氧化氢》(GB/T 1616—2014)的规定：对质量分数为 50%～70%的工业过氧化氢，应准确称取 0.8～0.9 g 试样，经稀释、定容250 mL 后，再量取25.00 mL 进行测定。

或 HCl 溶液？

4. 若要测定工业过氧化氢中 H_2O_2 的质量浓度，应如何进行取样？

实验十一 铁矿石或铁粉中 Fe 含量的测定(无汞定铁法)

一、目的

1. 掌握 $K_2Cr_2O_7$ 标准溶液的制备方法。
2. 进一步学习氧化还原滴定的预处理技术与具体应用。
3. 掌握无汞测定铁的原理和方法。

二、原理

经典的 $K_2Cr_2O_7$ 法测定铁时，用 $SnCl_2$ 作预还原剂，多余的 $SnCl_2$ 用 $HgCl_2$ 除去，然后用 $K_2Cr_2O_7$ 溶液滴定生成的 Fe^{2+}。这种方法操作简便，结果准确，但 $HgCl_2$ 有剧毒，易造成环境污染。本实验采用的是 $SnCl_2-TiCl_3$ 联合还原铁的无汞测定铁方法。试样经 HCl 加热分解后，先用 $SnCl_2$ 溶液将大部分 Fe^{3+} 还原，以钨酸钠(Na_2WO_4)为指示剂，再用 $TiCl_3$ 溶液将剩余少部分 Fe^{3+} 全部还原成 Fe^{2+}。当 Fe^{3+} 定量还原为 Fe^{2+} 后，稍微过量的 $TiCl_3$ 溶液使 Na_2WO_4 还原为蓝色(即六价钨部分地被还原为五价钨)，然后滴加 $K_2Cr_2O_7$ 稀溶液使钨的蓝色刚好褪去。再以二苯胺磺酸钠为指示剂，在 $H_2SO_4-H_3PO_4$ 混合酸介质中，用 $K_2Cr_2O_7$ 标准溶液滴定试液呈现紫色，即为终点。有关化学反应式如下：

$$2Fe^{3+} + SnCl_4^{2-} + 2Cl^- = 2Fe^{2+} + SnCl_6^{2-}$$

$$Fe^{3+} + Ti^{3+} + H_2O = Fe^{2+} + TiO^{2+} + 2H^+$$

$$6Fe^{2+} + Cr_2O_7^{2-} + 14H^+ = 6Fe^{3+} + 2Cr^{3+} + 7H_2O$$

三、试剂

1. $0.05\ mol\cdot L^{-1}\frac{1}{6}K_2Cr_2O_7$ 标准溶液，$0.5\ g\cdot L^{-1}K_2Cr_2O_7$ 溶液。
2. 1∶1 HCl 溶液。
3. $30\ g\cdot L^{-1}SnCl_2$ 溶液(临用时配制)。
4. $4\ g\cdot L^{-1}KMnO_4$ 溶液。
5. $250\ g\cdot L^{-1}Na_2WO_4$ 指示剂。
6. $40\ g\cdot L^{-1}TiCl_3$ 溶液(临用时配制)。
7. $H_2SO_4-H_3PO_4$ 混合酸溶液(H_3PO_4、H_2O 和 H_2SO_4 的体积比为 3∶8∶3)。
8. $2\ g\cdot L^{-1}$二苯胺磺酸钠指示剂。

四、步骤

1. $0.05\ mol\cdot L^{-1}\frac{1}{6}K_2Cr_2O_7$ 标准溶液的制备

见本书 4.3.3 中“2.”有关内容，先制备 $0.25\ mol\cdot L^{-1}\frac{1}{6}K_2Cr_2O_7$ 标准溶液，供实验

十二用；再如前法或通过稀释制得 0.05 $mol\cdot L^{-1}\frac{1}{6}K_2Cr_2O_7$ 标准溶液，本实验用。

2. 试样溶解与试液制备

准确称取 0.28 g 风干的铁矿石试样①，置于 250 mL 烧杯中，加 30 mL 1∶1 HCl 溶液，盖上表面皿，低温加热至试样完全溶解（此时试液呈棕黄色，残渣为白色或近于白色）。

3. 还原 Fe^{3+}

用少量水吹洗表面皿和烧杯内壁，边搅拌边逐滴加入 30 $g\cdot L^{-1}$ $SnCl_2$ 溶液，至试液呈淡黄色，流水冷却至室温。若 $SnCl_2$ 溶液过量（试液呈无色），应滴加少量 4 $g\cdot L^{-1}$ $KMnO_4$ 溶液，至试液呈淡黄色。加入 15 滴 250 $g\cdot L^{-1}$ Na_2WO_4 指示剂②，滴加 40 $g\cdot L^{-1}$ $TiCl_3$ 溶液，至试液出现蓝色并过量 1～2 滴，用 0.5 $g\cdot L^{-1}$ $K_2Cr_2O_7$ 溶液回滴试液至蓝色消失（此时试液呈浅绿色或接近无色，不计 $K_2Cr_2O_7$ 用量，但也不能过量），迅速进行后续滴定操作。

4. Fe 含量的测定

用少量水吹洗烧杯内壁，加入 20 mL $H_2SO_4-H_3PO_4$ 混合酸溶液，加 5 滴 2 $g\cdot L^{-1}$ 二苯胺磺酸钠指示剂，用 $c\left(\frac{1}{6}K_2Cr_2O_7\right)=0.05\ mol\cdot L^{-1}$ 标准溶液滴定至试液呈紫色且 30 s 不消失，即为终点。根据 $K_2Cr_2O_7$ 标准溶液的消耗量，计算试样中铁（Fe）的质量分数。

3 次平行测定结果的极差应不大于 0.4%，以其平均值为最终结果。

附　注

1. 在试样分解完全后，应还原一份试样，立即滴定一份，不要同时还原多份试样，以免 Fe^{2+} 在空气中曝气太久，被氧气所氧化而使测定结果偏低。

2. 过去测定物料中的 Fe，曾采用先用 $SnCl_2$ 还原 Fe^{3+}、再用 $HgCl_2$ 除去过量 $SnCl_2$ 的预处理方法。为避免 $HgCl_2$ 污染环境，现国家标准中多用无汞定铁法，本实验所采用的方法就是《铁粉　铁含量的测定　重铬酸钾滴定法》（GB/T 223.7—2002）中具体应用实例。

思 考 题

1. 为什么 $K_2Cr_2O_7$ 可以直接制备成标准溶液？$KMnO_4$ 是否也可直接制备成标准溶液？
2. 用 $K_2Cr_2O_7$ 滴定 Fe^{2+} 之前，为什么要加 $H_2SO_4-H_3PO_4$ 混合酸溶液？
3. 还原 Fe^{3+} 时，为什么要使用两种还原剂，只使用其中的一种有何不妥？

---

① 若为铁粉，可准确称取 0.14 g 试样。其他物料中铁含量的测定，可参见本书："综合实验"三十一 EDTA 滴定法（以磺基水杨酸为指示剂），"仪器分析"实验十九分光光度法（针对微量组分测定）等。

② 也可用硅钼黄等作预还原阶段的指示剂，当 $SnCl_2$ 将 Fe^{3+} 全部还原为 Fe^{2+} 后，稍过量的 $SnCl_2$ 将硅钼黄还原为硅钼蓝，指示预还原终点。

实验十二　污水或废水中化学需氧量的测定(重铬酸钾法)

一、目的

1. 学习重铬酸钾回流法氧化水中有机物质的操作技术。
2. 了解“空白试验”的意义与作用,熟悉“空白试验”的方法和应用。
3. 掌握污水或废水中化学需氧量的测定原理和方法。

二、原理

化学需氧量(COD)是指在强酸性条件下,用氧化剂氧化水样时所消耗氧化剂的量,以 O_2 的质量浓度($mg\cdot L^{-1}$)表示。水中还原性物质包括有机物和亚硝酸盐、亚铁盐、硫化物等无机物,由于水体受有机物污染的倾向较为普遍且危害程度严重,因此化学需氧量可作为水中有机物相对含量的重要指标之一,广泛应用于环境监测领域。

利用化学法进行 COD 的测定,可采用重铬酸钾法、高锰酸钾法等,本实验采用后者。在强酸性溶液中,加入准确过量的 $K_2Cr_2O_7$ 标准溶液,以 Ag_2SO_4 为催化剂,加热回流,将水样中的还原性物质(主要为有机物)氧化,过量的 $K_2Cr_2O_7$ 以试亚铁灵为指示剂,用 $(NH_4)_2Fe(SO_4)_2$ 标准溶液回滴,滴定终点试液呈试亚铁灵-Fe 的红褐色,有关化学反应式如下:

$$C_6H_{12}O_6 + 4Cr_2O_7^{2-} + 32H^+ = 8Cr^{3+} + 6CO_2 + 22H_2O\text{(以氧化葡萄糖为例)}$$

$$Cr_2O_7^{2-} + 6Fe^{2+} + 14H^+ = 2Cr^{3+} + 6Fe^{3+} + 7H_2O\text{(返滴定)}$$

三、仪器和试剂

1. 回流装置(250 mL 磨口锥形瓶及配套球形冷凝管,如图 5.1 所示)。
2. 加热装置(电炉或电热板)。
3. 0.25 $mol\cdot L^{-1}$ $\frac{1}{6}$ $K_2Cr_2O_7$ 标准溶液(可使用实验十一中已备好的标准溶液)。
4. 0.1 $mol\cdot L^{-1}$ $(NH_4)_2Fe(SO_4)_2$ 标准溶液。
5. $Ag_2SO_4-H_2SO_4$ 溶液(75 mL H_2SO_4 中含有 1 g Ag_2SO_4)。
6. 15 $g\cdot L^{-1}$ 试亚铁灵指示剂。

图 5.1　COD 测定回流装置

四、步骤

1. 0.1 $mol\cdot L^{-1}$ $(NH_4)_2Fe(SO_4)_2$ 标准溶液的配制与标定

见本书 4.3.3 中“4.”有关内容。

2. 氧化有机物

量取 20.00 mL 混合均匀的水样(体积为 V①),置于 250 mL 磨口锥形瓶中,准确加入 10.00 mL $c\left(\frac{1}{6}K_2Cr_2O_7\right)=0.25\ mol\cdot L^{-1}$标准溶液,缓慢加入 30 mL $Ag_2SO_4-H_2SO_4$ 溶液和数粒玻璃珠,轻轻摇动锥形瓶使试液混匀,加热回流 2 h,冷却,用水冲洗冷凝管内壁,并入锥形瓶中。

3. 剩余氧化剂的测定

从回流装置上取下锥形瓶,用水稀释至 140 mL 左右(该酸度下,滴定终点较为明显),加2～3滴 15 $g\cdot L^{-1}$试亚铁灵指示剂,用 0.1 $mol\cdot L^{-1}$ $(NH_4)_2Fe(SO_4)_2$ 标准溶液滴定到试液由黄色至蓝绿色刚变为红褐色,即为终点[此时消耗 $(NH_4)_2Fe(SO_4)_2$ 的体积为 V_1]。

同时做空白试验②(量取 50 mL 水如上法进行对应操作),此时消耗 $(NH_4)_2Fe(SO_4)_2$ 的体积为 V_0。

根据空白试验和水样分别消耗 $(NH_4)_2Fe(SO_4)_2$ 标准溶液的量,计算试样的化学需氧量,以 O_2 的质量浓度($mg\cdot L^{-1}$)表示。

$$COD_{Cr}=\frac{(V_0-V_1)\times c\times 8\ g\cdot mol^{-1}\times 1000\ mg\cdot g^{-1}}{V}$$

测定结果的相对偏差应不大于 4.0%。

五、拓展内容

全班分几个组,探讨水样中有机物氧化过程是否可借其他快速代用方法,以缩减标准方法在该步骤所需的时间。课余时间可在网上进一步搜集有关答案。

附　注

1. 水样加热回流后,溶液中标准溶液的剩余量为原加入量的 1/5～4/5 为宜。
2. 若试样中 Cl^- 的质量浓度大于 300 $mg\cdot L^{-1}$,量取 20.00 mL 水样,加 0.2 g $HgSO_4$ 和 5 mL H_2SO_4,摇匀,待 $HgSO_4$ 溶解后,再按氧化有机物步骤进行操作(但 $Ag_2SO_4-H_2SO_4$ 溶液为 25 mL)。

思 考 题

1. 测定水样时,为什么需做空白试验?
2. 水样加酸酸化时,为什么必须慢加、摇匀后才能进行回流?

---

① 本实验等同采用国家城建行业标准《城镇污水水质标准检验方法》(CJ/T 51—2018),适宜测定 COD_{Cr}值为 50～400 $mg\cdot L^{-1}$的水样,若试样中的化学需氧量较高,可取少量试样(一般不得少于 5.00 mL)用水稀释至 20 mL 后测定。

② 由于实验操作为返滴定法,所以在计算公式中 $(NH_4)_2Fe(SO_4)_2$ 标准溶液的消耗体积为 V_0-V_1(后续"化学分析"实验十五与此类似),这与单纯扣除试剂影响的"空白试验"有所不同。若对 COD_{Cr}测定值要求不是很严格,可不做"空白试验",但$c\left(\frac{1}{6}K_2Cr_2O_7\right)=0.25\ mol\cdot L^{-1}$标准溶液加入的量(浓度和体积)必须准确。

3. 测定水样的 COD_{Cr} 值时，加入 Ag_2SO_4 的作用是什么？

4. 若配制 1 L 理论 COD_{Cr} 值为 500 $mg \cdot L^{-1}$ 的标样，需准确称取葡萄糖多少克？

实验十三　药片或水果中维生素 C 含量的测定(直接碘量法)

一、目的

1. 掌握碘标准溶液的配制与标定方法。
2. 学习不同试样的预处理过程和方法。
3. 掌握维生素 C 含量的测定原理和方法。

二、原理

维生素 C 是人体中重要的维生素之一，因缺乏它时会产生坏血病，故又称其为**抗坏血酸**(分子式为 $C_6H_8O_6$)。该物质易溶于水，在弱酸条件下较稳定。

鉴于维生素 C 分子结构中的烯二醇基具有还原性，可直接用碘标准溶液(碘滴定法)定量地将其氧化成二酮基而生成脱氢抗坏血酸；也可间接用 $Na_2S_2O_3$ 标准溶液(滴定碘法)返滴定上述反应剩余的 I_2。有关化学反应式如下：

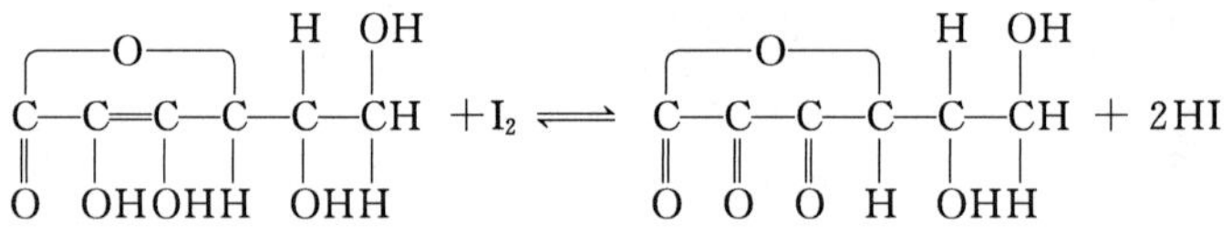

$$I_2 + 2S_2O_3^{2-} = 2I^- + S_4O_6^{2-}$$

本实验采用碘标准溶液直接滴定维生素 C，即直接碘量法。

由于维生素 C 在空气中容易被氧气氧化，尤其在碱性介质中更甚，因此测定时需加入适量酸性物质使待测试液呈弱酸性，以减少滴定过程中维生素 C 所产生的副反应。

三、仪器和试剂

1. 研钵。
2. 压榨机。
3. 碘量瓶
4. 0.05 $mol \cdot L^{-1} \frac{1}{2} I_2$ 标准溶液。
5. 10% H_2SO_4 溶液。
6. 0.5%淀粉指示剂(新鲜配制)。

四、步骤

1. 0.05 $mol \cdot L^{-1} \frac{1}{2} I_2$ 标准溶液的配制与标定

见本书 4.3.3 中“5.”有关内容。

2. 药片

(1) 试样溶解与试液制备。准确称取 20 片维生素 C 药片，破碎(研细、混匀)后再从中准确称取粉末 0.2 g，置于 250 mL 碘量瓶中，加 45 mL 新煮沸冷却后的水及 25 mL 10% H_2SO_4 溶液，轻摇使之溶解、混匀。

(2) 维生素 C 含量的测定。用 $c\left(\frac{1}{2}I_2\right)=0.05\ mol \cdot L^{-1}$ 标准溶液立即滴定上述试液，近终点时，加 2 mL 0.5% 淀粉指示剂，继续滴定至试液显蓝色，并在 30 s 内不褪色，即为终点。结果以 $mg \cdot g^{-1}$ 或 mg·片$^{-1}$ 表示。

2 次平行实验测定的结果，允许差不大于 0.3%。

3. 水果

(1) 汁液榨取与试液制备。称取适量柚子(橙子、橘子)等维生素 C 含量丰富的水果(称准至 0.001 g)，去皮、榨汁、混匀，确定汁液容量(必要时外加溶剂稀释或过滤)。

(2) 维生素 C 含量的测定。迅速量取上述汁液 25.00 mL，置于 250 mL 碘量瓶中，用 20 mL 新煮沸冷却后的水洗涤量具，将洗涤液一并转入瓶中，加 25 mL 10% H_2SO_4 溶液，摇匀，立即用 $c\left(\frac{1}{2}I_2\right)=0.05\ mol \cdot L^{-1}$ 标准溶液滴定，近终点时，加 2 mL 0.5% 淀粉指示剂，继续滴定至试液显蓝色，并在 30 s 内不褪色，即为终点。结果以 $mg \cdot L^{-1}$ 或 $mg \cdot kg^{-1}$ 表示①。

测定次数与允许差同上。

附　注

抗坏血酸在空气中容易被氧气等氧化性物质所氧化，生成脱氢抗坏血酸，因此测定水果或蔬菜等物质中的维生素 C 时，试液制备与滴定操作应迅速进行。

思 考 题

1. 测定试样中维生素 C 时，为何要在酸性介质中进行？除用稀 H_2SO_4 控制酸度外还可采用什么酸？

2. 在溶解或稀释试样时，为什么要加入新煮沸并冷却的水？

实验十四　水中溶解氧的测定(间接碘量法)

一、目的

1. 掌握 $Na_2S_2O_3$ 标准溶液的配制与标定方法。

2. 了解虹吸操作技术在分析工作中的应用。

① 若只用 $mg \cdot L^{-1}$ 表示测定结果，则可略去称量和定容过程。

3. 掌握水质溶解氧测定的原理和方法。

二、原理

水体与大气交换或经化学、生物化学反应后溶于水中的分子态氧称为溶解氧(DO)，其含量高低与空气中氧的分压、水体温度和水质状况有密切的关系。通常情况下未受污染水质的 DO 值为 8～9 mg·L^{-1}，当水体受到有机物质等污染时，就会严重消耗溶解氧，DO 值就要下降甚至会影响水生生物的生存，水污染越严重，溶解氧就越少，渔业用水的 DO 值低于 4 mg·L^{-1}时，会造成鱼类呼吸困难，再低甚至会使鱼类窒息死亡。而对于工业用循环冷却水、锅炉用水则其溶解氧越低越好，如锅炉给水采用锅外化学处理后的 DO 值应不大于 0.1 mg·L^{-1}。

本实验采用锰盐－碘量法测定溶解氧，在 KI 碱性溶液中，Mn^{2+} 首先生成 $Mn(OH)_2$ 白色沉淀，然后被水中溶解氧氧化后，继而定量转化为 Mn^{4+}，形成 $MnO(OH)_2$ 棕色沉淀，从而将水中溶解氧固定。然后将固氧溶液酸化，试液中的 I^- 又将 Mn^{4+} 还原为 Mn^{2+}，并生成与溶解氧相当量的游离 I_2，再以淀粉为指示剂，用 $Na_2S_2O_3$ 标准溶液滴定至试液蓝色刚好褪去，即为终点。有关化学反应式如下：

$$Mn^{2+} + 2OH^- = Mn(OH)_2\downarrow(\text{白色})$$

$$2Mn(OH)_2 + O_2 = 2MnO(OH)_2\downarrow(\text{棕色})$$

$$2I^- + MnO(OH)_2 + 4H^+ = I_2 + Mn^{2+} + 3H_2O$$

$$I_2 + 2S_2O_3^{2-} = 2I^- + S_4O_6^{2-}$$

三、仪器和试剂

1. 溶解氧瓶(250 mL，实际容积以实验二校准的结果为准，图 5.2)。
2. 0.01 mol·L^{-1} $Na_2S_2O_3$ 标准溶液。
3. 340 g·L^{-1} $MnSO_4$ 溶液。
4. 碱性碘化钾溶液(35 g NaOH 和 30 g KI 溶于 50 mL 水中，保存在棕色瓶中)。
5. 1∶1 H_2SO_4 溶液。
6. 10 g·L^{-1}淀粉指示剂(新鲜配制)。

图 5.2　溶解氧瓶

四、步骤

1. 0.01 mol·L^{-1} $Na_2S_2O_3$ 标准溶液的配制与标定

见本书 4.3.3 中“3.”有关内容，先制备 0.1 mol·L^{-1} $Na_2S_2O_3$ 标准溶液(包括配制与标定过程)，供实验十五用；再参见 0.02 mol·L^{-1} EDTA 标准溶液类似制备过程，制备 0.01 mol·L^{-1} $Na_2S_2O_3$ 标准溶液，供本实验用。

2. DO的固定①

水样②取好后，用细尖头的移液管向盛有试样的溶解氧瓶中，加入 1 mL 340 $g\cdot L^{-1}$ $MnSO_4$ 溶液和 2 mL 碱性 KI 溶液（试剂应加到液面以下），小心盖上瓶塞，避免将空气泡带入。颠倒转动几次溶解氧瓶，使内部组分充分混合，静置沉淀至少 5 min，再重新颠倒混合，保证混合均匀。

3. 游离 I_2

将固氧后的试液静置片刻，确保所形成的沉淀物已沉降在瓶体的下部，慢速加入1.5 mL 1∶1 H_2SO_4 溶液，盖上瓶塞，摇动瓶体，使瓶中沉淀物完全溶解，I_2 均匀分布。

4. 滴定 I_2

将游离出 I_2 后的瓶内组分或其部分体积转移到烧杯或锥形瓶中，用 0.01 $mol\cdot L^{-1}$ $Na_2S_2O_3$ 标准溶液滴定至试液呈淡黄色，临近终点时，加 1 mL 10 $g\cdot L^{-1}$ 的淀粉指示剂，继续滴定至试液由蓝色变无色，即为终点。根据 $Na_2S_2O_3$ 标准溶液的消耗量，计算水中溶解氧的质量浓度（结果以 $mg\cdot L^{-1}$ 表示）。

平行测定结果的算术平均值作为测定结果，平行测定结果的相对偏差不大于 2%。

五、拓展内容

全班分几个大组，探讨欲测流水（如江河）不同断面及层位的“水质溶解氧”，应采用什么样的水样采集装置（器），并画出其示意图，课后查阅有关资料确证所设计装置图的可行性。

附　注

1. 本实验操作步骤，等效采用《水质　溶解氧的测定　碘量法》（GB 7489—1987）和《工业循环冷却水和锅炉用水中溶解氧的测定》（GB/T 12157—2022）的有关内容。

2. 当水样中亚硝酸盐、Fe^{3+} 的含量较高时会干扰测定，可分别加入 NaN_3、KF（或 H_3PO_4）消除干扰。

思 考 题

1. 所取水样为什么不能与空气接触？如何操作才能避免与空气接触？
2. 碘量法测定 DO 的原理是什么？淀粉指示剂为什么不能在滴定开始时就加入？
3. 碘量法是测定水中溶解氧的基准方法，除碘量法外，DO 的测定是否还有其他方法？

---

① DO 的固定过程一般在取样现场进行，若固氧后的试样需带回实验室测定，应避光保存且必须在 24 h 内进行测定。

② 从盛样容器中取样时，应采用“虹吸技术”；现场水样采集，则按“五、拓展内容”所述方法。

实验十五　工业苯酚纯度的测定(溴酸钾法)[①]

一、目的

1. 掌握 $Br_2(KBrO_3-KBr)$ 标准溶液的配制与标定方法。
2. 掌握溴量法与碘量法配合使用,间接测定苯酚的原理和方法。

二、原理

苯酚(分子式为 C_6H_6O)俗称石炭酸,是许多化工行业(用于制造酚醛树脂、双酚 A 和己内酰胺等)、合成染料、医药、农药等生产的主要原料,也广泛用于消毒、杀菌领域。此外,酚类的生产和应用,还可能会对环境产生污染,因此也是污水综合排放标准、大气污染物综合排放标准等常规监测项目之一。工业苯酚一般含有杂质,可用氧化还原滴定法测定其含量。溴酸钾法测定苯酚的纯度是基于酸性条件下 $KBrO_3$ 与 KBr 反应,生成的 Br_2 再与苯酚作用,产物为三溴苯酚。由于该取代反应进行较慢,而且 Br_2 液不稳定、极易挥发,因而一般不直接使用 Br_2 滴定苯酚,而间接用 $KBrO_3-KBr$ 标准溶液在酸性介质中反应后,所产生的过量 Br_2 与苯酚进行溴代反应。溴代反应完成后,剩余的 Br_2 再与过量的 KI 作用[②],置换出 I_2,析出的 I_2 最后再用 $Na_2S_2O_3$ 标准溶液滴定。有关化学反应式如下:

$$BrO_3^- + 5Br^- + 6H^+ \xlongequal{} 3Br_2 + 3H_2O$$

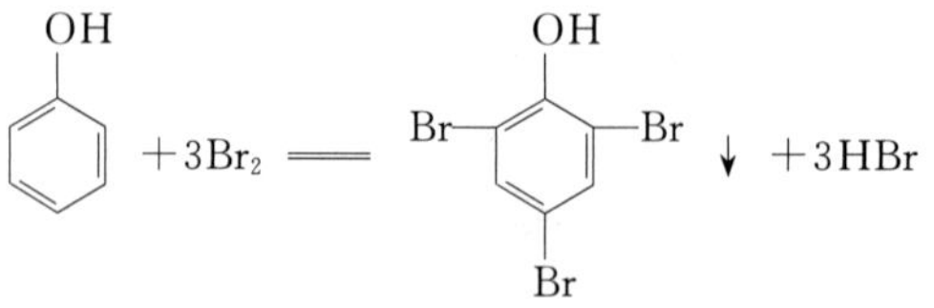

$$Br_2(\text{剩余}) + 2KI \xlongequal{} I_2 + 2KBr$$

$$I_2 + 2Na_2S_2O_3 \xlongequal{} 2NaI + Na_2S_4O_6$$

从上述反应可知,各物质之间的化学计量关系为

$$1\ \text{mol}\ KBrO_3(1\ \text{mol}\ C_6H_5OH) \sim 3\ \text{mol}\ Br_2 \sim 3\ \text{mol}\ I_2 \sim 6\ \text{mol}\ S_2O_3^{2-}$$

因此,苯酚的基本单元为 $\frac{1}{6}C_6H_5OH$。

三、仪器和试剂

1. 碘量瓶。
2. $0.1\ \text{mol}\cdot L^{-1}\ \frac{1}{2}Br_2$ 标准溶液。

---

① 参照采用木材工业用胶粘剂及其树脂检验方法(GB/T 14074—2017)。

② 用 Br_2 将 I^- 氧化为 I_2,再用 $Na_2S_2O_3$ 滴定 I_2,既避免了 Br_2 的挥发,又不会使 $Na_2S_2O_3$ 被 Br_2 氧化为 SO_4^{2-},如此欲测定 Br_2 置换出 I_2 再用 $Na_2S_2O_3$ 滴定 I_2 的方法,可谓间接碘量法之置换滴定法。

3. 0.1 mol·L^{-1} $Na_2S_2O_3$ 标准溶液(可使用实验十四中已备好的标准溶液)。

4. 10% NaOH 溶液。

5. 1∶3 HCl 溶液。

6. KI(固体)。

7. 0.5%淀粉指示剂(新鲜配制)。

四、步骤

1. 0.1 mol·L^{-1} $\frac{1}{2}Br_2$ 标准溶液的配制与标定

见本书 4.3.3 中"6."有关内容。

2. 试样溶解与试液制备

准确称取 0.2 g 工业苯酚于盛有 5 mL 10% NaOH 溶液的 100 mL 烧杯中,加少量水使之溶解,用水洗涤烧杯数次一并转入 250 mL 容量瓶中,定容,摇匀。

3. 苯酚含量的测定

量取上述试液 20.00 mL 置于 250 mL 碘量瓶中,准确加入 25.00 mL $c\left(\frac{1}{2}Br_2\right)=$ 0.1 mol·L^{-1}标准溶液(即 $KBrO_3-KBr$),再加入 30 mL 1∶3 HCl 溶液,迅速盖上塞盖并用水封口,摇匀,放置暗处 15 min(此时试液中有白色三溴苯酚沉淀生成并有棕褐色的剩余 Br_2 存在)。加入 1 g 固体 KI,摇匀,用少许水冲洗瓶口,放置 10 min。用 0.1 mol·L^{-1} $Na_2S_2O_3$ 标准溶液滴定至试液呈淡黄色,加 3 mL 0.5% 淀粉指示剂,继续滴定至试液蓝色消失,即为终点(消耗的体积记为 V_1)。

若进行空白试验,则量取 20.00 mL 水如上法进行对应操作[消耗的体积记为 V_0,相应的计算公式与实验十二情形类似,$c\left(\frac{1}{2}Br_2\right)=$ 0.1 mol·L^{-1}标准溶液加入的体积应准确(浓度可不必标定)]。

平行测定 2 次,计算结果精确到小数点后两位,取其平均值。

附　　注

1. 苯酚在水中溶解度较小,加入 NaOH 溶液后,NaOH 能与苯酚生成易溶于水的苯酚钠。

2. 本实验操作过程中应尽量避免溴的挥发损失。$KBrO_3-KBr$ 溶液遇酸即迅速产生游离 Br_2,Br_2 易挥发,因此加 HCl 溶液时,应将瓶塞盖上(不要盖严),让 HCl 溶液沿瓶塞流入,随即塞紧,并加水封住瓶口;加入 KI 时,也应迅速加入,随即盖上瓶塞。

3. 当苯酚与 Br_2 反应生成三溴苯酚时,还发生下述反应:

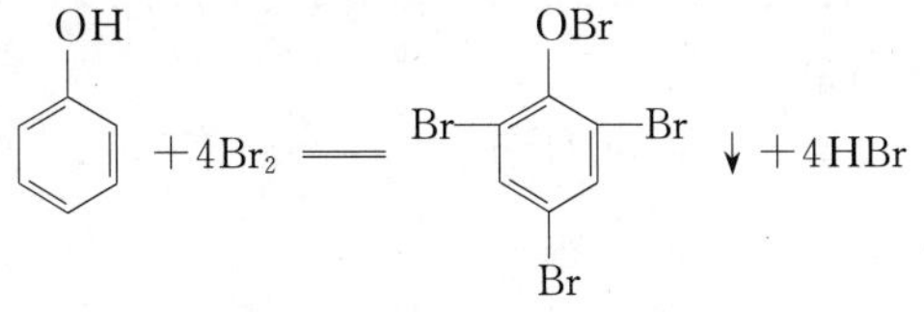

但加入 KI 时,溴化三溴苯酚立即转变为三溴苯酚:

$$C_6H_2Br_3OBr + 2I^- + 2H^+ \longrightarrow C_6H_2Br_3OH + HBr + I_2$$

故不影响分析结果。所以加入 KI 后应静置 10 min,以保证 $C_6H_2Br_3OBr$ 的分解。

思 考 题

1. 溴量法与碘量法配合使用测定苯酚的原理是什么?
2. 苯酚纯度的测定为何不能用 Br_2 标准溶液直接滴定?
3. 为什么测定苯酚纯度要在碘量瓶中进行?若用锥形瓶代替碘量瓶会产生什么影响?

实验十六　氯化物中 Cl^- 含量的测定(莫尔法)

一、目的

1. 掌握 $AgNO_3$ 标准溶液的配制与标定方法。
2. 掌握以 K_2CrO_4 为指示剂利用沉淀滴定法,测定 Cl^- 含量的原理和方法。

二、原理

某些可溶性氯化物中 Cl^- 含量的测定,常采用莫尔法(亦称银量法),即在中性或弱碱性溶液中,以 K_2CrO_4 为指示剂,用 $AgNO_3$ 标准溶液滴定 Cl^-。由于 AgCl 的溶解度($K_{sp} = 1.8\times10^{-10}$)比 Ag_2CrO_4 的溶解度($K_{sp} = 2.0\times10^{-12}$)小,因此试液中首先析出 AgCl 沉淀,当 AgCl 定量沉淀后,过量的 $AgNO_3$ 标准溶液即与 CrO_4^{2-} 生成砖红色的 Ag_2CrO_4 沉淀,从而指示滴定终点。有关化学反应式如下:

$$Cl^- + Ag^+ \longrightarrow AgCl\downarrow \text{(白色)}$$

$$CrO_4^{2-} + 2Ag^+ \longrightarrow Ag_2CrO_4\downarrow \text{(砖红色)}$$

三、仪器和试剂

1. 研钵。
2. 标准筛。
3. 0.1 $mol\cdot L^{-1}$ $AgNO_3$ 标准溶液。
4. 10% K_2CrO_4 指示剂。

四、步骤

1. 0.1 $mol\cdot L^{-1}$ $AgNO_3$ 标准溶液①的配制与标定

见本书 4.3.4 中“1.”有关内容。

2. 试样溶解与试液制备

准确称取粉碎至 2 mm 以下的均匀食用盐试样 25 g,置于 400 mL 烧杯中,加

① 若采用 0.05 $mol\cdot L^{-1}$ $AgNO_3$ 标准溶液滴定 Cl^-,则正文中“四、步骤”的 2 和 3 可用附注 1 所述对应步骤代替。

200 mL水，加热近沸至试样全部溶解，冷却后移入 500 mL 容量瓶中(必要时过滤)，加水稀释至标线，摇匀。

3. Cl 含量的测定

量取 25.00 mL 上述试液于 250 mL 容量瓶中，加水稀释至标线，摇匀，再从中量取 25.00 mL(含 Cl^- 为 60～70 mg)，置于 150 mL 烧杯中，加 4 滴 10% K_2CrO_4 指示剂，充分搅拌下用0.1 $mol \cdot L^{-1}$ $AgNO_3$标准溶液滴定至试液呈稳定的淡橘红色(砖红)悬浮液，即为终点。同时做空白试验。

根据 $AgNO_3$ 标准溶液的消耗量，计算试样中 Cl^- 的质量分数。

同一实验室取双样进行平行测定，其测定值之差超过允许差时应重测，平行测定值之差如不超过下表的允许差，取测定值的平均值作为报告值。

Cl^- 的质量分数/%	允许差/%
34.00～47.00	0.10
>47.00	0.13

实验结束后，盛装 $AgNO_3$ 的滴定管应用蒸馏水冲洗 2～3 次至干净，含银废液应予以回收。

五、拓展内容

全班分几个组，探讨本实验中涉及的有关问题：为什么要用棕色滴定管盛装 $AgNO_3$ 标准溶液，并用后必须用蒸馏水冲洗？为什么建议按附注 1 法制备试液并最好用 0.05 $mol \cdot L^{-1}$ $AgNO_3$标准溶液滴定 Cl^-？为什么含银废液需要回收？

附　　注

1. 本实验等同采用 GB/T 13025.5—2012，因实验取双样进行平行测定，为节省试样用量和 $AgNO_3$ 消耗量，对于课堂训练而言，可准确称取 2.5 g 试样(称准至 0.1 mg)，溶解后于 100 mL 容量瓶中定容，从中量取25.00 mL再于 250 mL 容量瓶中定容，最后从中量取 25.00 mL 于烧杯中，加 2 滴 10% K_2CrO_4 指示剂，用0.05 $mol \cdot L^{-1}$ $AgNO_3$ 标准溶液进行滴定。

2. 物料中 Cl^- 含量的测定还可采用汞量法、电位滴定法等，其中电位滴定法的应用实例详见“仪器分析实验”二十三。

思　考　题

1. 用 K_2CrO_4 作指示剂时，其浓度太大或太小对测定结果有何影响？
2. 滴定过程中，为什么要充分搅拌溶液？

实验十七　钢铁或合金中 Ni 含量的测定(丁二酮肟重量法)

一、目的

1. 了解有机沉淀剂丁二酮肟与 Ni 形成沉淀的反应条件。

2. 学习微孔玻璃过滤器的使用方法与抽滤操作技术。

3. 掌握丁二酮肟重量法测定钢铁及合金中镍含量的原理和方法。

二、原理

镍是钢铁及合金中的重要元素之一，它可增强金属的弹性、延展性和抗蚀性，使金属具有较高的机械性能。

大多数含 Ni 的金属材料都溶于酸，生成的 Ni^{2+} 在微酸性、中性、弱碱性溶液中皆可与丁二酮肟(分子式为 $C_4H_8N_2O_2$)反应，生成鲜红色的丁二酮肟镍：

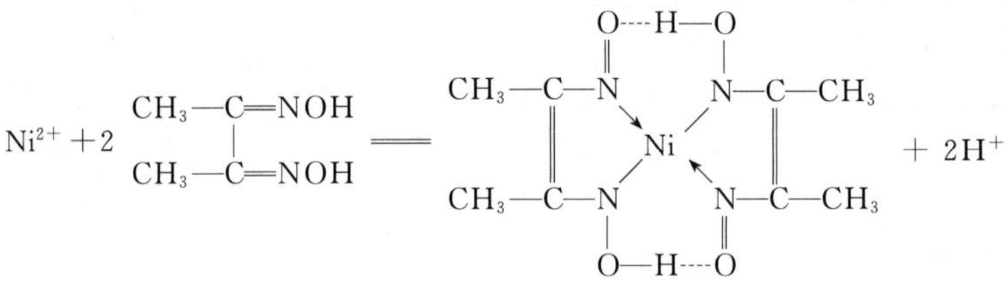

此配合物组成恒定，具有疏水性质、水中溶解度较小，但易溶于乙醇、氯仿、四氯化碳等有机溶剂，故可用水相沉淀法或萃取分离后分光光度法来测定物料中 Ni 的含量，本实验采用水相沉淀丁二酮肟重量法。

在 $CH_3COOH-CH_3COONH_4$ 缓冲溶液中，用 Na_2SO_3 将铁还原至二价，用酒石酸作掩蔽剂，在 pH 为6～7的条件下，Ni^{2+} 与丁二酮肟生成疏水性沉淀，与铁、钴、铜等元素分离，所得丁二酮肟镍经烘干、恒重，即可计算出试样中 Ni 的质量分数。

三、仪器和试剂

1. 电烘箱。
2. 微孔玻璃过滤器(P_{16} 或 G_4 型号)。
3. 1%丁二酮肟乙醇溶液。
4. $HCl-HNO_3$ 混合酸溶液(HCl、HNO_3 和 H_2O 的体积比为 3∶1∶2)。
5. 1∶1 HCl 溶液。
6. 50%酒石酸溶液。
7. 1∶1 $NH_3 \cdot H_2O$。
8. 20% Na_2SO_3 溶液(新鲜配制)。
9. 20% $Na_2S_2O_3$ 溶液(新鲜配制)。
10. 50% $CH_3COOH-CH_3COONH_4$ 缓冲溶液(pH 为 6.0～6.4)。

四、步骤

1. 试样称取

按下表准确称取适量待测试样(试样中含 Ni 量控制在 100 mg 内)。

Ni 含量/%	试样量/g	Ni 含量/%	试样量/g
2.00～4.00	2.000	15.00～30.00	0.2000
4.00～8.00	1.000	30.00～50.00	0.1500
8.00～15.00	0.5000	>50.00	0.1000

2. 试样溶解

将称好后的试样，置于 400 mL 烧杯中，加入 20 mL HCl－HNO_3 混合酸溶液，盖上表面皿，缓慢加热至试样溶解①。取下稍冷，加入 10 mL 1∶1 HCl 溶液和 100 mL 热水，加热溶解盐类，冷却。

3. 试液制备

向上述试液中，加入 25 mL 50%酒石酸溶液，边搅拌边滴加 1∶1 $NH_3 \cdot H_2O$ 调节试液至 pH≈9，放置片刻。用慢速滤纸过滤，滤液置于 600 mL 烧杯中，用热水洗净烧杯，并洗涤沉淀 7～8 次，使滤液总体积控制在 250 mL 以内。

4. 沉淀与分离

在不断搅拌下，用 1∶1 HCl 溶液酸化上述滤液至 pH≈3.5，加入 20 mL 20% Na_2SO_3 溶液，搅拌片刻，用 1∶1 $NH_3 \cdot H_2O$ 调节试液至 pH≈4.5，加热至 45～50 ℃时，加入 15 mL 20% $Na_2S_2O_3$ 溶液，搅拌片刻，放置 5 min。加入 100 mL 1%丁二酮肟乙醇溶液，在不断搅拌下，加入 20 mL 50%的 $CH_3COOH-CH_3COONH_4$ 缓冲溶液，控制试液酸度在 pH＝6.0～6.4 范围(若低于此值，可用 1∶1 $NH_3 \cdot H_2O$ 调节)。调定试液总体积在 400 mL 左右，静置陈化 30 min。冷却至室温，用已恒重的 P_{16} 或 G_4 型号微孔玻璃过滤器负压下抽滤(速度不宜太快，切不可将沉淀吸干)，用冷水洗涤烧杯和沉淀(以少量多次并使沉淀冲散为佳，也应防止沉淀吸干)，洗涤用水总量控制在200 mL左右。

5. 恒重与称量

将载有丁二酮肟镍沉淀的微孔玻璃过滤器置于电烘箱中，于(140±5) ℃烘干 2 h 左右，置于干燥器中冷却，称量，直至恒重。

附　注

本实验等同采用《钢铁及合金化学分析方法丁二酮肟重量法测定镍量》(GB/T 223.25—1994)测定钢铁及合金中的 Ni 含量。利用丁二酮肟有机试剂，还可借助丁二酮肟镍的亲油、疏水性质，通过萃取分离后再用分光光度法来测定物料中的 Ni 含量[如《钢铁及合金镍含量的测定丁二酮肟分光光度法》(GB/T 223.23—2008)]，详见“仪器分析实验”二十。

思 考 题

1. 在溶解试样时，混合酸中 HNO_3 的作用是什么？
2. 利用有机沉淀剂进行重量(称量)分析的主要优点是什么？
3. 除重量(称量)法、分光光度法外，金属镍的测定还可采用哪些分析方法？

① 为确保试样溶解完全，可再加 10 mL $HClO_4$，加热蒸发至其烟冒尽。

实验十八　煤中全硫含量的测定(艾士卡法)

一、目的

1. 了解晶形沉淀的沉淀条件及方法。
2. 进一步巩固沉淀的过滤、洗涤、灼烧与恒重等操作技术。
3. 掌握艾士卡法测定煤中S含量的原理和方法。

二、原理

煤中存在硫对燃烧、炼焦、汽化和液化都是十分有害的,其含量的高低也是评价煤及其衍生品质量的重要指标之一。含硫煤炭及油品、天然气燃烧后,可向大气中释放出硫的氧化物,这也是形成酸雨现象的主要原因。煤中全硫是无机硫和有机硫的总和,常用符号 S_t 表示全硫含量。煤中全硫含量的测定,可使用艾士卡法、高温燃烧中和法和恒电流库仑法。在仲裁分析时,应采用艾士卡法[详见《煤中全硫的测定方法》(GB/T 214—2007)]。

艾士卡法是将煤样与艾士卡试剂混合、灼烧,使煤中全部硫转化为硫酸盐,然后向浸取试液中加入过量的 $BaCl_2$ 溶液,使 SO_4^{2-} 定量转化为 $BaSO_4$ 晶形沉淀,过滤、洗涤并灼烧沉淀,根据 $BaSO_4$ 的质量计算煤中全硫的含量(结果以S的质量分数表示)。

三、仪器和试剂

1. 高温炉(马弗炉)。
2. 研钵。
3. 标准筛。
4. 艾士卡试剂(以2份质量的轻质MgO与1份质量的无水 Na_2CO_3 混匀并研细至粒度小于0.2 mm后,保存在密闭容器中)。
5. 20 $g·L^{-1}$ 甲基橙指示剂。
6. 1∶1 HCl溶液。
7. 100 $g·L^{-1}$ $BaCl_2$ 溶液。
8. 10 $g·L^{-1}$ $AgNO_3$ 溶液(需加适量 HNO_3 溶液,贮于棕色瓶中)。

四、步骤

1. 试样熔解

准确称取1.0 g粒度小于0.2 mm的空气干燥煤样①和艾士卡试剂2 g(称准至0.1 g),置于30 mL瓷坩埚内,仔细混合均匀,再用1 g(称准至0.1 g)艾士卡试剂覆盖。将装有煤样与熔剂的坩埚移入通风良好的马弗炉中,在1～2 h内从室温逐渐加热到

① 空气干燥煤样是指煤与周围空气湿度达到平衡,以空气干燥状态的煤为基准的煤样,又称“分析煤样”。

800～850 ℃，并在该温度下保持 1～2 h。同时做空白试验。

2. 试液制备

将熔样坩埚从炉中取出，冷却到室温。用玻璃棒将坩埚中的灼烧物仔细搅松捣碎（如发现有未烧尽的煤粒，应在 800～850 ℃下继续灼烧 0.5 h），然后转移至 400 mL 烧杯中。用热水冲洗坩埚内壁，冲洗液也收入烧杯中，再加入 100～150 mL 刚煮沸的水，充分搅拌（如果此时尚有煤粒漂浮在液面上，则上述操作作废）。用中速定性滤纸（102）以倾析法过滤，用热水冲洗 3 次，然后将残渣移入滤纸中，用热水仔细清洗至少 10 次，使滤液总体积控制在 250～300 mL。

3. 沉淀与分离

向上述滤液中加 2～3 滴 20 $g \cdot L^{-1}$ 甲基橙指示剂，加适量 1∶1 HCl 溶液中和后再加入 2 mL，使试液呈微酸性。将试液加热到沸腾，在不断搅拌下滴加 10 mL 100 $g \cdot L^{-1}$ $BaCl_2$ 溶液，在近沸状态下保持约 2 h，最后试液体积控制在 200 mL 左右。试液冷却或静置过夜后用慢速定量滤纸（203）过滤，并用热水洗至无 Cl^- 为止（用 10 $g \cdot L^{-1}$ $AgNO_3$ 溶液检验）。

4. 恒重与称量

将载有沉淀的滤纸包移入已知质量且恒重的瓷坩埚中，先在低温下炭化、灰化滤纸，然后在温度为 800～850 ℃的高温炉内灼烧 20～40 min，取出坩埚，在空气中稍加冷却后放入干燥器中冷却到室温（25～30 min），称量，直至恒重。

全硫测定的精密度，如下表所示。

煤中全硫 S_t/%	重复性/%	再现性/%
<1.00	0.05	0.10
1.00～4.00	0.10	0.20
>4.00	0.20	0.30

附　注

1. $BaSO_4$ 沉淀初生成时，一般形成细小晶体，它不利于过滤、洗涤，因此进行 $BaSO_4$ 沉淀时，应创造和控制有利于形成较大晶体的条件。

2. 沉淀应在酸性溶液中进行，这样可防止生成 $BaCO_3$、$Ba_3(PO_4)_2$、$Ba(OH)_2$ 等沉淀，也有利于形成大颗粒的纯净 $BaSO_4$ 沉淀。但溶液中若含酸不溶物或易被 $BaSO_4$ 吸附的离子（如 Fe^{3+}、NO^- 等），应予分离或掩蔽。Pb^{2+}、Sr^{2+} 严重干扰测定。

3. 若采用玻璃砂芯滤埚抽滤 $BaSO_4$ 沉淀，烘干，称量，虽能缩短分析时间，但准确度稍差，仅适用于快速生产分析。

思 考 题

1. “恒重”的概念是什么？“直至恒重”是什么意思？

2. 沉淀 $BaSO_4$ 为什么要在稀 HCl 溶液中进行？如何判断 $BaSO_4$ 沉淀是否完全？

3. 何谓“仲裁分析”？请查阅资料后完成本书“化学分析”实验四、实验五各自涉及的仲裁分析法的国家标准代号、编号、年份号。

模块三　仪器分析

第六章　常见分析仪器及其使用方法

6.1　紫外－可见分光光度计

6.1.1　概述

用于测定溶液吸光度的仪器称为分光光度计。分光光度计的种类和型号很多，但它们的基本结构都是由光源、单色器、试样池、检测器、信号处理及显示系统五个部分组成，如图 6.1 所示。

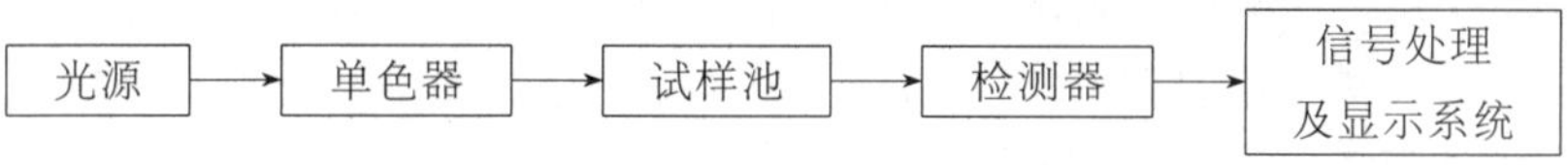

图 6.1　分光光度计的结构框图

由光源发出的光，经色散系统获得一定波长单色光照射到试样溶液，被选择性吸收后，经过检测器将光强度变化转换为电流强度变化，并经信号处理及显示系统调制放大后，显示或打印出吸光度(A)等，完成测定过程。

6.1.2　常用的分光光度计及其使用方法

1. 722s 型分光光度计

722s 型分光光度计是一种简洁、易操作的通用性仪器，能在 340～1 000 nm 波长范围进行透射比、吸光度和浓度的直读测定。仪器以 20 W/12 V 卤钨灯为光源，采用非球面镜光学系统及 CT 光栅单色器、固体硅接收器、V/F 变换和微处理器件，可方便实现自动调零，自动调 100 %(T)。

722s 型分光光度计的外形如图 6.2 所示。其使用方法如下。

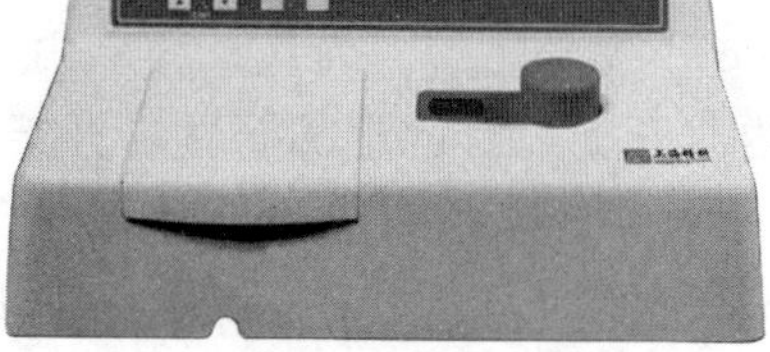

图 6.2　722s 型分光光度计的外形图

(1) 仪器预热。将电源线插头插入电源插座，打开试样池盖，按下仪器电源开关，接通电源，预热 20 min。预热或使用间隔期，应将试样池盖打开，使光门关闭以减少光电管的受光时间，延长其使用寿命。

(2) 调整波长。使用波长调节旋钮，具体波长由旋钮左侧的显示窗显示。

(3) 调零。按“0 %”(T)键即能自动调整零位。

(4) 试样准备。将空白溶液和试样溶液分别装入比色皿中(如有溶液洒落在比色皿外壁需用镜头纸轻轻擦去)，打开试样池盖以便观察试样池中的比色皿位置，靠近测试者的位置为“0”，其余依次为“1”“2”“3”位置。一般情况下，参比试样放在“0”号槽位中，试样溶液按浓度由低到高的顺序依次放入其他槽位。

小贴士

仪器所附的比色皿，其透射比是经过配对测试的，未经配对处理的比色皿将影响试样的测试精度。比色皿有光面和毛面，必须手持毛面。比色皿透光面的指印、溶液痕迹，待测溶液中的气泡、悬浮物，都会影响试样分析的精度。

(5) 调 100%(T)。将用作参比的空白溶液置入试样池光路中，盖上试样池盖，按 100% (T)键即能自动调整 100%(T)。调 100%(T)时，整机自动增益系统重调可能会影响 0%(T)，调整100%(T)后需检查 0%(T)，如有变化可重调 0%(T)1 次。

(6) 试样分析。用仪器前面板的拉杆来改变试样溶液的位置，当拉杆到位时有定位感，并前后轻轻推动一下，以确保位置正确。按“Mode(模式)”键使读数显示窗口显示 ABS 值(吸光度)，将待测试样溶液推入光路中，读取吸光度值，做好数据记录。

(7) 清洁。测试完毕，取出比色皿，清洗并晾干后入盒保存。

(8) 实验结束。关闭电源，拔下电源插头。

(9) 做好仪器使用记录。

2. TU—1900 型紫外－可见分光光度计

TU—1900 型紫外－可见分光光度计具有钨灯和氘灯两种光源，适用于 190～900 nm 波长范围的测量。仪器采用的全息光栅实现了低杂散光[杂散光≤0.01%(190～340 nm)；杂散光≤0.05%(340～900 nm)]。光度系统采用双光束、动态反馈比例记录系统，保证了光度测量的准确度和重现性。具有 Windows 多文档界面和 UVWin 控制软件，能够实现多模式同时显示，测量方式切换瞬间完成，能够实现光度测量、光谱扫描、定量测量等多种功能。该仪器的外形如图 6.3 所示。

TU—1900 型紫外－可见分光光度计的使用方法主要从光度测量、光谱扫描和定量测量三个方面进行介绍。

(1) 仪器开机。先打开与 TU—1900 型紫外可见分光光度计相连的计算机，进入 Windows 操作环境。确认试样室中无挡光物后，再打开光度计的电源开关。开启 UVWin 操作软件，仪器进入初始化过程。自检无误后，仪器进入主工作程序。开机预热 60 min。

(2) 光度测量。

① 参数设置：选择“光度测量”模式，进入

图 6.3　TU—1900 型紫外－可见分光光度计的外形图

光度测量。单击“参数设置”进入参数设置界面，设置光度测量参数（光度方式、测量波长等）。

② 暗电流校正：将附带黑挡块放入样品光路上的样品池中，使用 UVWin 的暗电流校正功能进行仪器暗电流校正。暗电流校正完毕后取出黑挡块。（进行暗电流校正可以消除仪器部分噪声，保证样品的测量结果更为准确。但不需要在每次测量时都进行暗电流校正，一般在仪器环境发生变化时才必须进行仪器的暗电流校正。所谓的环境变化主要是指：环境温度变化较大、安装位置改变、做高吸收度样品时等。）

③ 校零：将装有去离子水的两个配对石英比色皿分别放入样品光路样品池和参比光路样品池中，然后合上样品室盖，按“校零”按钮进行校零操作，此时在软件主界面上方显示的实时吸光度应该为 0.000Abs 或非常近似的值。

④ 测量：取出放置于样品光路样品池中的比色皿，倒掉去离子水，放入样品溶液。按“开始”按钮进行测量。

⑤ 结果输出：对测量得到的结果，可以保存为 UVWin 专用的文件格式，方便日后打开查看，也可以打印输出。

（3）光谱扫描。

① 参数设置：选择“光谱扫描”模式，进入光谱扫描。单击“参数设置”设置光谱扫描参数（光度方式、扫描速度、采样间隔、波长范围、纵坐标范围等）。

② 暗电流校正：方法同光度测量中的暗电流校正。

③ 基线校正：将装有去离子水的两个配对比色皿分别放入样品光路样品池和参比光路样品池中，然后合上样品室盖，按“基线”按钮进行基线校正。

④ 扫描：取出放置于样品光路样品池中的比色皿，倒掉去离子水，放入样品溶液。按“开始”按钮进行光谱扫描。

⑤ 结果分析：测量结束后，可以使用 UVWin 软件的峰值检出功能（有快捷工具按钮，或者选择“图形”菜单下的“峰值检出”功能）对测量得到的曲线进行分析。用峰值检出进行峰值搜寻。如果无法搜寻出峰值，可以对阈值进行设置。检出峰值后软件会列出检出峰值对应的测量结果。

⑥ 结果输出：对测量得到的结果，可以保存为 UVWin 专用的文件格式，方便日后打开查看，也可以打印输出。

（4）定量测量。

① 参数设置：选择“定量测量”模式，进入定量测量。单击“参数设置”设置定量测量参数（主波长、曲线方程、方程次数、浓度单位、校正方法等）。

② 暗电流校正：方法同光度测量中的暗电流校正。

③ 校正曲线的建立：在“标准样品”栏，依次输入标准溶液的编号、浓度。用一对比色皿盛装参比溶液，分别置于参比和样品池架中，合上样品室盖，点击“校零”键。然后将样品侧的溶液按编号顺序依次换为标准系列溶液，点击“开始”键，测量吸光度，软件实时地以吸光度对应浓度绘制校正曲线。

④ 样品测量：在“未知试样”栏，输入样品的编号，放入待测样品溶液，按“开始”按钮进行测量。

⑤ 结果输出：对测量得到的结果，可以保存为 UVWin 专用的文件格式，方便日后打

视频：
可见分光光度计的使用

开查看，也可以打印输出。

(5) 关机。

退出操作系统后，依次关掉主机电源、计算机、打印机电源。

6.2 酸度(离子)计

6.2.1 概述

电化学分析通常是借助测量试样溶液与电极所组成电池的电化学物理量(电荷、电流、电动势、电导等)的大小或变化而得以实现，有时也可通过测量在电极上析出物质的质量来实现(如电解分析)。无论哪类电化学分析方法，它们的仪器装置大都由工作电池(原电池或电解池)、电信号放大器和读出装置三大部分组成。本节主要介绍电位分析法所用部分仪器，其基本理论源于能斯特方程。

电位分析所使用的工作电池是由插入溶液中的指示电极和参比电极组成的原电池。该类分析技术包括电位测定法(也称直接电位法)和电位滴定法两种方式。二者的区别在于：在零电流条件下，前者测量的是指示电极与参比电极间的电位差(即工作电池的电动势)，进而求得待测组分的浓度或含量；后者亦是测量指示电极与参比电极间的电位差，只是将其在滴定分析中加以应用且在化学计量点附近多取几组数据而已。

电位分析常用的仪器有：pHS—2F 型、pHS—3C 型、PHSJ—4F 型、PHSJ—5T 型、PHSJ—6L 型酸度计，ZD—2 型、ZD—3A 型、ZDJ—4A 型、ZDJ—4B 型自动电位滴定仪等。这些仪器既可用于进行电位、酸碱度、离子浓度等测定，也可用于酸碱、氧化还原、沉淀和配位滴定，尤其是电位滴定技术的应用，不仅可用其测定低(或高)组分含量的试液，并且还可进行浑浊和有色试液的测定。

6.2.2 常用的酸度(离子)计及其使用方法

1. pHS—2F 型酸度计

pHS—2F 型酸度计采用 3 位半十进制 LED 数字显示测量结果，适用于测定水溶液的 pH 和电位值(mV)，其最小显示单位为 0.01 pH/1 mV，仪器的外形及面板如图 6.4 所示。

其使用方法如下。

(1) 测量 pH。

① 开机前准备：将电极杆旋入电极杆插座中，调节电极夹到适当位置；将复合电极夹在电极夹上，取下电极头部的电极套，再拉下电极上端的橡胶套，露出电极上端的小孔；用纯水清洗电极头部，并用滤纸吸干外壁的水分；拔去酸度计测量电极插座处短路插头，插上复合电极。

② 预热仪器：将电源线插入电源插座，按下电源开关，接通电源，预热 30 min。

③ 把选择开关旋钮调到 pH 挡。

④ 调整温度补偿调节旋钮，使旋钮上的白刻线对准试样溶液的温度值。

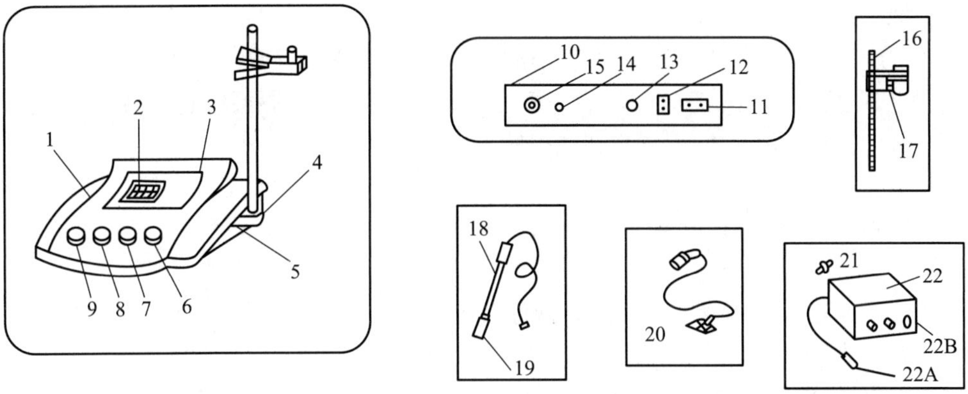

1—机箱盖；2—显示屏；3—面板；4—电极杆插座；5—机箱底；6—定位调节旋钮；
7—斜率补偿调节旋钮；8—温度补偿调节旋钮；9—选择开关旋钮(pH、mV)；10—仪器后面板；
11—电源插座；12—电源开关；13—熔断器熔丝；14—参比电极接口；15—测量电极插座；
16—电极杆；17—电极夹；18—E—201—c—9 型塑壳可充式 pH 复合电极；19—电极套；20—电源线；
21—Q9 短路插头；22—电极转换器(选购件)(22A—转换器插头，22B—转换器插座)

图 6.4　pHS—2F 型酸度计的外形结构图

⑤ 把斜率补偿调节旋钮顺时针旋转到底(即最大位置处)。

⑥ 标定：取一洁净小烧杯，加入少量 pH＝6.86 标准缓冲溶液，荡洗 3 次，然后在小烧杯中加入该缓冲溶液 50 mL，将清洗过的电极插入其中，轻轻摇动烧杯，促使电极达到平衡。调节定位调节旋钮使仪器显示屏的读数稳定显示该温度下的标准缓冲溶液的 pH。将电极从缓冲溶液中取出，移去烧杯，用纯水清洗电极头部，并用滤纸吸干外壁的水分。另取一洁净小烧杯，用该缓冲溶液如上法荡洗 3 次，再倒入 50 mL，将清洗过的电极插入其中，轻轻摇动烧杯，使电极达到平衡。调整斜率补偿调节旋钮使仪器显示屏的读数显示该温度下的标准缓冲溶液的 pH。移去烧杯，用纯水清洗电极头部，并用滤纸吸干外壁的水分。

⑦ 重复步骤⑥，直至不用再调节定位调节旋钮和斜率补偿调节旋钮为止，完成仪器标定。

⑧ 试样分析：取一洁净小烧杯，用待测溶液荡洗 3 次后，加入50 mL待测溶液，将电极插入其中，轻轻摇动烧杯，等数字显示稳定后读取并记录试液的 pH。平行测定 2 次，取平均值。

⑨ 取下电极，用纯水冲洗干净后套上电极套。

⑩ 关闭电源，拔下电源插头，并将短路插头插入插座。

⑪ 做好仪器使用记录。

(2) 测量电极电位(mV)。

① 把离子选择电极或金属电极和参比电极夹在电极架上。

② 用纯水清洗电极头部，再用待测溶液清洗 3 次，并用滤纸吸干。

③ 把“电极转换器”的插头(22A)插入仪器后部的“测量电极插座”处；把离子选择电极的插头插入“转换器插座”(22B)处。

视频：pH 计的使用与校准

视频：pH 的测量

④ 把参比电极接入仪器后部的“参比电极接口”处。

⑤ 把选择开关旋钮调到 mV 挡。

⑥ 把两种电极插入待测溶液中，将溶液搅拌均匀后，即可在显示屏上读出该离子选择电极的电极电位值(mV)，还可自动显示正、负极性。如果测定信号超出仪器的测量范围或测量端开路时，显示屏会不亮，并作超载报警。

⑦ 使用金属电极测量电极电位时，用带夹子的 Q9 插头，Q9 插入测量电极插座处，夹子与金属电极导线相接，参比电极接入参比电极接口处。

(3) 仪器使用注意事项。

① 仪器的输入端测量电极插座必须保持干燥清洁。仪器不用时，将 Q9 短路插头插入插座，以防灰尘和水汽侵入。

② 带夹子连线的 Q9 插头及电极转换器专为配用其他电极使用，平时注意防潮防尘。

③ 测量时电极的引线应保持静止，否则会引起测量不稳定。

④ 仪器采用了 MOS 集成电路，因此在检修时应保证电烙铁有良好接地。

⑤ 用标准缓冲溶液标定仪器时要保证缓冲溶液的可靠性，不能配错缓冲溶液，否则将导致测量结果产生误差。

2. ZD—3A 型自动电位滴定仪

ZD—3A 型自动电位滴定仪的外形如图 6.5 所示。

其使用方法如下。

(1) 测量 pH。

① 接通电源，预热 10 min。

② 仪器在测量待测溶液前，要先标定(在连续使用时每天标定 1 次即可)，标定分一点标定法和两点标定法：常规测量可采用一点标定法；精确测量要采用两点标定法。

a. 一点标定法：将仪器电极插上的短路插头拔去，接上E—201复合电极，用纯水冲洗电极头部并用滤纸吸干，然后插入标准缓冲溶液中(若待测溶液为酸性，用 pH＝4.00 的缓冲溶液，反之用 pH＝9.18 的缓冲溶液)。将“斜率”电位器顺时针旋到底，“温度”电位器调到实测溶液的温度值。调节“定位”电位器，使所显示的 pH 为该温度下标准缓冲溶液的标准值。

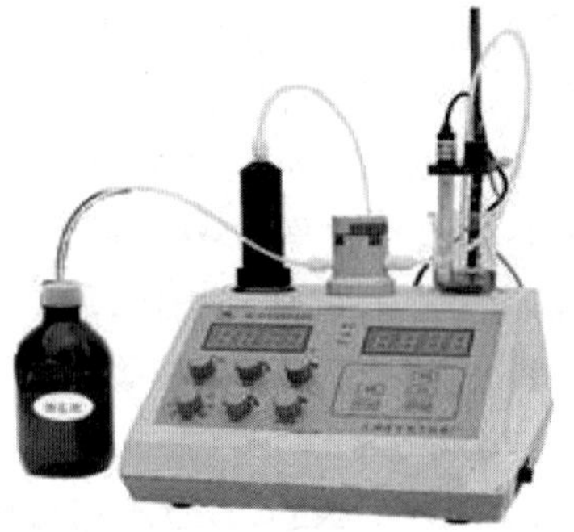

图 6.5 ZD—3A 型自动电位滴定仪的外形图

标定结束后(各个旋钮不能再动)，从缓冲溶液中取出电极用纯水冲洗头部，并用滤纸吸干，即可进行待测未知溶液的 pH 测量。

b. 两点标定法：拔去仪器电极短路插头，接上已清洗过的复合电极，将“斜率”电位器顺时针旋到底，“温度”电位器调到实测溶液的温度值，先将电极插入 pH＝6.86 的标准缓冲溶液中。调节“定位”电位器，使所显示的 pH 为该温度下标准缓冲溶液的标准值。将电极从 pH＝6.86 的缓冲溶液中取出，用纯水冲洗电极头部，并用滤纸吸干。再视待测溶液的酸碱性，择其一进行如下操作：若待测溶液为酸性，则插入 pH＝4.00 的缓冲溶液中；若待测溶液为碱性，则插入 pH＝9.18 的缓冲溶液中。调节“斜率”电位器，使所显示的 pH 为该温度下对应标准缓冲溶液的标准值。反复进行上述两点校准，直到不再调节“定位”和“斜率”电位器，选用的标准缓冲溶液各自都能达到标准值为止。

③ 试样分析：将电极从缓冲溶液中取出，用纯化水冲洗并擦拭干净，即可测量未知待测溶液的 pH。

④ 取下电极，用纯水冲洗干净后妥善保存。

⑤ 关闭电源，拔下电源插头。

⑥ 做好仪器使用记录。

(2) 测量电极电位(mV)。

拔去短路插头，接上各种合适的离子选择电极和相应的参比电极。仪器“选择”开关置“mV”挡(此时“定位”“斜率”“温度”电位器都不起作用)，将电极插入待测溶液中，此时所显示的数据就是该离子选择电极的电极电位值(mV)，并自动显示正、负极性。

(3) 电位滴定。

① 该仪器还适用于各种类型的电位滴定，使用时可根据不同的电极，插入仪器后部的相应电极插孔中，如需要用双接柱的则指示电极用仪器附件 Q9 插头连接线，用鳄鱼夹夹住电极插头即可。

② 接好全部液路管路，三通转换阀右边的聚乙烯管接好滴液管。电极、滴液管分别放在电极架相应的位置。

③ 将三通转换阀左边的聚乙烯管插入滴定液中，三通转换阀旋到吸液位，此时吸液指示灯亮，按“吸液”键，此时泵管活塞下移，滴定液被吸入泵体，下移到极限位时自动停止，再转动三通转换阀到注液位，此时注液指示灯亮，按“注液”键，泵体管活塞上移，先赶走泵体内的气泡，活塞上移到上限极限位时自动停止，再转动三通转换阀到吸液位，按“吸液”键吸液，一般反复 2～3 次就可以赶走泵管及液路管道中的所有气泡，同时在整个液路上充满滴定液。

④ 将“选择”开关置“预设”挡，调节“预设”电位器至电位滴定反应的终点电位值(本仪器电位值和 pH 通用，如终点电位为－800 mV，则调节“终点”电位器使数显为－800，如终点电位为 8.50 pH，则调节“终点”电位器使数显为－850 即可)。预设好终点电位后，“选择”开关按需要置于“mV”挡或“pH”挡，此时“预设”电位器不能再动。

⑤ 进行滴定分析时，为了保证滴定精度，不能提前到终点，也不能过量，同时又不能使滴定的时间太长。本仪器设有长滴控制电位器，即在远离终点电位值时，滴定溶液直通待测溶液，在接近终点滴定液短滴(每次约 0.02 mL)步近终点，电位不返回，即终点指示灯亮、蜂鸣器响。

⑥ 由于各种不同类型的电位滴定到达终点的滴定斜率曲线不同，滴定突跃值差异很大，所以长滴和短滴的控制位置也有很大的不同：若长滴时间过长，则极易滴过终点，影响精度；若长滴时间过短，则滴定一个试样的时间拖得过长，影响工作效率。故在初次滴定某一个试液时可先将长滴控制电位器逆时针旋到底(此时离终点电位值约 300 mV 或 3.00 pH 处时才有长滴)，然后在滴定过程中逐步调节此电位器，使滴定直通的量间逐步增加，直到既能短滴可靠到达终点，又节约滴定时间。

本仪器的长滴控制电位器调节范围很大，当电位器顺时针旋到底时，仪器滴定时可以使滴定液直通到离终点电位值约 20 mV 或 0.2 pH 时才有短滴出现;逆时针旋到底时,滴定直通到离终点电位值约 300 mV 或 3.00 pH 左右时就开始出现短滴,一直滴到终点。

⑦ 将待滴定试液的烧杯置于仪器搅拌器相应位置,加入搅拌棒,打开仪器右侧搅拌开关,调节搅拌速度,移入电极并插入待滴定的溶液中。

⑧ 在注液位,按仪器"滴定开始"键,先直通长滴后短滴(根据长滴控制电位器的位置)到达终点后延时 30 s 左右终点指示灯亮,同时蜂鸣器响,此时仪器处于终点锁定状态,再按一下"复零"键,仪器退出锁定状态。将电极和滴定管移离液面,用纯水冲洗干净续测下一个待滴定试样。

⑨ 如果不知道滴定试液的终点电位值,则可以在本仪器上先用手动滴定方法找出终点电位值,具体方法如下:

a. 在注液位,先按"注液"键在直通的状态下先注入滴定液(大约为预计的 70 %),然后迅速旋动三通转换阀,使仪器脱离注液状态,注液指示灯灭、注液停止,但溶液消耗量数显保持(此时不能按"复零"停滴,否则溶液消耗量也复零了)。

b. 恢复三通转换阀为注液状态,注液指示灯亮,然后一直按住"手滴"键不放,此时每 1～2 s 滴0.02 mL左右,直至达到终点。

c. 对于突跃值非常明显的滴定,如酸碱滴定等可以在短滴的过程中通过对电位值或 pH 变化的观察,就能十分容易地找出终点电位,但对于突跃不明显的电位滴定则要通过 pH $-V$ 或 $E-V$ 作图法来确定。

d. 记录手动或采取作图方法等确定好的终点位置,应用时可通过"预设"电位器设定电位,即可进行自动电位滴定。

⑩ 仪器使用完毕,关闭电源等。

⑪ 做好仪器使用记录。

6.3 原子吸收分光光度计

6.3.1 概述

原子吸收分光光度计,也称原子吸收光谱仪,它主要由光源、原子化装置、分光系统和检测显示系统等组成。

原子吸收分光光度分析的基本依据仍遵循**朗伯-比尔定律**,但吸收介质为待测元素气态原子。吸光度与原子蒸气中基态原子数直接相关,只要测量试样溶液的吸光度及相应的标准溶液的吸光度,便可根据标准溶液已知浓度,求出试样中待测溶液的浓度或含量。

目前商品原子吸收分光光度计有多种,但其大体构造和基本原理是相似的。虽然按设计类型可将其分成单光束、双光束及双波道、多波道等,但单光束原子吸收分光光度计仍在分析工业中普遍使用。

6.3.2 TAS—990 型原子吸收分光光度计及其使用方法

TAS—990 型原子吸收分光光度计的外形见图 6.6 所示。

图 6.6 TAS—990 型原子吸收分光光度计的外形图

其使用方法如下。

(1) 按仪器说明书检查仪器各部件,电源开关是否处于关闭状态。

(2) 检查各气路接口是否安装正确,气密性是否良好。检查气密性方法是用软毛刷蘸肥皂水涂布气路各连接部位,检查有无漏气现象,尤其是乙炔气路。检查完毕,及时擦拭干净,防止连接处部件腐蚀。

(3) 安装空心阴极灯。

(4) 打开计算机,接着打开 AAS 主机电源,双击计算机桌面上的 AA Win 2.1 图标,即开启工作站。在计算机屏幕上选择联机方式,并点击"确定",仪器进入初始化阶段(约需 5 min)。

(5) 选定工作元素灯,预热 30 min。

(6) 选择特征波长。对元素灯特征波长进行寻峰操作,系统会对能量最大点(能量应在100 %附近)的峰值进行标记,该波长将作为实验的工作波长;寻峰结束后按"关闭"命令。

(7) 设置燃烧器参数。包括燃气流量、燃烧器高度、燃烧器位置的设置等。调整完毕,对准光路。

(8) 设置测量参数。包括方法、参数、显示、信号处理和质量控制等。

(9) 试样的设置。包括标准试样参数、标准试样浓度、自动功能和未知试样等。

(10) 设置完成后,准备点火。

① 检查排水安全联锁装置,开启排风装置电源开关。

② 开空压机。先开风机,再开工作开关,调节压力在 0.2～0.3 MPa。

③ 将乙炔钢瓶的减压阀逆时针调节到底(很松的状态),打开钢瓶总阀,再慢慢地调节减压阀(顺时针旋转),控制分压力为 0.05～0.06 MPa。

④ 按主菜单中的"点火"按钮,即可将火焰点燃。

(11) 试样分析。先用进样毛细管吸喷纯水或空白溶液,点击"校零",使仪器显示吸光度为零，再将毛细管提出，插入待测试液[①]中，等吸光度稳定后读取并记录吸光度。

(12) 关机。测试完毕，喷纯水 5 min；关闭乙炔钢瓶总阀，待气体燃尽、火焰熄灭后，再关减压阀(逆时针旋转到很松的状态)；关闭气体压缩机，先关“工作”开关，然后按住“放水阀”至压力为零，再关闭“风机”开关。

(13) 退出工作软件，关闭主机电源，关闭计算机。

(14) 做好仪器使用记录。

6.4 气相色谱仪

6.4.1 概述

气相色谱法是以气体为流动相的分离分析方法。将待测试样注入气相色谱仪的汽化室中，让试样(气体或液体汽化后的蒸气)在流速保持一定的惰性气体(称为载气或流动相)的带动下进入填充有固定相的色谱柱中，并被分离成一个个的单一组分，且以一定的先后次序从色谱柱流出，依次进入检测器，并将其转变成电信号，再经放大后，由记录器记录下来，在记录纸上得到一组曲线图(称为色谱峰)，根据色谱峰的峰高或峰面积就可测定试样中各个组分的含量。

当用热导池检测器(TCD)时，其操作流程如图 6.7 所示。

动画：热导池检测器

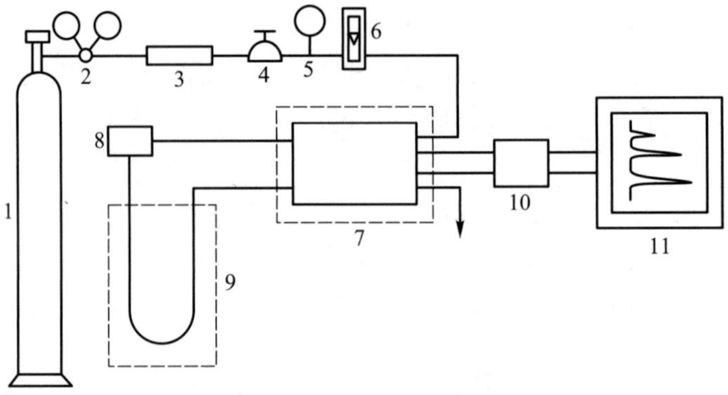

1—载气钢瓶；2—减压阀；3—干燥器；4—稳压阀；5—压力表；
6—转子流量计；7—热导池检测器；8—进样器及汽化室；9—色谱柱；
10—测量电桥；11—记录器

图 6.7 使用热导池检测器时的气相色谱流程图
(虚线方框表示恒温室)

当使用氢火焰离子化检测器(FID)时，其流程如图 6.8 所示。

根据这两种流程可以看出，用气相色谱仪进行分析时，需要以下基本装置及设备：

① 载气及净化和流速控制、测量装置；

② 进样器和汽化室；

③ 色谱柱及柱温控制装置；

① 试液应从浓度由低到高依次测定；每做完一个试样后，须将毛细管插到纯水或空白溶液中进行吸喷、清洗。

④ 检测器和恒温室；

⑤ 记录仪或色谱数据处理机(工作站)。

上述五部分内容，又称之为气相色谱的五大系统，即气路系统、进样系统、分离系统、检测系统和记录系统。

动画：
氢火焰离子化检测器

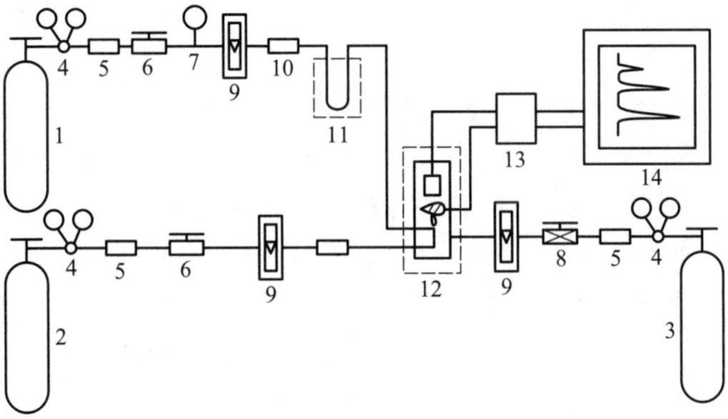

1—载气钢瓶(N_2)；2—氢气钢瓶；3—空气钢瓶；4—减压阀；5—干燥器；
6—稳压阀；7—压力表；8—针形阀；9—转子流量计；10—进样器及汽化室；
11—色谱柱；12—氢火焰离子化检测器；13—微电流放大器；
14—记录器

图 6.8 使用氢火焰离子化检测器时的气相色谱流程图
(虚线方框表示恒温室)

热导池检测器气路系统的流程如下(参见图 6.7)：载气由载气钢瓶 1 供给，经减压阀 2 减压后，通过干燥器 3 过滤、净化，除去水分和有机杂质，再经过稳压阀 4，将其压力稳定在 0.25 MPa 左右，并由压力表 5 示出，随后载气通过针形阀(此图中未示出)调节气体流量，并由转子流量计 6 示出，再经热导池检测器 7 的参比池后，进入进样器(液体试样在此进样)及汽化室 8，最后试样被载气携带到色谱柱 9 中展开分离，最终试样各组分依次通过热导池检测器 7 的测量后予以放空。

使用氢火焰离子化检测器时，相应的气路系统除应供给载气外，还需要补充氢气和空气(详见图 6.8)。

6.4.2 常用气相色谱仪及其使用方法

1. SP—6800A 型气相色谱仪

SP—6800A 型气相色谱仪是由单片机控制的有较高性价比的气相色谱仪，具有热导池、氢火焰离子化两种检测器，色谱柱有填充柱和毛细管柱，可以进行恒温及三阶程序升温操作。操作简单、维修方便，可应用于石油、化工、农药、医药卫生、商品检验等生产及科研部门。该仪器的外形如图 6.9 所示。

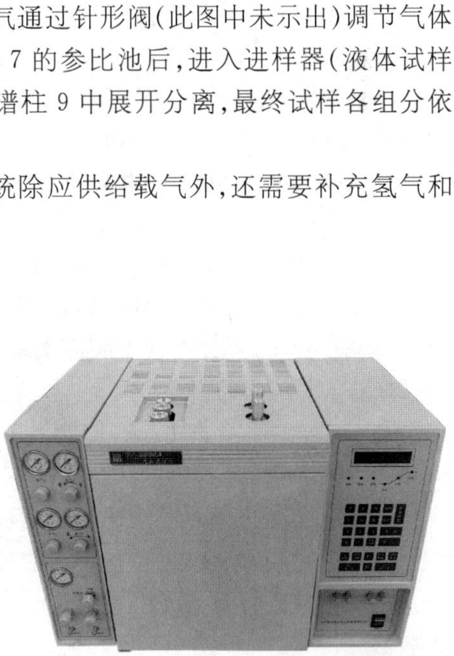

图 6.9 SP—6800A 型气相色谱仪的外形图

配备热导池检测器气相色谱仪使用如下。

(1) 通载气、设置流量。调节两个载气支路上的稳流阀，使热导放空处流量一致。使用前，应先通载气 10～30 min，将管路内的气体赶走，防止钨铼丝氧化，未通载气时，严防设置桥流，否则会烧坏钨铼丝。

(2) 开启色谱仪、设置桥流及衰减。打开电源开关，利用“TCD 桥流”和“TCD 衰减”键选择桥流及衰减。

(3) 设定柱室、汽化室及热导检测室温度。利用“温度参数”键设置汽化室(INJE)、热导检测室(DETE)及柱室温度(OVEN)，启动加热。

(4) 测定。待恒温后(恒温灯亮)，打开记录仪，用仪器面板上的 TCD 调零电位器(粗、细调)将基线调至 0.5 mV 处，待基线稳定后进行分析。

配备氢火焰离子化检测器气相色谱仪的使用方法如下。

(1) 通载气、设置流量。利用各自的调节阀，将 N_2、H_2、空气调至所需流量。N_2 流量一般选用 25～60 $mL \cdot min^{-1}$；H_2 流量一般选用 25～50 $mL \cdot min^{-1}$；空气流量一般选用 450～550 $mL \cdot min^{-1}$。

(2) 开启色谱仪、设置灵敏度及输出衰减。打开电源开关，利用“灵敏度”键和“FID 衰减”键，选择合适灵敏度挡及输出衰减，用面板下方的 FID 调零电位器(粗、细调)调至记录仪 0.5 mV 处。

(3) 设置温度。利用“温度参数”键设置汽化室(INJE)、氢火焰检测室(DETE)及柱室温度(OVEN)，启动加热。

(4) 点火。“恒温”指示灯亮后，加大 H_2 流量，在氢火焰出口处，用电子打火枪点火，点火后仍将 H_2 流量恢复原值，点火后，基线偏离，可用 FID 调零(粗、细调)调至记录仪原处。

(5) 测定。在分析条件下(气体流量、放大器挡位、温度)放大器基线稳定后，方可进行分析。

(6) 关机。按“停止”键，停止加热。关闭氢气、空气。观察色谱仪温度显示窗口的温度，待柱温降至 50 ℃以下，关闭电源，关闭氮气。

2. Agilent—8890 型气相色谱仪的使用方法

(1) 开机。

① 依次打开氮气、空气和氢气瓶总开关，调节氮气、空气、氢气输出压力。

② 开启计算机，进入 Windows 系统后，双击桌面上的工作站图标，进入仪器控制界面，在功能区/状态，仪器状态版面选择项目，点击启动按钮启动仪器。

(2) 色谱条件的设定。

① 方法的建立，点击“方法”进入方法界面，选择新建方法，点击“配置”“色谱柱”“目录”，从目录中选择使用的色谱柱点击安装(非安捷伦色谱柱需手动输入参数)，根据色谱柱连接情况准确选择进样口端和检测器端。

② 点击“模块”根据实际使用气体类型进行设置，配置完载气类型及色谱柱后，依次设置进样器参数、进样口参数、柱流量参数、柱温箱温度参数和 FID 检测器参数。

③ 方法设定后点击“方法保存”给设定方法命名保存，在方法注释中填入“新建方法”。

(3) 试样测定。

① 从菜单“视图”中选中“在线信号”，选中“信号窗口 1”，然后单击“改变”，将所要的绘图信号移到右边的框中，点击“确定”。

② 从“运行控制”菜单中选择“样品信息”选项，输入操作者名称，在“数据文件”下的“路径”后的方框中输入数据文件保存的子目录名，把数据文件名的编写方式选择为“前缀/计数器”，并且在“前缀”栏下输入数据文件名的前缀，在“计数器”栏下输入第一个数据文件的序号；在“样品位置”栏后输入测定供试品在自动进样器样品盘中的位置，其他信息根据需要填写，单击“确定”。

③ 样品瓶按“样品信息”编辑窗口的“样品位置”栏所设置的位置放入自动进样仪瓶架上。

④ 测定方法启动：等仪器就绪，基线平稳，点击“运行控制”菜单的“运行方法”，进样。

⑤ 测定停止：点击“运行控制”菜单的“停止运行/进样/序列”，检测信号记录完毕。

(4) 数据分析。

① 打开数据处理功能，进入数据分析画面。

② 选择项目，双击打开所需数据文件。

③ 做谱图优化，从“图形”菜单中选择“信号选项”，从“范围”中选择“自定义量程”输入合适的显示时间和响应值，在“量程”栏选择“全部使用相同量程”，单击“确定”。

④ 从“积分”菜单中选择“自动积分”，如积分结果不理想，再从菜单中选择“积分事件”选项，选择合适的斜率灵敏度、峰宽、最小峰面积、最小峰高。从“积分”菜单中选择“积分”选项，则数据被积分。如积分结果不理想，则重复上两步动作，直到满意为止。单击“积分事件”栏下左边“√”图标，将积分参数存入方法。

⑤ 打印报告。

(5) 关机。实验结束后，待各处温度降下来后(低于 50 ℃)，退出化学工作站，退出 Windows 系统所有的应用程序，关闭计算机和打印机电源，关闭仪器电源，最后关载气。

6.4.3 气相色谱仪使用注意事项

1. 载气钢瓶使用注意事项

(1) 钢瓶必须分类保管，直立固定，远离热源，避免暴晒及强烈震动，氢气室内存放量不得超过 2 瓶。

(2) 氧气瓶及专用工具严禁与油类接触。

(3) 钢瓶上的氧气表要专用，安装时螺扣要上紧。

(4) 操作时严禁敲打，发现漏气须立即修好。

(5) 用后气瓶的剩余残压不应少于 980 kPa。

(6) 氢气压力表系反螺纹，安装拆卸时应注意防止损坏螺纹。

2. 减压阀使用及注意事项

(1) 在气相色谱分析中，钢瓶供气压力为 9.8～14.7 MPa。

(2) 减压阀与钢瓶配套使用，不同气体钢瓶所用的减压阀是不同的。氢气减压阀接头为反向螺纹，安装时需小心。使用时需缓慢调节手轮，使用后必须旋松调节手轮和关闭钢瓶阀门。

(3) 关闭气源时，先关闭减压阀，后关闭钢瓶阀门，再开启减压阀，排出减压阀内气体，最后松开调节螺杆。

(4) 钢瓶阀门(高压开关)逆时针方向为打开，减压阀(低压开关)顺时针方向为打开。

3. 微量注射器使用及注意事项

(1) 微量注射器是易碎器械，使用时应多加小心，不用时要洗净放入盒内，不要随便玩弄，来回空抽，否则会严重磨损，影响气密性、降低准确度。

(2) 微量注射器在使用前后都须用丙酮等溶剂清洗。

(3) 对 10～100 μL 的注射器，如遇针尖堵塞，宜用直径为 0.1 mm 的细钢丝耐心穿通，不能用火烧的方法。

(4) 硅橡胶垫在几十次进样后，容易漏气，需及时更换。

(5) 用微量注射器取液体试样，应先用少量试样洗涤多次，再慢慢抽入试样，并稍多于需要量。如内有气泡则将针头朝上，使气泡上升排出，再将过量的试液排出，用滤纸吸去针尖外所沾试样，切勿使针头内的试样流失。

(6) 取好样后应立即进样。进样时，注射器应与进样口垂直，针尖刺穿硅橡胶垫圈，插到底后迅速注入试样并立即拔出注射器，整个动作应进行得稳当、连贯、迅速。针尖在进样器中的位置、插入速度、停留时间和拔出速度等都会影响进样的重复性。

4. 热导池检测器使用及注意事项

(1) 开启热导电源前，必须先通载气；实验结束时，把桥电流调到最小值，再关闭热导电源，最后关闭载气。

(2) 稳压阀、针形阀的调节，须缓慢进行。稳压阀不工作时，必须放松调节手柄；针形阀不工作时，应将阀门处于“开”的状态。

(3) 各室升温要缓慢，防止超温。

(4) 更换汽化室密封垫片时，应将热导电源关闭。若流量计浮子突然下落到底，也应首先关闭该电源。

(5) 桥电流不得超过允许值。

5. 氢火焰离子化检测器使用及注意事项

(1) 通氢气后，待管道中残余气体排出后，应及时点火，并保证火焰是点着的。

(2) 使用 FID 时，离子室外罩须罩住，以保证良好的屏蔽和防止空气侵入。如果离子室积水，可将端盖取下，待离子室温度较高时再盖上。工作状态下，取下检测器罩盖时，不能触及极化极，以防触电。

(3) 离子室温度应大于 100 ℃，待温度稳定后，再点火，否则离子室容易积水，影响电极绝缘而使基线不稳。

6.5 液相色谱仪

6.5.1 概述

高效液相色谱(High Performance Liquid Chromatography，HPLC)是色谱法中最重

要的一个分支。与气相色谱相比，HPLC 的分离模式更为多样化，适用试样范围更广。它不仅能分离高沸点、强极性和热不稳定的化合物，还能用于离子性、生物活性及大分子化合物的分离。据估计，在自然界已知的化合物中，70 %可用 HPLC 分析（而气相色谱法只能直接分析其中的 20 %左右）。另外，经 HPLC 分离后的试样组分易于收集，故该技术还适合用于制备色谱分离。

动画：液相色谱原理与流程

HPLC 仪器现多为分体单元组件，根据分析要求将不同单元组合起来。这些基本单元包括：贮液器、高压输液系统、进样器、色谱柱、检测器和工作站（数据处理系统）等。此外，还可以根据需要配备自动进样系统、预柱、流动相在线脱气装置和自动控制系统等。图 6.10 是普通配置的带有预柱的高效液相色谱仪结构图。

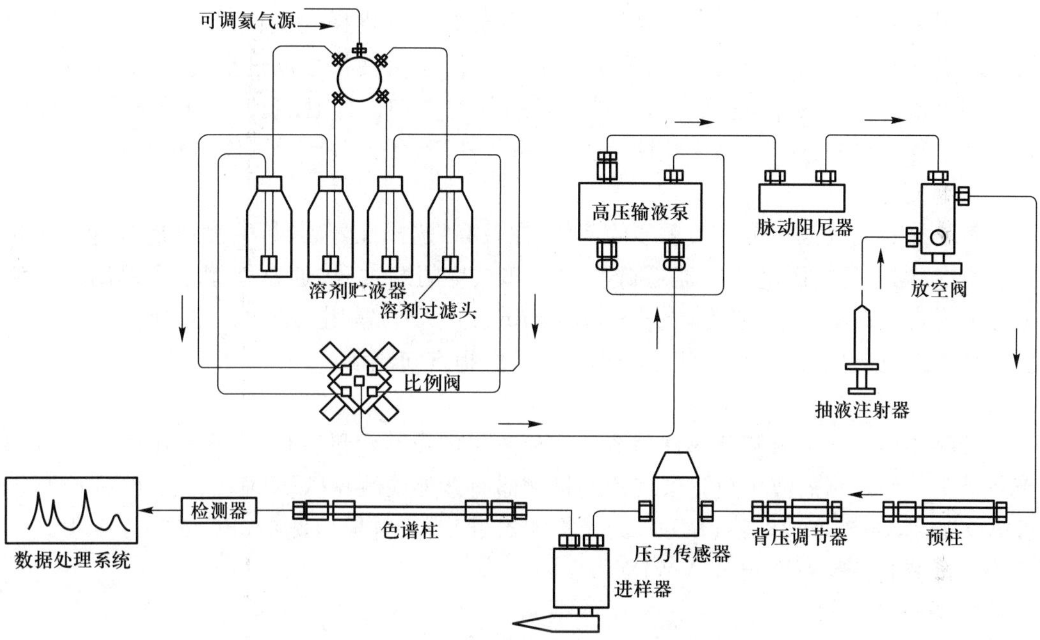

图 6.10　高效液相色谱仪的结构示意图

高效液相色谱分析的基本工作流程是：由高压输液泵将贮液器中的流动相以稳定的流速经过进样器输入色谱柱，试样由进样器注入，随流动相进入色谱柱，试样中的各组分经色谱柱分离后，依次进入检测器，检测器产生的信号送至工作站记录、处理和保存。

1. 贮液器。

一般由玻璃、不锈钢或特种塑料制成（容量为 0.5～2.0 L），用来贮存流动相溶剂。

所有溶剂在放入贮液器之前必须经过 0.45 μm 膜过滤，除去溶剂中的机械杂质，以免堵塞输液管道或进样阀。溶剂使用前还需进行脱气处理，以除去溶解在流动相中的气体（如 O_2 等），避免其对分离和检测产生干扰。若仪器未配置流动相在线脱气装置，也可采用抽真空或超声振荡进行脱气，脱气后的流动相应密封保存，防止外部气体的重新溶入。

2. 高压输液泵及梯度洗脱装置。

(1) 高压输液泵。在高效液相色谱分析中，色谱柱的柱径较细，且其中装填粒径为

5～10 μm 的固定相，因此对流动相有很大的阻力，为使流动相较快通过色谱柱，就需要用高压泵注入流动相。高压输液泵是高效液相色谱仪的关键部件，应耐 25～40 MPa 的压力。其输液过程的具体要求是：压力平稳无脉动，流速恒定，流量可调节，死体积小，泵体材料耐化学腐蚀。

(2) 梯度洗脱装置。该装置用于洗脱过程，可使流动相(含有两种或两种以上不同极性的溶剂)连续或间断地改变组成，从而调节其极性，使得每个流出的待分离组分都有合适的分配比，实现试样中各个组分的完全分离。采用梯度洗脱技术可以提高柱效，加快分离速度，改善峰形，增加检测器灵敏度。梯度洗脱技术类似于气相色谱中的程序升温，它给分离工作带来了极大方便，是高效液相色谱中不可缺少的重要部分。

3. 进样装置。

一般采用与气相色谱中六通阀相似的高压旋转六通进样阀进样，其优点是进样量的可变范围大、耐高压、易于自动化、重现性好。此外，还可使用自动进样装置，由计算机自动控制定量阀工作取样、进样、复位；试样管路的清洗和试样盘的转动，全部按预定程序进行。自动进样的试样量可连续调节，进样重复性高，适合做批量试样的分析。

4. 色谱柱。

色谱柱是高效液相色谱最重要的部件，柱效高、选择性好、分析速度快是对色谱柱的一般要求，同时还需耐高压并能抵御流动相和试样的腐蚀，故通常使用不锈钢制作。色谱柱多为直柱，柱内径一般为 2～6 mm(4 mm 左右最为常用)，柱长一般为 15～50 cm。安装和更换色谱柱时，一定要使流动相按箭头所指方向流动。

动画：液相色谱高压泵原理

动画：高压液相色谱进样装置

5. 检测器。

检测器用于连续监测色谱柱后流出的分离组成及其含量变化，并将检出的信号传送至色谱工作站。高效液相色谱仪使用的检测器有紫外检测器(UVD)、二极管阵列检测器(DAD)、示差折射率检测器(RID)、荧光检测器(FLD)、电导检测器(ECD)等。应用最广泛的是可变波长紫外检测器(VWD)。

6. 色谱工作站。

高效液相色谱工作站除了可以记录绘制谱图外，还能在线模拟显示所有分析过程，自动采集数据、处理和贮存，并能实现分析过程中仪器的自动控制。如果预设好有关分析条件和参数，可以自动给出最终分析报告。

6.5.2 常用高效液相色谱仪及其使用方法

1. Agilent—1100 型高效液相色谱仪

Agilent—1100 型高效液相色谱仪的外形如图 6.11 所示。

其使用方法如下：

(1) 开机

① 打开计算机，进入 Windows 界面，并运行“Bootp server”程序。

② 打开 Agilent—1100 各模块电源。

③ 待各模块自检完成后，双击 Instrument 1“On—line”图标，化学工作站自动与 Agilent—1100 通信，进入工作站界面。

④ 从“View”菜单中，选择“Method and run control”界面，单击“View”菜单中的

"Show top tool bar" "Show status tool bar" "System diagram" "Sampling diagram",使其命令前有"√"标志,来调用所需的界面。

⑤ 把流动相放入贮液器中。

⑥ 打开"Purge(冲洗)"阀。

⑦ 单击"Pump(泵)"图标,出现参数设定菜单,单击"Set up pump(泵设置)"选项,进入泵编辑界面。

⑧ 设置"Flow(流量)"为 5.0 mL·min^{-1},单击"OK"。

⑨ 单击"Pump"图标,出现参数设定菜单,单击"Control(控制)"选项,选中 On 后,单击"OK",则系统开始"Purge",直到管线内(由贮液器到泵入口)无气泡为止,切换通道继续"Purge",直到所有要使用通道无气泡为止。

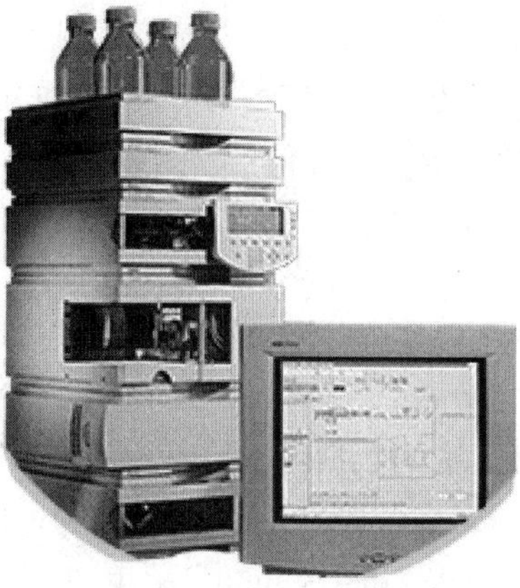

图 6.11 Agilent—1100 型高效液相色谱仪的外形图

⑩ 单击"Pump"图标,出现参数设定菜单,单击"Control"选项,选中 Off 后,单击"OK"关泵,关闭"Purge"阀。

⑪ 单击"Pump"图标,出现参数设定菜单,单击"Set up pump"选项,进入"Pump"编辑界面,设"Flow"为 1.0 mL·min^{-1}。

⑫ 单击泵下面的"瓶"图标,输入各种溶剂的实际体积和瓶体积(也可输入停泵的体积),单击"OK"。

(2) 数据采集方法编辑

① 开始编辑完整方法。从"Method"菜单中选择"Edit entire method"项,选中除"Data analysis"外的三项,单击"OK",进入下一界面。

② 方法信息。在"Method comments"中加入方法的信息(如方法的用途等)。单击"OK",进入下一界面。

③ 泵参数设定(以二元泵为例)。在"Flow"处输入流量(如 1.0 mL·min^{-1}),在"Solvent B"处输入 70.0,($A=100-B$),也可"Insert(插入)" 一行"Time table",编辑梯度。在"Pressure limits max"处,输入柱子的最大耐高压,以保护柱子。单击"OK",进入下一界面。

④ 柱温箱参数设定。在"Temperature"下面的方框内输入所需温度,并选中它,点击"more"键,选中"Same as left",使柱温箱的温度左右一致。点击"OK",进入下一界面。

⑤ VWD 参数设定。

a. 在"Wave length"下方的空白处,输入所需的检测波长(如 254 nm),在"Peak width(Response time)"下方点击下拉式三角框,选择合适的响应时间[如>0.1 min (2 s)]。

b. 在"Time table "中,可以"Insert"一行,输入随时间切换的波长(如 1 min, WL=300 nm)。点击"OK",进入下一界面。

⑥ 在"Run time check list"中,选中"Data acquisition",单击"OK"。

⑦ 单击“Method”菜单，选中“Save method as”，输入一方法名，如“test×”，单击“OK”。

⑧ 从菜单“View”中，选中“Online signal”，选中“Windows 1”，然后单击“Change”钮，将所要绘图的信号移到右边的框中，点击“OK”[如同时检测两个信号，则重复⑧，选中“Windows 2”]。

⑨ 从“Run control”菜单中，选择“Sample info”选项，输入操作者名称，在“Data file”中选择“Manual”或“Prefix”。

“Manual”与“Prefix”的区别：Manual——每次做样之前必须给出新名字，否则仪器会将上次的数据覆盖掉；Prefix——在 Prefix 框中输入前缀，在 Counter 框中输入计数器的起始位，仪器会自动命名，如 vwd 0001，vwd 0002，…。

⑩ 从“Instrument” 菜单中，选择“System on”。

⑪ 等仪器“Ready”、基线平稳后，从“Method”菜单中，选择“Run method”，进样。

(3) 数据分析方法编辑

① 从“View”菜单中，单击“Data analysis”进入数据分析界面。

② 从“File”菜单选择“Load signal”，选中数据文件名，单击“OK”。

③ 做谱图优化，从“Graphics”菜单中，选择“Signal options”选项。从“Ranges”中选择“Auto scale”及合适的显示时间，单击“OK”，或选择“Use ranges”调整。反复进行，直到图的比例合适为止。

④ 积分。

a. 从“Integration”中选择“Auto integrate”，如积分结果不理想，再从菜单中选择“Integration events”选项，选择合适的 Slope sensitivity，Peak width，Area reject，Height reject。

b. 从“Integration”菜单中，选择“Integrate”选项，则数据被积分。

c. 如积分结果不理想，则修改相应的积分参数，直到满意为止。

d. 单击左边“√”图标，将积分参数存入方法。

⑤ 打印报告。

a. 从“Report”菜单中，选择“Specify report”选项。

b. 单击“Quantitative results”框中“Calculate”右侧的 “▼”，选中面积“Percent(百分比)”，其他选项不变。

c. 单击“OK”。

d. 从“Report”菜单中，选择“Print report”，则报告结果将打印到屏幕上。若想输出到打印机上，则单击“Report”底部的“Print”钮。

(4) 关机

① 关机前，用 100 %的纯水冲洗系统 20 min，然后用有机溶剂冲洗系统10 min，如反相色谱柱用甲醇或乙腈冲洗(正相色谱柱也要选择适当的溶剂冲洗)，然后关泵。

② 退出化学工作站及其他窗口，用“Shut down”关闭计算机。

③ 关掉 Agilent—1100 电源开关。

(5) 做好仪器使用记录

2. EClassical—3100 型高效液相色谱仪

EClassical—3100 型高效液相色谱仪的外形如图 6.12 所示。

其使用方法如下。

图 6.12 EClassical—3100 型高效液相色谱仪的外形图

(1) 开机。接通电源,依次打开 P3100 泵、UV3100 检测器。待仪器自检结束显示正常状态后,打开计算机。

(2) 更换流动相。

① 打开 P3100 泵电源后,打开泵控制面板右侧的放空阀(逆时针转动放空阀手柄半圈)。

② 将烧杯放在放空阀出口管下方,收集流出的流动相。

③ 使用 20 mL 吸液针管,连接到放空阀出口管处进行抽取,确保 FEP 输液管及溶剂过滤头没有气泡。

④ 按下泵控制面板上左侧的"Purge"冲洗键,使泵用大流量对流动相进行更换,此时面板上"Run"指示灯亮(红色),使流动相放出 20 mL 左右。

⑤ 按下"Purge"键,再将放空阀顺时针拧紧,泵前管路的流动相更换完毕。

⑥ 依次对 A、B 泵进行溶剂置换和排气泡操作。

(3) 建立分析方法。

① 点击 W3200 启动图标,打开工作站进入系统主界面。单击"文件"下拉框中的"配置"选项,打开配置菜单,验证仪器通讯处于正常状态。

② 编辑方法:点击单次分析图标,在单次分析窗口的"分析"栏选择"方法"菜单,打开"方法设置"界面。根据实际依次填入"测量""LC 梯度""采集"等页签信息。

③ 设定完毕后,点击发送方法。色谱仪开始运行,检查泵、检测器等参数显示是否按方法设定运行,面板上"Run"指示灯亮(绿色)。

④ 保存方法:在工作站主界面的"文件"下拉菜单下点击"方法另存为"选项,保存方法。

(4) 平衡系统。

① 发送方法后,泵按设定的流量开始运行。检查管路连接、柱接口及泵头处是否漏液,如漏液应予以排除。观察泵控制面板上的压力值,压力波动如在 0.5 MPa 以上,可初步判断为柱前管路仍有气泡,重复操作步骤"(2)",排除气泡。

② 压力波动平稳后,设置数据采集信号电压范围和采集时间,当显示窗口的最后 10 min基线显示为水平直线,且压力平稳时,可认为系统已达到平衡状态。在工作站的"监控器"菜单下点击"设备监视器",点击打开窗口上的"自动回零"使基线归零。

(5) 进样。

① 进样阀处于 INJECT 位置,点击 W3200 软件界面上方的单次分析图标,或者点击单次分析按钮,进入单次分析对话框。

② 选择色谱谱图保存路径和文件名,点击"确定"。回到单次分析页面,点击"发送方法",关闭该页面。

③ 在数据采集窗口观察基线,等待进样。

④ 用待分析试样清洗注射器,吸取试样排除气泡。将注射器针完全插入进样阀入口,将进样阀手柄转动至 LOAD 位置,平稳地注入试样溶液。

⑤ 将进样阀手柄快速转动至 INJECT 位置,系统将自动运行采集数据记录图谱。

⑥ 当试样中所有组分全部流出(基线回到零点附近)后,停止数据采集自动保存图谱。让进样阀手柄保持在 INJECT 位置,将注射器从进样阀中拔出,准备下一个试样的分析。

(6) 数据处理。

① 色谱峰调整:使用色谱图窗口里主菜单下的子菜单命令或者窗口里的快捷功能按钮,可对谱图进行调整。点击窗口左侧的删除峰快捷图标,删除选中区域内的峰。谱图修改完成后,在“文件”下拉菜单里点击“另存为”,保存修改好的谱图。

② 校准曲线的制作

打开校准窗口:可以通过点击仪器控制窗口、数据采集窗口或者色谱图窗口里的图标打开校准窗口。

设置校准选项:在“校准”菜单下选择“选项”,可以设置校准方法、化合物含量单位、进样体积等信息。

设置谱图级别:点击“文件”菜单下的“打开标准模板”,打开第一张预处理过的标准谱图。点击图标将所有校准峰添加到校准标准,此时默认校准级别为 1 级,自动校准。在校准表中选择需要使用的校准峰,输入校准峰的名称、含量,按“Enter”键确认。在窗口下方会出现化合物的校准曲线选项卡。点击峰名称,右侧出现校准曲线。点击“化合物”,返回校准窗口。

在“文件”主菜单下重新点击“打开标准模板”,打开第二张预处理过的标准谱图。点击图标将所有校准峰添加到校准标准,校准等级将自动升级为 2 级,输入含量信息,其余信息工作站默认为与第一张谱图设置相同。重复上述的操作,最多可以添加 20 个等级,空白不包括在内。

校准曲线:等级设置完成后,可以在相应化合物的选项卡里查看校正曲线,设置校准曲线的校准方法。

校准曲线制作完毕后,点击窗口主菜单“文件”下的“另存为”,在弹出的保存界面设置校准文件名称,保存方法文件。

③ 定量结果计算:打开试样谱图,点击“结果”按钮,在“结果”选项卡的右半部分的“校准文件”栏里点击“设置”,选择保存的校准文件,点击“确定”,在“计算”栏里将“与已存校准文件一起打开”取消,选中“全部识别峰”,填入“响应基础”“进样体积”“稀释度”等信息,设置完毕后,在“结果”选项卡及“汇总”选项卡里会显示试样溶液的定量计算结果。

(7) 关机。数据采集完毕后,继续用流动相将系统冲洗 10 min。在工作站的“监控器”菜单下点击“设备监视器”,点击“清洗”按键,设置流动相比例、最高压力、总流速,点击“确定”,查看基线。

清洗进样阀:用 20 mL 注射器取 10 mL 流动相,将清洗头连接到注射器出口上(不带针头),将它们一起接到进样阀的进样口,使进样阀保持在 INJECT 位置,慢慢将流动相推入,流动相将通过注射针导入口、引导管、注射针导入管和注射针密封圈,由试样溢出管排出，再用洗耳球将清洗液吹干，反复操作3次。将进样阀转动至LOAD位置，重复上述操作，确保进样阀清洗干净。

关机：数据处理和系统清洗全部完成后，在工作站的“监控器”菜单下点击“设备监视器”，点击“关闭流速”按钮，将泵流速降到0，待泵面板上压力显示为0时，关闭工作站所有窗口，在主界面下退出W3200软件系统，再依次关闭泵、检测器，最后关闭电源。

第七章　仪器分析实验

实验十九　物料中铁含量的测定(1,10-菲咯啉分光光度法)

一、目的

1. 掌握用1,10-菲咯啉(邻二氮菲)分光光度法测定铁的原理和方法。
2. 学会分光光度计的正确使用和不同试样的试液制备方法。

二、原理

用抗坏血酸将试液中的Fe^{3+}还原成Fe^{2+}。在pH为2～9时,Fe^{2+}与1,10-菲咯啉生成橙红色配合物,在分光光度计最大吸收波长510 nm处测定其吸光度。有关化学反应式如下:

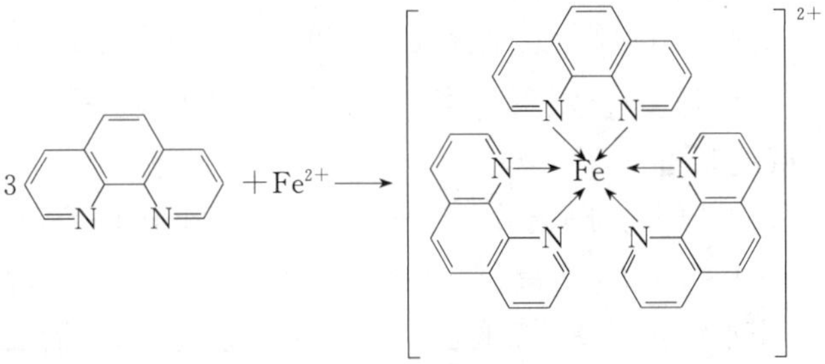

大量的碱金属、钙、锶、钡、镁、锰(Ⅱ)、砷(Ⅲ)、铅、氯离子、溴离子、碘离子等在试验溶液中,对测定无干扰。部分干扰离子的消除方法,详见《工业用化工产品铁含量测定的通用方法　1,10－菲啰啉[①]分光光度法》(GB/T 3049—2006)附录A。

本通用方法描述了试液中铁含量的测定技术,适用于所取试液中铁含量为10～500 μg。在试液制备时,应参考与所分析产品有关的标准对本方法进行必要的修改使其适合产品的测定。

三、仪器和试剂

1. 分光光度计。

① 本书依全国科学技术名词审定委员会审定的《化学名词》用菲咯啉。

2. 高温炉(马弗炉)。

3. 瓷坩埚,铂坩埚。

4. 200 $\mu g \cdot mL^{-1} Fe^{2+}$ 贮备液。

5. 1 $g \cdot L^{-1}$ 1,10-菲咯啉溶液。

6. 1∶1 HCl 溶液。

7. 1∶1 H_2SO_4 溶液。

8. 混合熔剂(称取 2 份无水碳酸钠与 1 份硼酸研细、混匀)。

9. 1∶1 $NH_3 \cdot H_2O$。

10. 100 $g \cdot L^{-1}$ 抗坏血酸溶液(新鲜配制)。

11. $CH_3COOH-CH_3COONa$ 缓冲溶液(pH≈4.5)。

12. 十二水合硫酸铁铵。

13. 纯铁。

四、步骤

1. 200 $\mu g \cdot mL^{-1} Fe^{2+}$ 贮备液制备

(1) 用纯铁制备:准确称取 0.2 g 纯铁丝(含 Fe 质量分数在 99.99%以上),置于 100 mL烧杯中,加 10 mL HCl 溶液,缓慢加热至完全溶解,冷却至室温,定量转移至 1 L 容量瓶中,用水稀释至标线,混匀。

(2) 用十二水合硫酸铁铵制备:准确称取 1.727 g 十二水合硫酸铁铵[$NH_4Fe(SO_4)_2 \cdot 12H_2O$],置于 400 mL 烧杯中,用 200 mL 水溶解,定量转移至 1 L 容量瓶中,加 20 mL 1∶1 H_2SO_4 溶液,用水稀释至标线,混匀。

10 $\mu g \cdot mL^{-1}$ 铁标准使用液(或其他更大浓度[①])可量取上述贮备液 10.00 mL 置于 200 mL容量瓶中,用水稀释至标线,混匀制得(该溶液须现用现配)。

2. 试样分解与试液制备[②]

(1) 尿素试样试液的制备:准确称取 20 g 尿素试样,置于 100 mL 烧杯中,加少量水使试样溶解,加 10 mL 1∶1 HCl 溶液,加热煮沸并保持 3 min。冷却后,将试液定量过滤于 50 mL 容量瓶中,用水洗涤几次,洗液也一并转移至该瓶中,稀释至标线,混匀。同时做空白试验。

(2) 橡胶试样试液的制备:准确称取 0.13～0.5 g 混炼橡胶或硫化橡胶试样(生橡胶为2.5 g),置于瓷坩埚中,在电炉或电热板上慢慢加热(应防止试样着火,并避免试样溅出或溢出),当橡胶分解炭化后,逐渐升高温度直至挥发性分解产物基本赶尽,只留下干的炭化残留物,再将载有残留物的坩埚移入(550±25) ℃马弗炉中,微启炉门通入足量的空气使炭氧化,直至炭完全氧化成为净灰为止。从炉膛中取出盛灰的坩埚,冷却。加入 5 mL 1∶1 HCl 溶液和 5 mL 水,置于水浴上加热溶解并将溶液蒸发至 1～2 mL(若试液

---

① 如果试液中铁含量较高,可用稍大浓度的铁标准使用液绘制工作曲线[但按本通用方法规定,定容后显色溶液中铁含量最高上限为 500 $\mu g \cdot (100\ mL)^{-1}$]。亦可通过减少或增加试样制备试液取量使其处于工作曲线范围之内(实测过程一般应先绘制工作曲线,后进行试液测定)。

② 这里给出了三种不同物料中 Fe 含量测定的试样分解与试液制备方法,可任选其一用于课堂实测。

呈橘黄色，表明有大量铁存在，需补加5 mL1∶1 HCl溶液如上法操作）。用适量水稀释试液，定量过滤于50 mL容量瓶中，用水洗涤几次，洗液也一并转移至该瓶中，稀释至标线，混匀。同时做空白试验。

(3) 石灰石试样试液的制备：准确称取0.15～0.2 g石灰石试样，置于铂坩埚中，加入2 g混合熔剂、混匀，再覆盖1 g混合熔剂，盖上坩埚盖并留一缝隙，移入马弗炉中，由低温升至950 ℃，保持10 min，取出坩埚，冷却。将坩埚置于200 mL烧杯中，加40 mL热水，15 mL 1∶1 HCl溶液，低温加热浸出熔融物，用水洗出坩埚。继续加热至试液清亮，冷却至室温，定量转移至100 mL容量瓶中，用水稀释至标线，混匀。同时做空白试验。

3. 试液的显色

按选定实测物料，量取上述尿素制备液20.00 mL（橡胶制备液、石灰石制备液各为10.00 mL），置于100 mL容量瓶中，用水（或1∶1 $NH_3 \cdot H_2O$、1∶1 HCl溶液）稀释至60 mL左右且调整试液pH为2（用精密pH试纸检查），加1 mL 100 $g \cdot L^{-1}$抗坏血酸溶液、20 mL $CH_3COOH-CH_3COONa$缓冲溶液和10 mL 1 $g \cdot L^{-1}$ 1,10-菲咯啉溶液，用水稀释至标线，混匀。平行实验同时同量处理。

4. Fe含量的测定

(1) 试样中Fe含量的测定：将上述显色试液放置15 min后，取部分试液于适宜光程的比色皿中，以水为参比，在分光光度计上，于波长510 nm处，测定其吸光度。

减去空白试验吸光度，从工作曲线上查得相应的Fe含量，计算试样中Fe的质量分数。

(2) 工作曲线的绘制：准确量取10 $\mu g \cdot mL^{-1}$ Fe^{2+}标准使用液0.00 mL、1.00 mL、2.00 mL、4.00 mL、6.00 mL、8.00 mL、10.00 mL，分别置于100 mL容量瓶中，按上述3和4有关步骤：将溶液的体积及pH调定后，各加1 mL 100 $g \cdot L^{-1}$抗坏血酸溶液、20 mL $CH_3COOH-CH_3COONa$缓冲溶液和10 mL 1 $g \cdot L^{-1}$1,10-菲咯啉溶液，用水稀释至标线，混匀；放置15 min后，取部分试液于适宜光程的比色皿中，以水为参比，在分光光度计上，于波长510 nm处，测定其吸光度。减去试剂空白吸光度，绘制出相应的工作曲线。

附　　注

1. 本实验等效采用GB/T 3049—2006有关内容，该标准是工业用化工产品铁含量测定的通用方法。

2. 本实验所涉及的尿素、橡胶和石灰石“试样分解与试液制备”，分别参照采用《尿素的测定方法　第4部分：铁含量　邻菲啰啉分光光度法》（GB/T 2441.4—2010）《橡胶中铁含量的测定　1,10菲啰啉光度法》（GB/T 11202—2003）及《橡胶　灰分的测定　第1部分：马弗炉法》（GB/T 4498.1—2013）《橡胶　灰分的测定　第2部分：热重分析法》（GB/T 4498.2—2017）和《化工用石灰石中二氧化硅含量的测定　钼蓝分光光度法》（GB/T 15057.5—1994）相关内容。

思 考 题

1. 如何正确选用和使用比色皿？

2. 溶液显色时，加入抗坏血酸溶液（有时也用盐酸羟胺溶液）的作用是什么？

3. 在本实验的显色与测定过程中，加入的哪些试剂（液）必须准确？哪些试剂（液）需要过量？
4. 实验中选用水为参比溶液，是否可用空白试液或试剂空白溶液直接作为参比溶液？
5. 绘制工作曲线时，坐标分度大小应如何选择才能保证读出测量值的全部有效数字？

实验二十　钢铁或合金中镍含量的测定（萃取分离－分光光度法）

一、目的

1. 掌握萃取分离的基本操作技术。
2. 了解用分光光度法测定低镍含量试样的原理和方法。

二、原理

试样用酸溶解，以柠檬酸铵掩蔽 Fe，加丁二酮肟与 Ni^{2+} 生成丁二酮肟镍，用 $CHCl_3$（氯仿）将丁二酮肟镍萃取到有机相中，从而与 Cu、Co、Mn 等元素分离，然后用稀 HNO_3 溶液从有机相中将 Ni 反萃取到水相中，最后控制溶液在碱性介质中，以 $(NH_4)_2S_2O_8$ 溶液为氧化剂，使 Ni^{2+} 与丁二酮肟再度显色，在 465 nm 波长下进行比色测定。

测定范围为 0.010%～0.50%。所取试液中锰量小于 25 mg、钴量小于 15 mg、铜量小于3.5 mg，不干扰测定。

三、仪器和试剂

1. 分光光度计。
2. 分液漏斗。
3. 100 $\mu g \cdot mL^{-1}$ Ni^{2+} 贮备液。
4. 1%丁二酮肟乙醇溶液。
5. 2∶3 HNO_3 溶液，1∶20 HNO_3 溶液。
6. $HClO_4$。
7. 20%柠檬酸铵溶液。
8. 0.1%溴麝香草酚蓝溶液。
9. 1∶30 $NH_3 \cdot H_2O$。
10. $CHCl_3$。
11. 30%酒石酸钠溶液。
12. 10% NaOH 溶液。
13. 4% $(NH_4)_2S_2O_8$ 溶液。

四、步骤

1. 100 $\mu g \cdot mL^{-1}$ Ni^{2+} 贮备液制备

准确称取 0.1 g 纯镍（含镍质量分数在 99.99%以上），置于 150 mL 锥形瓶中，加

20 mL 2∶3 HNO_3 溶液，加热溶解后，冷却至室温，定量移入 1 L 容量瓶中，用水稀释至标线，混匀。

10 μg·mL^{-1} Ni^{2+} 标准使用液可量取此贮备液 20.0 mL 置于 200 mL 容量瓶中，加 4 mL 2∶3 HNO_3 溶液，用水稀释至标线，混匀制得。

2. 试样溶解与试液制备

准确称取 0.1 g 试样，置于 150 mL 锥形瓶中，加 3 mL 2∶3 HNO_3 溶液，加热溶解，加 2～3 mL $HClO_4$，蒸发至冒 $HClO_4$ 烟氧化 Cr^{3+} 为六价，稍冷。加 5 mL 水溶解盐类，加 10 mL 20% 柠檬酸铵溶液，加 2～3 滴 0.1% 溴麝香草酚蓝溶液，然后滴加 1∶30 $NH_3·H_2O$ 至试液呈深绿色，再多加 10 滴，加 10 mL 1% 丁二酮肟乙醇溶液，流水冷却。同时做空白试验。

3. 萃取丁二酮肟镍

将上述试液定量移入 100 mL 分液漏斗中，使其体积为 30 mL 左右，加 10 mL $CHCl_3$，振荡 1 min，静置分层。将有机相移入另一个分液漏斗中；在水相（萃余相）中加 5 mL $CHCl_3$，振荡 30 s，静置分层。合并有机相，弃去水相。向合并后的有机相中，加 10 mL 1∶30 $NH_3·H_2O$，振荡 1 min，静置分层。将有机相移入另一个分液漏斗中；在水相中加 5 mL $CHCl_3$，振荡 30 s，静置分层。合并有机相，弃去水相。

4. 解离丁二酮肟镍

向上述合并后的有机相中，加 5 mL 1∶20 HNO_3 溶液，振荡 1 min，静置分层。将有机相移入另一个分液漏斗中，续加 5 mL 1∶20 HNO_3 溶液，重复振荡有机相 1 次，静置分层。弃去有机相，合并两水相试液收集于 150 mL 锥形瓶中。

5. 重新显色

将锥形瓶中水相试液蒸发至体积约为 5 mL，冷却后定量转移至 50 mL 容量瓶中，加 2 mL 30% 酒石酸钠溶液、5 mL 10% NaOH 溶液、2 mL 1% 丁二酮肟乙醇溶液和 5 mL 4% $(NH_4)_2S_2O_8$ 溶液（每加一种试剂后均要摇匀，最终试液呈红色），用水稀释至标线，混匀。平行实验同时同量处理。

6. Ni 含量的测定

(1) 试样中 Ni 含量的测定。将上述显色试液放置 15 min 后，取部分试液于 2 cm 比色皿中，以水为参比，在分光光度计上，于波长 465 nm 处，测定其吸光度。

减去空白试验吸光度，从工作曲线上查得相应的 Ni 量，计算试样中 Ni 的质量分数。

(2) 工作曲线的绘制。准确量取 10 μg·mL^{-1} Ni^{2+} 标准使用液 0.00 mL、2.00 mL、4.00 mL、6.00 mL、8.00 mL、10.00 mL，分别置于 50 mL 容量瓶中，按上述 5 和 6 有关步骤测定其吸光度。减去试剂空白吸光度，绘制出相应的工作曲线。

附　注

本实验等同采用《钢铁及合金　镍含量的测定　丁二酮肟分光光度法》(GB/T 223.23—2008)相关内容，该标准还适用于生铁、碳素钢、合金钢和精密合金中低含量镍的测定。

思考题

1. 如何理解萃取、反萃取和萃取相、萃余相两组概念?

2. 实验中两次加入 5 mL 1∶20 HNO_3 溶液的主要作用是什么?

3. 试样溶解并调定试液酸度后,加入 10 mL 1%丁二酮肟乙醇溶液(过量),主要目的是什么? 为什么需要过量加入?

实验二十一 芳香族未知物的测定(紫外分光光度法)

一、目的

1. 能绘制紫外吸收光谱曲线,对未知化合物进行定性判断。
2. 能用标准曲线法对有机化合物进行定量分析。

二、原理

1. 定性鉴定

具有不饱和结构的有机化合物,如芳香族化合物,在紫外区(200～400 nm)有特征吸收峰,即不同的有机化合物具有不同的吸收光谱,因此根据紫外吸收光谱中特征吸收峰的波长和强度可以进行物质的定性鉴定。紫外吸收光谱定性的方法是比较未知物与已知标准物质在相同条件下绘制的吸收光谱,若两光谱图完全相同(包括曲线形状、吸收峰数目、拐点、最大吸收波长 λ_{max}、最小吸收波长 λ_{min} 和最大摩尔吸收系数 ε_{max} 等),表明它们可能是同一有机化合物。

2. 定量分析

紫外分光光度定量分析与可见分光光度定量分析的依据和方法完全相同。定量分析时首先应选择好测定波长和溶剂。通常情况下一般选择 λ_{max} 作为测定波长,若在 λ_{max} 处共存的其他物质也有吸收,则另选摩尔吸收系数 ε 较大,而且共存物质没有吸收的波长作为测定波长。配制合适浓度的标准系列溶液,绘制标准曲线进行试样的定量分析。

三、仪器和试剂

1. 紫外一可见分光光度计。
2. 容量瓶。
3. 吸量管,移液管。
4. 1.000 $mg \cdot mL^{-1}$ 苯甲酸标准贮备溶液。
5. 1.000 $mg \cdot mL^{-1}$ 水杨酸标准贮备溶液。
6. 未知液:质量浓度为 40～60 $\mu g \cdot mL^{-1}$,为给出的两种标准物质中的一种。

四、步骤

1. 试液制备

标准贮备溶液的处理:分别移取 1.00 mL 苯甲酸和水杨酸标准贮备溶液于两个

100 mL容量瓶中,加水定容后摇匀。

未知液的处理:用 10 mL 移液管分别移取 10.00 mL 未知液于两个 100 mL 容量瓶中,加水定容后摇匀,作为试样。

2. 定性分析

以蒸馏水为参比,用 1 cm 石英比色皿于波长在 210～330 nm 范围内,间隔 1 nm 分别测量上述三种溶液的吸光度,绘制相应的吸收光谱曲线。根据吸收光谱曲线的形状、吸收峰个数及波长确定未知液是什么,再根据未知液的吸收光谱曲线确定其最大吸收波长,并作为定量分析时的测量波长。

3. 比色皿配套性检查与校正

配套性检查:将石英比色皿装上蒸馏水,在 220 nm 处以一个比色皿为参比,调节 T 为 100%,测定另一比色皿的透射比,并记录。若两个比色皿偏差小于 0.5%,即第二个比色皿的透射比为 99.5%～100.5%,二者可配成一套使用,否则需要对其进行校正。

校正:在选定的测量波长下,以吸光度小的比色皿作参比,调节 T 为 100%,测定另一个比色皿的吸光度,作为校正值。

4. 绘制标准曲线

根据未知液定性分析结果,选择相应的标准贮备溶液,用移液管移取 10.00 mL 于 100 mL 容量瓶中,加水定容后摇匀,作为标准使用溶液。

分别移取 1.00、2.00、4.00、6.00、8.00 mL 标准使用溶液于 5 个 100 mL 容量瓶中,加水定容后摇匀。

以蒸馏水为参比,在选定的测量波长下依次测定标准系列溶液的吸光度,记录数据,建立回归方程并计算相关系数。

5. 测定待测溶液

测定稀释后的未知液(样品)的吸光度,记录数据,计算溶液浓度。

思 考 题

1. 分子中哪类电子跃迁会产生紫外吸收光谱?
2. 有机化合物有哪几种吸收带?其中哪些是芳烃的特征吸收带?

实验二十二　水中氟化物含量的测定(离子选择电极法)

一、目的

1. 了解用氟离子选择电极测定水中微量氟的原理。
2. 学会使用酸度计或离子计。
3. 掌握用标准曲线法和标准加入法测定水中微量氟的方法。

二、原理

用氟离子选择电极测定水中微量氟的含量,是以测定电极电位为基础的一种简便、快速的分析方法。以氟电极作指示电极、饱和甘汞电极作参比电极，同被测溶液组成工作电池，该电池可用下式表示：

$$\underbrace{Hg, Hg_2Cl_2 | KCl(饱和)}_{甘汞电极} \,\vdots\vdots\, 试液 \underbrace{| LaF_3 | NaF, NaCl | AgCl, Ag}_{氟离子选择电极}$$

该电池的电动势为

$$E = K' - 0.059\,2\ \mathrm{V}\ \lg a_{F^-}$$

式中：K'为包括内外参比电极电位、液接电位和不对称电位等常数。因此通过测量电池电动势可以测出 F^- 的活度。当溶液中总离子强度保持不变时，离子的活度系数为一定值，于是可用浓度代替活度，则上式可写为

$$E = K'' - 0.059\,2\ \mathrm{V}\ \lg c_{F^-}$$

为了保持溶液中总离子强度不变，通常在标准溶液和被测溶液中加入等量的“**总离子强度调节缓冲剂**（TISAB）”。TISAB 使溶液中离子活度系数保持定值，并控制溶液 pH 和消除共存离子的干扰。

当 F^- 浓度在 $1 \sim 10^{-6}\ \mathrm{mol \cdot L^{-1}}$ 范围内时，氟电极电位与 pF（F^- 浓度的负对数）呈线性关系，可用标准曲线法或标准加入法进行测定。

氟电极对溶液中 F^- 的响应，受 pH 的影响。当 pH 过低时，溶液中部分 F^- 与 H^+ 生成 HF 或 HF_2^-，从而降低 F^- 浓度；当 pH 过高时，溶液中部分 OH^- 与 LaF_3 单晶中 F^- 发生交换作用，使溶液中的 F^- 浓度增加。氟离子选择电极测定 F^- 溶液的 pH 范围为 5～7.5。

三、仪器和试剂

1. pHS—2F 型酸度计，氟电极与饱和甘汞电极，磁力搅拌器。

2. $0.1\ \mathrm{mol \cdot L^{-1}}$ 氟标准溶液（准确称取已于 120 ℃烘干至恒重的优级纯 NaF 4.2 g，用重蒸水溶解并定容为 1 L，摇匀，贮存于聚乙烯塑料瓶中）。

3. 总离子强度调节缓冲剂（称取柠檬酸钠 58.5 g 和 KNO_3 20.2 g，溶于少量蒸馏水之中，再加入约 800 mL 蒸馏水，以 1∶2 HCl 溶液或 10% NaOH 溶液调节溶液的 pH 为 6.5，并稀释至1 L）。

4. 1∶10HNO_3 溶液。

四、步骤

1. 氟电极的准备

氟电极在使用前，宜在纯水中浸泡数小时或过夜。再用去离子水洗至空白电位约为 300 mV。电极晶片勿与坚硬物碰擦。晶片上如沾有油污，用脱脂棉依次以酒精、丙酮轻拭，再用去离子水洗净。连续使用期间的间隙内，电极可浸泡在水中；若长期不用，则电极应风干后保存。

2. 标准曲线法

（1）由 $0.1\ \mathrm{mol \cdot L^{-1}}$ F^- 标准溶液逐渐稀释配制成 $10^{-2} \sim 10^{-6}\ \mathrm{mol \cdot L^{-1}}$ 的系列 F^- 标

准溶液。

(2) 用移液管按由稀至浓的顺序量取 10^{-6}～10^{-1} mol·L^{-1} F^- 标准溶液各25.00 mL，分别放入 50 mL 容量瓶中，用TISAB稀释至标线，混匀。

(3) 将上述溶液分别倒入干燥的 50 mL 塑料烧杯中。

(4) 向上述烧杯中加入洁净的搅拌子，插入电极，连接 pHS—2F 型酸度计线路，按由稀到浓的顺序测出不同 F^- 浓度的电位值，记下读数。在每次测定之后，需将电极冲洗并充分擦干。

(5) 以测得的电位 E 为纵坐标，以 F^- 的浓度为横坐标，在半对数坐标纸上绘 $E-c_{F^-}$ 图，即得标准曲线。

(6) 量取水样 25.00 mL 于 50 mL 容量瓶中，用总离子强度调节缓冲剂稀释至标线，混匀，测定电位值。

(7) 从标准曲线上查出 c_{F^-}，并计算水样中氟离子浓度(以 mol·L^{-1}表示)。

3. 标准加入法

标准加入法是先测定试液的电位 E_1，然后将一定量标准溶液加入此试液中，再测定其电位 E_2，根据下式计算氟含量：

$$c_{F^-}=\frac{\Delta c}{10^{(E_2-E_1)/S}-1}$$

式中：Δc 为增加的 F^- 浓度；S 为电极响应斜率，即标准曲线的斜率，又叫作**级差**(浓度改变 10 倍所引起的电位 E 值的变化)。在理论上，$S=\frac{2.303RT}{nF}$(25 ℃，$n=1$ 时，$S=$ 59 mV/pF)，与实际测定值常有出入，因此最好进行测定，以免引入误差。测定的最简便方法是借稀释一倍的方法以测定实际响应斜率，即测出 E_1 和 E_2 后的溶液，用空白溶液稀释一倍，然后再定其电位 E_3，则电极在试液中实际响应斜率为

$$S=\frac{E_2-E_3}{\lg 2}=\frac{E_2-E_3}{0.301}$$

测定步骤如下：

(1) 量取 25.00 mL 水样于 50 mL 容量瓶中，用 10% NaOH 溶液和 1∶10 HNO_3 溶液调节至 pH 为 5～6，加入总离子强度调节缓冲剂 10 mL，用去离子水稀释至标线，混匀，全部转入干燥的塑料烧杯中，测定其电位 E_1。

(2) 向待测试液中准确加入 1.00 mL 0.1 mol·L^{-1}的氟标准溶液，混匀，继续测定其电位 E_3。

(3) 用空白溶液加到上面测定 E_2 的试液中，稀释一倍，混匀，测定其电位 E_3。

(4) 计算水样中氟离子的浓度(以 mol · L^{-1}表示)。

五、拓展内容

全班分几个大组，探讨“含氟牙膏”中氟含量应当如何进行测定，并课后查阅 GB/T 8372—2017 进行比较。

思 考 题

1. 用氟电极测定 F^- 浓度的原理是什么？

2. 用氟电极测得的是 F^- 的浓度还是活度？如果要测定 F^- 的浓度，应该怎么办？

3. 氟电极在使用前应怎样处理？达到什么要求？

4. 何谓总离子强度调节缓冲剂？它有什么作用？

5. 在加入总离子强度调节缓冲剂前，为什么要先加入溴甲酚绿指示剂，并加 NaOH 溶液和 HNO_3 溶液进行调节？

6. 试比较标准曲线法和标准加入法的优缺点和应用条件。用此两种方法所测得的结果有无差异？

7. 用普通坐标纸和半对数坐标纸所作的标准曲线是否一样？为什么？

实验二十三　氯化物中氯含量的测定(电位滴定法)

一、目的

1. 掌握电位滴定操作技术。
2. 掌握电位滴定确定滴定终点的方法。

二、原理

在酸性水溶液中，以银电极为测量电极，甘汞电极为参比电极，用硝酸银标准滴定溶液滴定，借助于电位突跃确定滴定终点。

三、仪器和试剂

1. 离子计或精密酸度计：量程为－500～＋500 mV。

2. 测量电极：银电极或用具有硫化银涂层的银电极(选用依据见本实验附注 2)。

3. 参比电极：双液接型饱和甘汞电极，内充饱和氯化钾溶液，滴定时外套管内盛饱和硝酸钾溶液。

4. 微量滴定管：分度值为 0.02 mL 或 0.01 mL。

5. 0.1 mol·L^{-1}氯化钠标准溶液。

6. 0.1 mol·L^{-1}硝酸银标准滴定溶液。

7. 0.1％溴酚蓝指示剂(乙醇溶液)。

8. 2∶3 硝酸溶液。

9. 95％乙醇溶液。

10. 200 g·L^{-1}氢氧化钠溶液。

四、步骤

1. 0.1 mol·L^{-1}氯化钠标准溶液和硝酸银标准滴定溶液的配制与标定

(1) 0.1 mol·L^{-1}氯化钠标准溶液的制备：准确称取 2.95 g 已于 500～600 ℃下烘干

至恒重的基准氯化钠，置于烧杯中，加水溶解后，移入 500 mL 容量瓶中，用水稀释至标线，混匀。

0.01 $mol\cdot L^{-1}$、0.005 $mol\cdot L^{-1}$、0.001 $mol\cdot L^{-1}$或其他浓度的氯化钠标准溶液，可由 0.1 $mol\cdot mL^{-1}$氯化钠标准溶液经稀释后制得。

(2) 0.1 $mol\cdot L^{-1}$硝酸银标准滴定溶液的配制：见本书 4.3.4 中"1."有关内容。

0.01 $mol\cdot L^{-1}$、0.005 $mol\cdot L^{-1}$、0.001 $mol\cdot L^{-1}$或其他浓度的硝酸银标准滴定溶液，可由 0.1 $mol\cdot L^{-1}$硝酸银标准滴定溶液经稀释后制得。

(3) 硝酸银标准滴定溶液的标定：量取 5.0 mL 或 10.00 mL 选定浓度的氯化钠标准溶液置于 50 mL 烧杯中，加 1 滴 0.1%溴酚蓝指示剂，滴加 2∶3 硝酸溶液，使溶液恰呈黄色，再加 15 mL 或 30 mL 95%乙醇溶液，放入电磁搅拌子。将烧杯置于电磁搅拌器上，开动搅拌器，把测量电极和参比电极插入试液中，连接离子计或精密酸度计接线，调整其零点，记录起始电位值。

用与氯化钠标准溶液浓度相对应的硝酸银标准滴定溶液进行滴定，先加入 4 mL 或 9 mL，再逐次加入一定体积的浓度为 0.01 $mol\cdot L^{-1}$(0.005 $mol\cdot L^{-1}$、0.001 $mol\cdot L^{-1}$)的硝酸银标准滴定溶液，每次加入量分别为 0.05 mL、0.1 mL 或 0.2 mL(必要时可适当增加)，记录每次加入硝酸银标准滴定溶液后的总体积及相对应的电位值 E，计算出连续增加的电位值 ΔE_1 和 ΔE_1 之间的差值 ΔE_2。ΔE_1 的最大值即为滴定的终点，终点后再继续记录一个电位值 E(记录格式详见本实验附注 1)。

标定 0.1 $mol\cdot L^{-1}$硝酸银标准滴定溶液时，应量取 25.00 mL 0.1 $mol\cdot mL^{-1}$氯化钠标准溶液，加入 2 mL 2∶3 硝酸溶液。在水溶液中进行，其他操作与上述步骤相同。

滴定至终点所消耗的硝酸银标准滴定溶液体积(V)按下式计算：

$$V=V_0+\frac{V_1\times b}{B}$$

式中：V_0 为电位增量值 ΔE_1 达最大值前所加入硝酸银标准滴定溶液体积，mL；V_1 为电位增量值 ΔE_1 达最大值前最后一次所加入硝酸银标准滴定溶液体积，mL；b 为 ΔE_2 最后一次正值；B 为 ΔE_2 最后一次正值和第一次负值的绝对值之和(详见本实验附注 1)；V 为滴定时消耗的硝酸银标准滴定溶液的体积，mL。

硝酸银标准滴定溶液的浓度(c)按下式计算：

$$c=\frac{c_0V_2}{V}$$

式中：c_0 为所取氯化钠标准溶液的浓度，$mol\cdot L^{-1}$；V_2 为所取氯化钠标准溶液的体积，mL。

2. 试液制备

准确称取适量的试样用合适的方法处理或量取经预处理后的适量试液，置于烧杯中，加 1 滴 0.1%溴酚蓝指示剂，用 200 $g\cdot L^{-1}$氢氧化钠溶液或 2∶3 硝酸溶液调节溶液的颜色恰呈黄色，移入适当大小的容量瓶中，加水至标线，混匀，此试液为溶液 A(氯离子质量浓度为 1.0～1.5×10^3 $mg\cdot L^{-1}$)。

3. 滴定

准确量取一定体积的溶液 A(氯含量为 0.01～75 mg)，置于 50 mL 烧杯中，加 95%

乙醇溶液使其与所量取溶液 A 的体积之比为 3∶1,总体积不大于 40 mL(当所用的硝酸银标准滴定溶液的浓度大于 0.02 $mol \cdot L^{-1}$时可不加 95%乙醇溶液)。放入电磁搅拌子,将烧杯置于电磁搅拌器上,开动搅拌器,把测量电极和参比电极插入试液中,调整离子计或精密酸度计零点,记录起始电位值。

用适当浓度的硝酸银标准滴定溶液进行滴定,每次加入量分别为 0.05 mL、0.1 mL 或0.2 mL(必要时可适当增加),记录每次加入硝酸银标准滴定溶液后的总体积及相对应的电位值 E,计算出连续增加的电位值 ΔE_1 和 ΔE_1 之间的差值 ΔE_2。ΔE_1 的最大值即为滴定的终点,终点后再继续记录一个电位值 E。同时进行空白试验。

以质量分数表示的氯化物(以 Cl 计)含量 x 按下式计算:

$$x=\frac{(V_3-V_4)c\times 0.03545}{m}\times 100\%=\frac{c(V_3-V_4)\times 3.545}{m}\%$$

式中:c 为硝酸银标准滴定溶液的浓度,$mol \cdot L^{-1}$;V_3 为滴定所消耗的硝酸银标准滴定溶液的体积,mL;V_4 为空白滴定所消耗的硝酸银标准滴定溶液的体积,mL;m 为待滴定试样的质量,g;0.03545 为与 1.00 mL 硝酸银标准滴定溶液[$c(AgNO_3)$= 1.000 $mol \cdot L^{-1}$]相当的以 g 为单位的氯化物(以 Cl 计)的质量。

附 注

1. 试验记录格式举例(见下表)。

硝酸银标准滴定溶液的体积/mL	电位值 E/mV	ΔE_1/mV	ΔE_2/mV
4.80	176	35	+37
4.90	211	72	
5.00	283	23	−49
5.10	306	13	−10
5.20	319	11	−2
5.30	330		

$$V=\left(4.90+\frac{0.10\times 37}{37+49}\right)\ mL=4.94\ mL$$

说明:第一、二栏分别记录所加入的硝酸银标准溶液的总体积和对应的电位值 E。第三栏记录连续增加的电位值 ΔE_1,第四栏记录增加的电位值 ΔE_1 之间的差值 ΔE_2,此差值有正有负。

2. 标准溶液及电极种类的选择。

试液中氯化物(以 Cl 计)的含量和建议采用的标准溶液浓度及测量电极的种类如下。

所取试液中 Cl 含量/($mg \cdot L^{-1}$)	选用标准溶液($AgCO_3$ 和 KCl)的质量浓度/($mg \cdot L^{-1}$)	选用测量电极的种类
1~10	0.001	$Ag-Ag_2S$
10~100	0.005	$Ag-Ag_2S$
100~250	0.01	$Ag-Ag_2S$
250~1500	0.1	Ag

思 考 题

1. 本实验为什么用双盐桥饱和甘汞电极作参比电极？如果用 KCl 盐桥的饱和甘汞电极作参比电极对测定结果有什么影响？

2. 通过本实验能体会到电位滴定法的哪些优点？

实验二十四　人发中锌含量的测定(火焰原子吸收光谱法)

一、目的

1. 了解生物试样的采集、处理与分解操作技术。
2. 掌握溶剂萃取分离富集技术在分析领域中的具体应用。
3. 掌握用原子吸收光谱法测定低锌含量试样的原理和方法。

二、原理

锌能参与人体内 70 多种酶的合成，是人体生长发育的必需元素之一，并直接影响着人体的营养、免疫和维生素的代谢等。健康人体头发中锌含量的正常值通常为 90～190 μg·g^{-1}(90～190 mg·kg^{-1})，一般不低于 70 μg·g^{-1}。人发中锌的测定可衡量人体中微量元素锌是否正常。

本实验采用火焰原子吸收光谱计测定人发中的锌含量，利用甲基异丁基酮(MIBK)作萃取剂(本身也为萃取溶剂)，在适当酸度的 HCl 介质中，Zn^{2+} 与 Cl^- 形成配位阴离子，MIBK 与 H^+ 形成鎓离子，两者共同构成离子缔合物三元萃取体系。有关化学反应式如下：

$$HCl \Longrightarrow H^+ + Cl^-$$

$$R_2O + H^+ \Longrightarrow R_2OH^+ \text{(MIBK 鎓离子)}$$

$$Zn^{2+} + 4Cl^- \Longrightarrow ZnCl_4^{2-}$$

$$2R_2OH^+ + ZnCl_4^{2-} \Longrightarrow (R_2OH)_2 \cdot ZnCl_4$$

干扰离子(如 Fe^{3+} 等)，可通过加入 KI 和抗坏血酸等予以掩蔽。

三、仪器和试剂

1. 火焰原子吸收光谱计。
2. 电烘箱。
3. 加压溶弹(图 7.1)。
4. 高温炉(马弗炉)。
5. 镍坩埚。
6. 具塞试管。
7. 1 mg·mL^{-1} Zn^{2+} 贮备液。

8. HNO_3，2∶1 HNO_3 溶液，0.1 mol·L^{-1} HNO_3 溶液。

9. $HClO_4$。

10. 1∶1 HCl 溶液，1∶100 HCl 溶液。

11. 2 mol·L^{-1} KI 溶液。

12. 抗坏血酸(固体)。

13. 甲基异丁基酮(MIBK)。

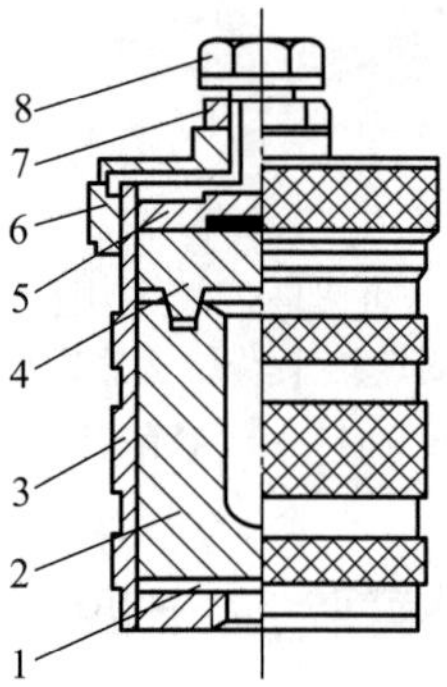

1—底垫；2—聚四氟乙烯杯；3—加压溶弹主体；4—聚四氟乙烯杯盖；5—压垫；6—加压溶弹主体盖；7—锁紧螺母；8—压紧螺栓

图 7.1　加压溶弹示意图

四、步骤

1. 1 mg·mL^{-1} Zn^{2+} 贮备液制备

准确称取 1.0 g 纯锌(含 Zn 质量分数在 99.99%以上)，置于 100 mL 烧杯中，用20 mL 1∶1 HCl 溶液溶解，冷却至室温，定量移入 1 L 容量瓶中，用水稀释至标线，混匀。

其他 Zn^{2+} 标准使用液可由此贮备液经 1∶100 HCl 溶液稀释后制得。

2. 试样预处理

取受试者枕部头发(女性一般采集短发)1 g，置于 100 mL 烧杯中，加温水及适量中性洗涤剂，充分搅拌后浸泡 3～5 min，用自来水冲洗至无泡沫，再用纯水冲洗 5 次，淋干后放在表面皿上置于电烘箱中烘干，取出冷却后剪碎至大约 1 cm 长，放入干燥器内备用。

3. 试样分解与试液制备

溶弹法消化：准确称取 0.4 g 备用发样，置于聚四氟乙烯内杯中，加 6 mL 2∶1 HNO_3 溶液，依次盖好内盖、外盖，密封后放入电烘箱中升温至 130 ℃，恒温消化 2～3 h，冷却后打开溶弹检查消解情况(此时试液中不应有黑色残留物存在)。将试样消化液定量转入 25 mL 容量瓶中，用少量水数次洗涤坩埚，洗涤液一并转移到该容量瓶中，最后稀释至标线，混匀备用。

若无加压溶弹装置，亦可采取如下方法分解发样：准确称取 0.8 g 备用发样，置于镍坩埚中，再将载发坩埚移入马弗炉中，从低温逐渐升温至 500 ℃灰化。取出冷却，用少量水润湿，加3 mL HNO_3、0.5 mL $HClO_4$，放在电炉或电热板上在通风橱中加热消化，直到 $HClO_4$ 烟冒尽为止。用 1.5 mL 1∶1 HCl 溶液浸取，将浸取试液定量转入 25 mL 容量瓶中，用少量水数次洗涤坩埚，洗涤液一并转移到该容量瓶中，最后稀释至标线，混匀备用。

4. 缔合物形成与萃取

量取溶弹消化液 10.00 mL(或干法灰化-湿法消化浸取液 5.00 mL)，置入 50 mL 具塞试管中，加 2 mL HCl 溶液、2 mL 2.0 mol·L^{-1} KI 溶液和 0.2 g 抗坏血酸，摇匀。加 10.0 mL MIBK 试剂，充分振荡、萃取 3～5 min，静置分层。保留有机相，待测。

5. Zn 含量的测定

(1) 试样中 Zn 含量的测定：将有机相喷入空气-乙炔氧化型火焰中，在波长 213.8 nm、灯电流 7.5 mA 下，测定其吸光度。

(2) 工作曲线的绘制：准确量取 10 μg·mL^{-1} Zn^{2+} 标准使用液0.00 mL、1.00 mL、

2.50 mL、5.00 mL、7.50 mL、10.00 mL，分别置于 50 mL 容量瓶中，用 0.1 mol·L^{-1} HNO_3 溶液稀释至标线，混匀。从中各量取 10.00 mL 置入 50 mL 具塞试管中，然后按上述 4 后续步骤：各加 2 mL HCl 溶液、2 mL 2.0 mol·L^{-1} KI 溶液和 0.2 g 抗坏血酸，摇匀。再各加 10.0 mL MIBK 试剂，充分振荡、萃取 3～5 min，静置分层。最后按上述 5 (1)仪器工作条件测定其吸光度，绘制出相应的工作曲线。

附　注

1. 本实验参照采用《橡胶中锌含量的测定　原子吸收光谱法》(GB/T 4500—2003)有关仪器工作条件。

2. 为使测定的结果更为准确，应进行有关空白试验校正。

思 考 题

1. 如何理解萃取剂与萃取溶剂的区别？萃取剂与显色剂又有什么区别？

2. 本实验以甲基异丁基酮作为 Zn 的萃取剂和萃取溶剂，在 HCl 溶液介质中形成三元离子缔合物，萃取并测定物料中的 Zn 含量，若不用此类萃取体系来测定 Zn 的含量，是否可行？

实验二十五　食品中铅含量的测定(石墨炉原子吸收光谱法)

一、目的

1. 熟悉有机试样的预处理与分解操作技术。

2. 掌握用原子吸收光谱法测定低铅含量试样的原理和方法。

二、原理

铅是一种蓄积性的有害元素。为控制人体铅的摄入量，《食品安全国家标准　食品中污染物限量》(GB 2762—2022)中规定，豆类、肉类、水果中的铅含量(以 Pb 计)应分别不大于0.2 mg·kg^{-1}、0.2 mg·kg^{-1}、0.1 mg·kg^{-1}。食品中铅的测定，可采用原子吸收光谱法、分光光度法(比色)①、氢化物原子荧光光谱法和极谱法等，本实验主要使用石墨炉原子吸收光谱法。

试样经湿法消化、干法灰化或溶弹消化分解后，注入原子吸收分光光度计石墨炉中，铅电热原子化后吸收 283.3 nm 共振线，在一定浓度范围内，其吸光度与 Pb 含量成正比，本法检出限为 5 μg·kg^{-1}。

三、仪器和试剂

1. 石墨炉原子吸收分光光度计。

① 由于二硫腙比色法的检出限仅为 0.1 mg·kg^{-1}，故对试样中 Pb 含量低的试样，宜将二硫腙铅用 $CHCl_3$ 萃取富集后再测定。

2. 微量注射器。

3. 破碎机。

4. 标准筛。

5. 打浆机。

6. 高温炉(马弗炉)。

7. 电烘箱。

8. 溶弹(见实验二十四图 7.1)。

9. 1 $mg \cdot mL^{-1}$ Pb^{2+}贮备液。

10. HNO_3-HClO_4 混合酸 (HNO_3 和 $HClO_4$ 的体积比为 4∶1)。

11. HNO_3,1∶1 HNO_3 溶液,1 $mol \cdot mL^{-1}$ HNO_3 溶液。

12. $(NH_4)_2S_2O_8$(固体)。

13. 35%过氧化氢。

四、步骤

1. 1 $mg \cdot mL^{-1}$ Pb^{2+}贮备液制备

准确称取 1.0 g 纯铅(含 Pb 质量分数在 99.99%以上),置于锥形瓶中,分次加少量 1∶1 HNO_3 溶液(总量不超过 37 mL),加热溶解,冷却至室温,定量移入 1 L 容量瓶中,用水稀释至标线,混匀。

其他 Pb^{2+}标准使用液可由此贮备液经 1 $mol \cdot L^{-1}$ HNO_3 溶液稀释后制得。

2. 试样预处理

(1) 粮食、豆类去杂物后,破碎、磨细,过 20 目筛。

(2) 肉类、水果、蔬菜、鱼类及蛋类等水分含量高的鲜样,打成匀浆。

3. 试样分解与试液制备(可任选其一)

(1) 湿法消化:准确称取 1～5 g 试样(根据铅含量而定),置于锥形瓶中,加 10 mL HNO_3-HClO_4 混合酸,加盖浸泡过夜。向锥形瓶中加数粒玻璃珠,上置一小漏斗,在电炉或电热板上消化。若试液为棕黑色,再加适量混合酸,直至冒白烟,使消化液呈无色透明或略带黄色。放冷后,将消化液洗入或过滤入(视试液中盐分而定)10～25 mL 容量瓶中,用水少量多次洗涤锥形瓶,洗涤液合并于容量瓶中稀释至标线,混匀备用。同时做空白试验。

(2) 干法灰化:准确称取 1～5 g 试样(根据铅含量而定),置于瓷坩埚中,加 2～4 mL HNO_3 浸泡 1 h 以上,先在电炉或电热板上小火炭化,冷却后,加 2～3 g $(NH_4)_2S_2O_8$ 盖于上面,继续炭化至不冒烟,移入 500 ℃马弗炉中恒温 2 h,再升温至 800 ℃,保持 20 min,冷却,加 2～3 mL 1 $mol \cdot L^{-1}$ HNO_3 溶液,将浸取液洗入(或过滤入)10～25 mL 容量瓶中,用水少量多次洗涤瓷坩埚,洗液合并于容量瓶中稀释至标线,混匀备用。同时做空白试验。

(3) 溶弹法消化:准确称取 1～5 g 试样(根据铅含量而定,最好为 2 g 以内),置于聚四氟乙烯内杯中,加 2～4 mL HNO_3 加盖浸泡过夜。打开内盖,加 2～3 mL 35%过氧化氢,依次盖好内盖、外盖,放入 120～140 ℃电烘箱中,保持 3～4 h 后,关闭电源,在箱中自然冷却至室温,将消化液洗入(或过滤入)10～25 mL 容量瓶中,用水少量多次洗涤瓷坩埚,洗涤液合并于容量瓶中稀释至标线,混匀备用。同时做空白试验。

4. Pb 含量的测定

(1) 试样中 Pb 含量的测定：量取上述已制备好的试液、空白试液各 10 μL，注入石墨炉中，在波长 283.3 nm，狭缝 0.2～1.0 nm，灯电流 5～7 mA，干燥温度 120 ℃、持续 20 s，灰化温度 450 ℃、持续 15～20 s，原子化温度 1 700～2 300 ℃、持续 4～5 s，背景校正为氘灯情况下，测定其吸光度。

(2) 工作曲线的绘制：量取已配制好的不同浓度的 Pb^{2+} 标准使用液 10.0 $ng\cdot mL^{-1}$、20.0 $ng\cdot mL^{-1}$、40.0 $ng\cdot mL^{-1}$、60.0 $ng\cdot mL^{-1}$、80.0 $ng\cdot mL^{-1}$ 各 10 μL，注入石墨炉中，按上述 4(1)仪器工作条件测定其吸光度。减去试剂空白吸光度，绘制出相应的工作曲线。

在重复条件下获得的两次独立测定结果的绝对差值不得超过算术平均值的 20%。

五、拓展内容

全班分几个大组，探讨用“二硫腙比色法”测定食品中 Pb 含量的试样分解与试液制备方法及具体测定过程。

附　　注

本实验等同采用《食品安全国家标准　食品中铅的测定》(GB 5009.12—2017)相关内容。

思　考　题

1. 火焰原子吸收分光光度计与石墨炉原子吸收分光光度计的测定原理是什么？仪器结构有何不同？

2. 对基体为无机物的试样分解，通常采用什么方法？若测定水样中的 Pb 含量应如何进行试样的分解？

实验二十六　气相色谱流动相速度对柱效的影响

一、目的

1. 熟悉理论塔板数及理论塔板高度的概念和计算方法。
2. 绘制 $H-u$ 曲线，深入理解流动相速度对柱效的影响。

二、原理

在选择好固定液，并制备好色谱柱后，必然要测定柱的效率。表示柱效高低的参数是：理论塔板数 n 和理论塔板高度 H。人们总希望有较多的理论塔板数和很小的理论塔板高度。计算 n 和 H 的一种方法如下：

$$n=5.54\left(\frac{t_r}{W_{\frac{1}{2}}}\right)^2$$

$$H=\frac{L}{n}$$

式中：t_r 为组分的保留时间；$W_{\frac{1}{2}}$ 为半峰宽；L 为柱长。

对气液色谱柱来说，有许多实验参数影响 H 值。但对给定的色谱柱来说，当其他实验参数都确定不变以后，流动相线速度 u 对 H 的影响可由实验测得。将 u 以外的参数视作常数，则 H 与 u 的关系可用简化的范第姆特方程来表示：

$$H=A+\frac{B}{u}+Cu$$

式中：A、B 和 C 为常数。上式中等号右面三项分别代表涡流扩散、纵向分子扩散及两相传质阻力对 H 的贡献。可见，若 u 过小，则将使组分分子在流动相中的扩散加剧；若 u 过大，则组分在两相中的传质阻力会增加。这两种情况均导致柱效下降。因此需找到一个合适的流速，在此流速下，可兼顾分子扩散和传质阻力的贡献，使柱效最高，H 值最小。此流速称为最佳流速（u_{opt}），相应的 H 值称最小理论塔板高度（H_{min}）。

流动相速度可用线速度 u 表示，也可用体积速度表示。线速度可用下式表示：

$$u=\frac{L}{t_0}$$

式中：t_0 为非滞留组分的保留时间，又称死时间。柱后体积速度可用皂膜流量计测量，单位为 $mL \cdot min^{-1}$。

三、仪器和试剂

1. 气相色谱仪。

(1) 使用热导池检测器。

(2) 色谱柱(长 2 m，内径 3 mm)。

(3) 在 6201 担体上涂布 5% 邻苯二甲酸二壬酯。

2. 微量注射器，秒表。

3. 氢气钢瓶。

4. 正己烷。

四、步骤

1. 开启氢气钢瓶和载气稳压阀，使载气（H_2）通入色谱仪。按操作说明书使仪器正常运行，并将有关旋钮及表头指示于下列条件：

柱温及热导池检测器温度：80 ℃。

汽化温度：80 ℃左右。

热导池电流：120 mA。

2. 调节载气流速至某一值，待基线稳定后，注入 0.5 μL 正己烷，同时按下秒表。当色谱峰达到顶端时，停走秒表，记下保留时间。再注入 0.1 mL 空气（非滞留组分），记下保留时间，并用皂膜流量计测定流速。

3. 再分别改变 5 种不同流速（大、中、小均有）。每改变一种流速后，按步骤(2)操作。

4. 实验结束后，按操作说明书关好仪器。

5. 作出 $H-u$ 图，并求出最佳线速度及最小理论塔板高度。

附　注

1. 必须先通入载气，再开电源。否则，会有热导池钨丝被烧毁的危险！实验结束时，应先关掉电源，再关载气。

2. 旋动色谱仪旋钮和阀要缓慢。

3. 使用微量注射器时，必须严格遵守教师的操作要求。

4. 调节流速到最小值进行实验时，可能流量计已无读数显示，此时必须验证柱后应有载气流出。每调整一次流速，必须间隔一定时间，待基线稳定后再进样。

5. 色谱峰过大或过小时，应利用"衰减"旋钮调整。

6. 半峰宽的测量请参见理论教材。

思考题

1. 流动相速度过高或过低为什么会使柱效下降？

2. 若载气改为 N_2 后，预测 $H-u$ 曲线的变化，并解释原因。

3. 柱前压力表读数为 0.1 MPa，则柱入口载气压力就是 0.1 MPa 吗？为什么？

实验二十七　工业乙酸酯含量的测定(气相色谱法)

一、目的

1. 掌握气相色谱的进样操作技术。

2. 掌握用归一化法定量测定混合物的方法。

3. 练习校正因子的测定方法。

4. 了解外标法定量测定法。

二、原理

本实验采用填充柱法。

用气相色谱法，在选定的工作条件下，试样经汽化通过填充色谱柱，使其中各组分得到分离，用热导池检测器检测。根据校正面积归一化法，得出乙酸酯和醇的含量，同时可测定出水分。

本方法适用于常见的乙酸酯类产品，包括乙酸甲酯、乙酸乙酯、乙酸正丙酯、乙酸异丙酯、乙酸正丁酯和乙酸异丁酯的检验。

三、仪器和试剂

1. 气相色谱仪。

(1) 检测器：配有热导池检测器。整机灵敏度和稳定性符合《化学试剂　气相色谱法通则》(GB/T 9722—2023)中的有关规定。对于含量为 0.003%的组分所产生的峰信号要大于仪器噪声的 2 倍。

(2) 记录仪:色谱数据处理机或色谱工作站。

(3) 色谱柱及典型色谱操作条件:推荐的填充色谱柱及典型色谱操作条件见表 7.1,其他能达到同等分离程度的色谱柱及操作条件也可使用。色谱柱在首次使用前应进行老化处理,老化方法为 180 ℃下通氮气 24 h。

表 7.1 推荐的填充色谱柱及典型色谱操作条件

试样	乙酸甲酯	乙酸乙酯	乙酸正丙酯	乙酸异丙酯	乙酸正丁酯	乙酸异丁酯
色谱柱条件	不锈钢					
柱长/m	2～3					
柱内径/mm	3～4					
载体与固定液质量比	100∶10					
色谱柱填装量/($g \cdot m^{-1}$)	2.0					
载气	氦气或氢气					
载气流量/($mL \cdot min^{-1}$)	30					
柱温/℃	115	130	145		165	
汽化室温度/℃	180～240					
检测器温度/℃	115	130	145		165	
桥流/mA	120～180					
进样量/μL	1～5					

注:本表操作条件,主要依据《工业乙酸酯类试验方法》(GB/T 12717—2007)。

2. 401 有机担体:0.5～0.18 mm。
3. 聚己二酸乙二醇酯(固定液)。
4. 载气:氢气(体积分数大于 99.9%)。
5. 进样器。

微量注射器(10 μL)。预先经过干燥,置于干燥器中保存、备用。

四、步骤

1. 启动气相色谱仪,按上表所列色谱操作条件调试仪器,稳定后准备进样分析。
2. 用进样器进样分析,处理计算结果。

五、定量方法

校正面积归一化法。当试样的杂质中只有水和醇存在的情况下，也可采用外标法。相对校正因子的测定方法详见本实验附注。

六、结果计算

1. 校正面积归一化法的计算

乙酸酯、醇或水的质量分数为 w_i，数值以百分数表示，分别按下式计算：

$$w_i=\frac{f_iA_i}{\sum f_iA_i}\times 100\%$$

式中：f_i 为待测组分 i 的校正因子；A_i 为待测组分 i 的峰面积；$\sum f_iA_i$ 为各组分的校正峰面积之和。

2. 外标法的计算

乙酸酯、醇或水的质量分数为 w_i，数值以百分数表示，分别按下式计算：

$$w_i=\frac{E_iA_i}{A_E}\times 100\%$$

式中：E_i 为标准试样中组分 i 以百分数表示的质量分数；A_i 为试样中组分 i 的峰面积；A_E 为标准试样中组分 i 的峰面积。

附　注

校正因子的测定

使用清洁、干燥、可以密封的磨口瓶，用准确称量的方法加入一定量的乙酸酯试样（纯度大于99.5%）及待测组分的色谱标准试剂，配制与试样中各组分含量相近的校准用标准试样，按与测定试样相同的试验条件进行测定。

相对校正因子的计算：

各组分相对乙酸酯的校正因子按下式计算：

$$f_i=\frac{A_Sm_i}{A_im_S}$$

式中：A_S 为乙酸酯的峰面积；m_i 为组分 i 的质量；A_i 为组分 i 的峰面积；m_S 为乙酸酯的质量。

思　考　题

1. 什么情况下可以采用归一化法定量？
2. 归一化法对进样量的准确性有无严格要求？
3. 使用热导池检测器时应如何调试仪器至正常工作状态？
4. 为保护热丝，在使用热导池检测器过程中应注意什么？

实验二十八　醇系物的分析(程序升温气相色谱法)

一、目的

1. 掌握程序升温气相色谱的原理及基本操作。
2. 了解毛细管色谱法的特点,掌握氢火焰离子化检测器的基本操作。
3. 学会利用标准物质对照法进行定性,内标法进行定量测定。
4. 掌握色谱工作站的使用方法。

二、原理

用气相色谱法分析混合物试样时,各组分都有一个最佳柱温。对于沸程较宽、组分较多的复杂试样,采用恒定柱温无法获得满意的分离效果。程序升温是指色谱柱的温度按照预定程序连续或分阶段进行升温。采用程序升温技术可使复杂试样中各组分在最佳柱温下流出色谱柱,以改善分离效果,缩短分析时间。本实验采用程序升温方式,用氢火焰离子化检测器分析醇类混合物,用标准物质对照法定性,内标法定量。

三、仪器和试剂

1. SP—6800A 气相色谱仪。

聚乙二醇(PEG－20M)毛细管色谱柱,氢火焰离子化检测器,N2000 色谱工作站,氢气、氮气高压气瓶,全自动空气源。

2. 电子天平。

3. 1 μL 微量注射器。

4. 试样瓶。

5. 标准品。

正丙醇、正戊醇、异戊醇、正丁醇(内标物),均为色谱纯或优级纯。

6. 无水乙醇。

7. 内标液。

准确称取内标物正丁醇 15 g 左右(准确至 0.2 mg)于干燥洁净的 100 mL 容量瓶中,用无水乙醇稀释至刻度,摇匀、备用。

8. 混合标样。

准确称取正丙醇、正戊醇、异戊醇各 1.5 g 左右(准确至 0.2 mg)于干燥洁净的 100 mL容量瓶中,准确加入内标液 10.00 mL,用无水乙醇稀释至刻度,摇匀备用,记录称量结果。

9. 试样溶液。

准确称取一定质量的待测试样(含有正丙醇、正戊醇、异戊醇等)于干燥洁净的 100 mL容量瓶中,准确加入内标液 10.00 mL,用无水乙醇稀释至刻度,摇匀备用,记录称量结果。

四、步骤

1. 气相色谱仪开机和设置色谱条件

气相色谱仪开机，设置实验条件如下。

汽化室温度：180 ℃。

检测器温度：200 ℃。

柱温：初始温度 80 ℃，保持 1 min，然后以 $10℃\cdot min^{-1}$ 的速度升至 120 ℃，保持 1 min。

气体流量：载气 N_2，柱前压 0.1 MPa 左右，分流放空流量为 $30\ mL\cdot min^{-1}$ 左右，吹扫放空流量为 $3\sim5\ mL\cdot min^{-1}$，空气压力 0.1 MPa 左右，H_2 压力为 0.04～0.05 MPa。

FID 衰减：1～4 。

2. 分析方法的编辑

(1) 打开计算机，双击"N2000 在线工作站"，开启色谱工作站，选通道 1。

(2) 编辑实验信息。

3. 进样分析

(1) 单标样分析。

① 取 1 μL 进样器一支，用无水乙醇清洗 15 次以上，备用。

② 将进样器用正丙醇标准溶液清洗 15 次以上，然后准确吸取 0.1 μL 该标准溶液，规范进样，同时点击工作站上的"采集数据"按钮和仪器面板上的"程升"按键。色谱峰出完后，点击工作站上的"停止采集"按钮，记录正丙醇的保留时间，保存谱图，命名为"正丙醇"。平行测定两次。

③ 按同样方法测定正丁醇、正戊醇、异戊醇保留时间，记录数据。

(2) 混合标样分析。将进样器用混合标样清洗 15 次以上，然后准确吸取 0.4 μL 混合标样，按规范进样，平行测定两次，保存谱图，命名为"混合标样 1"和"混合标样 2"。记录各组分的保留时间，计算平均值。与单标样色谱峰的保留时间对比，对混合标样各色谱峰所代表的组分做出定性判断。

(3) 校正因子计算(在线)。

① 点击工作站上"方法"页签，点击屏幕左下方的"组分表"。

② 在弹出的窗口右侧选项中点击"谱图"，在弹出的"打开谱图文件"窗口中，选择"混合标样 1"，点击"确定"。

③ 点击"组分表"，点击"全选"，在表格中输入各峰的峰名(除溶剂乙醇外)，找出内标峰正丁醇，在"内标峰"一列中的正丁醇一栏处点击是否为内标物，选择"是"，在"内标物纯量"处输入正丁醇质量，点击内标物峰序号，拖至首行，点击"采用"按钮，工作站将弹出"提交成功"窗口，点击"OK"。此时窗口右侧的"校正"按钮加亮，点击"校正"，进入校正窗口。

④ 输入标准品含量：点击窗口右侧"组分含量"按钮，在弹出的"组分含量表"中输入内标物正丁醇及其他组分的含量。在"重复次数"中选择"2"，点击"OK"确认。

⑤ 校正：点击"加入标样"，在弹出的对话框中选择"混合标样 1"，点击"确定"，再次点击"加入标样"，在弹出的对话框中选择"混合标样 2"，点击"校正完毕"按钮，在弹出的

窗口右上侧分别选择正丙醇、异戊醇和正戊醇等三个组分的名称,工作站则自动计算出校正因子,并绘出校正曲线。

⑥ 保存方法:点击“另存”按钮,输入文件名,例如“内标法分析醇类混合物”,用以保存校准曲线,以便分析试样用。

(4) 待测试样分析。

① 点击“打开”按钮,找到“内标法分析醇类混合物”方法文件,点击打开,点击工作站上“方法”页签,点击左下角的“积分”页签,在“样品重量”下方输入对应的试样质量,单击“采用”确认。点击工作站上“数据采集”页签,进入数据采集窗口。

② 将进样器用无水乙醇清洗 15 次以上,再用待测试样清洗 15 次以上,然后准确吸取 0.4 μL 待测试样,按规范进样。保存谱图,命名为“待测试样 1”。点击“预览”按钮,即可查看分析结果,平行测定两次。

思 考 题

1. 与恒温色谱法相比,程序升温气相色谱具有哪些优点?

2. 内标法定量有哪些优点?方法的关键是什么?若进样量不准确,会不会影响测定结果的准确度?

实验二十九 混合维生素 E 分析条件的选择(反相 HPLC 法)

一、目的

1. 了解 HPLC 仪器的基本构造和工作原理,学习仪器的基本操作。
2. 学习选择 HPLC 最佳分析条件的方法。

二、原理

维生素 E 为苯丙二氢吡喃醇衍生物。因其在苯环上有一个酚羟基,故此类化合物又称生育酚。维生素 E 主要有 α,β,γ 和 δ 四种异构体,其中又以 α-异构体的生理作用为最强。其天然品为右旋体(d-α),合成品为消旋体(dl-α),一般药用为合成品。《中国药典》中收载为维生素 E,dl-生育酚及其醋酸酯与琥珀酸钙盐、dl-α-生育酚及其醋酸酯与琥珀酸酯。也就是说,通常所说的维生素 E 是一种混合物,除了游离的生育酚和生育酚羧酸酯可能同时存在外,也可能共同存在多种结构异构体,甚至还可能有其他共存有机物。

维生素 E 的分离既可以用反相 HPLC,也可以用正相 HPLC,本实验采用反相 HPLC。反相 HPLC 用的是非极性或弱极性填料分离柱(如 ODS 柱),流动相是极性或比固定相极性强的溶剂(如甲醇、乙醇),试样因在两相中的分配系数的差异而得到分离。极性强的物质在固定相中的保留小。通过本实验主要了解反相 HPLC 流动相组成对维生素 E 分离的影响。基本目标是将α-维生素 E 与其他成分分离。

三、仪器和试剂

1. Agilent—1100 型高效液相色谱仪。

带真空在线脱气机、四元泵、可变波长紫外检测器、柱温箱、手动进样器、Eclipse XDB—C18 色谱柱(4.6 mm×150 mm,5 μm);化学工作站。

2. 超声清洗器。

用于试样溶解、玻璃器皿清洗。

3. 无水乙醇。

4. 流动相。

95∶5(90∶10,85∶15)乙醇水溶液。

5. 混合维生素 E。

用 150 mL 的干净烧杯称取混合维生素 E 100～150 mg,用无水乙醇溶解并定容到 25 mL 容量瓶中(使用时用无水乙醇稀释 5～10 倍)。

6. α-维生素 E 标准。

用无水乙醇配制 1 000 $mg\cdot L^{-1}$ 的 α-维生素 E(使用时用无水乙醇稀释 5 倍)。

四、步骤

(1) 打开工作站电源并启动系统软件,运行“Bootp server”程序。

(2) 打开 Agilent—1100 LC 各单元的电源。

(3) 双击“Instrument on line”图标,实现工作站与色谱仪的通讯。

(4) 把流动相(乙醇和水)放入贮液器(溶剂瓶)中,打开“Purge”阀,单击“Pump”图标,出现参数设定菜单,单击“Set up pump”选项,设“Flow”为 5.0 $mL\cdot min^{-1}$,单击“Pump”图标,单击“Pump control”选项,选中“On”,“OK”,则系统开始“Purge”,直到所有通道无气泡为止。

(5) 单击“Pump”图标,设定泵参数。

(6) 从“Method”菜单中选择“Edit entire method”,编辑完整方法,设置好分析条件及数据处理的有关参数,设定流动相的流速为 1.0 $mL\cdot min^{-1}$,色谱柱温 30 ℃,检测波长 292 nm。

(7) 在“Method”菜单中设定试样参数。

(8) 从“Instrument”菜单选择“System on”。

(9) 基线稳定后,进样混合维生素 E 溶液。注射器用蒸馏水洗 3 次后,再用试样洗 3 次,并注意不要吸入气泡。

(10) 从计算机的显示屏上即可看到试样的流出过程和分离情况。

(11) 将流动相换成 90%乙醇,进样混合维生素 E 试样,重复步骤(6)～(10)的操作。

(12) 将检测波长从 292 nm 变为 220 nm,进样维生素 E 混合试样,重复(6)～(10)步骤的操作。

(13) 进样 α-维生素 E 标准试样,重复步骤(6)～(10)的操作。

(14) 将流动相换成 85%乙醇,进样维生素 E 混合试样,重复步骤(6)～(10)的操作。

(15) 从“View”菜单中进行分析方法的编辑,并打印报告。

(16) 试样分析完后，让流动相继续流动 10～20 min，然后关泵。

(17) 退出化学工作站及其他窗口，用“Shut down”关闭计算机。

(18) 关闭 Agilent—1100 LC 各单元电源。

五、数据处理

(1) 比较用不同浓度乙醇作流动相时混合维生素 E 的分离效果。将不同流动相组成下各色谱峰的保留时间、峰面积和峰高整理成表。

(2) 将 90%乙醇作流动相时两个不同检测波长下各色谱峰的保留时间、峰面积和峰高整理成表。

思　考　题

1. 如果压力指示值突然降低或升高，主要原因和对策是什么？

2. 假设色谱图上最前面的溶剂峰的保留时间为死时间 t_0（死体积对应的时间），计算不同流动相条件下α-维生素 E 的容量因子，并讨论计算结果。

3. 如果用 95%甲醇作流动相，维生素 E 的保留时间比 95%乙醇作流动相大还是小？为什么？

实验三十　茶叶中咖啡因含量的测定（反相 HPLC 法）

一、目的

1. 熟悉高效液相色谱仪的结构及使用方法。
2. 掌握 HPLC 测定咖啡因的方法。

二、原理

咖啡因又称咖啡碱，化学名称为 1,3,7－三甲基黄嘌呤，分子式为 $C_8H_{10}N_4O_2$。咖啡因具有提神醒脑等刺激中枢神经作用，不同茶叶中咖啡因含量约为 2.0%～4.7%。本实验采用反相高效液相色谱法，试样用水提取、氧化镁净化，然后经 C18 色谱柱分离，用紫外检测器检测，外标法定量。

三、仪器和试剂

1. 高效液相色谱仪（带紫外检测器）。
2. 电子天平。
3. 水浴锅。
4. 超声清洗器。
5. 0.45 μm 微孔滤膜。
6. 氧化镁。
7. 甲醇（色谱纯）。
8. 咖啡因标准品（纯度≥99%）。

9. 2.0 mg·mL^{-1}咖啡因标准贮备液。

准确称取 20 mg(精确至 0.1 mg)咖啡因标准品,用甲醇溶解,转移至 10 mL 容量瓶中,用甲醇定容至刻度。

10. 200 μg·mL^{-1}咖啡因标准使用液。

准确吸取 5.0 mL 咖啡因标准贮备液于 50 mL 容量瓶中,用水定容。

四、步骤

1. 按操作说明书使色谱仪正常工作,色谱条件如下。

色谱柱:C18 柱(粒径 5 μm,柱长 150 mm,柱直径 3.9 mm)或同等性能的色谱柱。

柱温:室温。

流动相:甲醇:水=24:76(经 0.45 μm 滤膜过滤)。

流动相流量:1.0 mL·min^{-1}。

检测波长:272 nm。

进样量:10 μL。

2. 咖啡因标准曲线溶液配制。

分别吸取咖啡因标准使用液(200 μg·mL^{-1})0.5 mL、1.0 mL、2.0 mL、5.0 mL、10.0 mL至 10 mL 容量瓶中,用水定容,质量浓度分别为 10.0 μg·mL^{-1}、20.0 μg·mL^{-1}、40.0 μg·mL^{-1}、100 μg·mL^{-1}、200 μg·mL^{-1}。

3. 样品处理。

准确称取 1 g(精确至 0.001 g)经粉碎低于 30 目的均匀茶叶试样于 250 mL 锥形瓶中,加入约 200 mL 水,沸水浴 30 min,不时振摇,取出流水冷却 1 min,加入 5 g 氧化镁,振摇,再放入沸水浴 20 min,取出锥形瓶,冷却至室温,转移至 250 mL 容量瓶中,加水定容至刻度,摇匀,静置,取上清液经微孔滤膜过滤,备用。

4. 绘制标准曲线。

将咖啡因标准曲线溶液分别注入液相色谱仪中,测定相应的峰面积,以标准曲线溶液的浓度为横坐标,以峰面积为纵坐标,绘制标准曲线。

5. 试样溶液的测定。

将试样溶液注入液相色谱仪中,以保留时间定性,同时记录峰面积,根据标准曲线得到待测液中咖啡因的含量,平行测定次数不少于两次。

思 考 题

1. 用标准曲线法的优点是什么?
2. 根据结构式,咖啡因能用离子交换色谱法分析吗?
3. 若标准曲线用咖啡因浓度对峰高作图,能给出准确结果吗?与本实验的标准曲线相比何者优越?为什么?

模块四　综合训练

第八章　产品质量检验

实验三十一　水泥熟料中 SiO_2、Fe_2O_3、Al_2O_3、CaO 和 MgO 的系统分析

一、目的

1. 了解在同一份试样中进行多成分测定的系统分析方法。
2. 掌握复杂试样的分解与分离方法。
3. 熟悉多成分试样中不同项目的测定方法选择。

二、原理

水泥熟料是调和生料经 1 400 ℃以上的高温煅烧而成的。通过熟料分析，可以检验熟料质量和烧成情况的好坏，根据分析结果，可及时调整原料的配比以控制生产。

普通硅酸盐水泥熟料的主要成分及控制指标范围大致如表 8.1 所示。

表 8.1　硅酸盐水泥熟料的主要化学成分测定指标

化学成分	含量范围(质量分数)	一般控制范围(质量分数)
SiO_2	18%～24%	20%～24%
Fe_2O_3	2.0%～5.5%	3%～5%
Al_2O_3	4.0%～9.5%	5%～7%
CaO	60%～68%	63%～68%

同时，对另外几种成分限制如下：

$$w(MgO)<4.5\%,\quad w(SO_3)<3.0\%$$

对于水泥熟料的系统分析，可采用国家标准《水泥化学分析方法》(GB/T 176—2017)有关条文来检验。本实验 SiO_2 和 CaO 的测定基于该标准中的基准分析法，Fe_2O_3、Al_2O_3 和 MgO 的测定基于该标准中的代用分析法。

水泥熟料中碱性氧化物占 60%以上，其主要成分为硅酸三钙($3CaO\cdot SiO_2$)①、硅酸二

① 这里的化学式 $3CaO\cdot SiO_2$ 是指 3 分子 CaO 与 1 分子 SiO_2，不是 3 分子 $CaO\cdot SiO_2$。其他化学式如 $2CaO\cdot SiO_2$ 的含义均同此。

钙($2CaO \cdot SiO_2$)、铝酸三钙($3CaO \cdot Al_2O_3$)和铁铝酸四钙($4CaO \cdot Al_2O_3 \cdot Fe_2O_3$)等化合物的混合物,因此宜采用酸溶剂分解。这些化合物与盐酸作用时,可生成硅酸和可溶性的氯化物,主要化学反应式如下:

$$2CaO \cdot SiO_2 + 4HCl = 2CaCl_2 + H_2SiO_3 + H_2O$$

$$3CaO \cdot SiO_2 + 6HCl = 3CaCl_2 + H_2SiO_3 + 2H_2O$$

$$3CaO \cdot Al_2O_3 + 12HCl = 3CaCl_2 + 2AlCl_3 + 6H_2O$$

$$4CaO \cdot Al_2O_3 \cdot Fe_2O_3 + 20HCl = 4CaCl_2 + 2AlCl_3 + 2FeCl_3 + 10H_2O$$

硅酸是一种很弱的无机酸,在水溶液中绝大部分以溶胶状态存在,其化学式应以 $SiO_2 \cdot nH_2O$ 表示。在用浓酸和加热蒸干等方法处理后,能使绝大部分硅酸水溶胶脱水成水凝胶析出,因此可以利用沉淀分离的方法把硅酸与水泥熟料中的铁、铝、钙、镁等其他成分分开。

1. SiO_2 含量的测定(氯化铵重量法——基准法)

在水泥经酸分解后的溶液中,采用加热蒸发近干和加固体氯化铵两种措施,使水溶性胶状硅酸尽可能全部脱水析出。蒸干脱水是将溶液控制在 100～110 ℃温度下进行的。由于 HCl 的蒸发,硅酸中所含的水分大部分被带走,硅酸水溶胶即成为水凝胶析出。由于溶液中的 Fe^{3+}、Al^{3+} 等离子在温度超过 110 ℃时易水解生成难溶性的碱式盐混在硅酸凝胶中,从而使 SiO_2 的结果偏高,Fe_2O_3、Al_2O_3 等的结果偏低,故加热蒸干宜采用水浴以严格控制温度。

加入固体 NH_4Cl 后,由于 NH_4Cl 的水解夺取了硅酸中的水分,从而加速了脱水进程,促进硅酸水溶胶中硅酸的析出,反应式如下:

$$NH_4Cl + H_2O \rightleftharpoons NH_3 \cdot H_2O + HCl$$

含水硅酸的组成不固定,故沉淀经过滤、洗涤、烘干后,还需经 950～1 000 ℃高温灼烧成固定成分的 SiO_2,然后称量,根据沉淀的质量计算 SiO_2 的质量分数。

灼烧时,硅酸凝胶不仅失去吸附水,并进一步失去结合水,脱水过程的变化如下:

$$H_2SiO_3 \cdot nH_2O \xrightarrow{110\ ℃} H_2SiO_3 \xrightarrow{950\sim1\,000\ ℃} SiO_2$$

灼烧所得 SiO_2 沉淀是雪白而又疏松的粉末。如所得沉淀呈灰色、黄色或红棕色,说明沉淀不纯。在要求比较高的测定中,需另用氢氟酸-硫酸处理。①

水泥中的铁、铝、钙、镁等组分以 Fe^{3+}、Al^{3+}、Ca^{2+}、Mg^{2+} 等离子形式存在于过滤硅酸沉淀后的滤液中,它们可与 EDTA 形成稳定的配离子。但这些配离子的稳定性有较显著的差别,因此只要控制适当的酸度,就可用 EDTA 分别滴定它们。

2. Fe_2O_3 的测定(EDTA 直接滴定法——代用法)

滴定时以磺基水杨酸为指示剂,它与 Fe^{3+} 形成的配合物的颜色与溶液酸度有关,在 pH 为1.2～2.5时,配合物呈红紫色。由于 Fe-磺基水杨酸配合物不及 Fe-EDTA 稳定,

① GB/T 176—2017 中:基准法测定 SiO_2 时,则使用该措施。用 $HF-H_2SO_4$ 处理沉淀后,其失重即为 SiO_2 的质量。

所以临近终点时加入的 EDTA 便会夺取 Fe-磺基水杨酸配合物中的 Fe^{3+}，使磺基水杨酸游离出来，因而溶液由红紫色变为微黄色，即为终点。磺基水杨酸在水溶液中是无色的，但由于 Fe-EDTA 配合物是黄色的，所以终点时由红紫色变为黄色。有关化学反应式如下：

$$Fe^{3+} + H_2Y^{2-} = FeY^- + 2H^+$$

亮黄色（FeY^-）

$$Fe^{3+} + Sal^{2-} = Fe-Sal^+$$

无色（Sal^{2-}）　紫红色（$Fe-Sal^+$）

$$Fe-Sal^+ + Y^{4-} = FeY^- + Sal^{2-}$$

紫红色（$Fe-Sal^+$）　亮黄色（FeY^-）　无色（Sal^{2-}）

滴定时溶液的温度以 60～70 ℃为宜，当温度高于 75 ℃，并有 Al^{3+} 存在时，Al^{3+} 亦可能与 EDTA 配位结合，使 Fe_2O_3 的测定结果偏高，而 Al_2O_3 的结果偏低。当温度低于 50 ℃时，则反应速率缓慢，不易得到准确的终点。

3. Al_2O_3 的测定（硫酸铜返滴定法——代用法）

以 PAN 为指示液的铜盐回滴法是普遍采用的一种测定铝的方法。

因为 Al^{3+} 与 EDTA 的配合作用进行得较慢，所以一般先加入过量的 EDTA 溶液，并加热煮沸，使 Al^{3+} 与 EDTA 充分反应，然后用 $CuSO_4$ 标准溶液回滴过量的 EDTA。

Al-EDTA 配合物是无色的，PAN 指示剂在 pH 为 4.3 的条件下是黄色的，所以滴定开始前溶液呈黄色。随着 $CuSO_4$ 标准溶液的加入，Cu^{2+} 不断与过量的 EDTA 配合，生成淡蓝色的 Cu-EDTA，因此溶液逐渐由黄色变绿色。在过量的 EDTA 与 Cu^{2+} 完全反应后，继续加入$CuSO_4$，则过量的 Cu^{2+} 即与 PAN 形成深红色配合物，由于蓝色的 Cu-EDTA 的存在，使得终点呈紫色。有关化学反应式如下：

$$Al^{3+} + H_2Y^{2-} \rightleftharpoons AlY^- + 2H^+$$

无色（AlY^-）

$$H_2Y^{2-} + Cu^{2+} \rightleftharpoons CuY^{2-} + 2H^+$$

蓝色（CuY^{2-}）

$$Cu^{2+} + PAN \longrightarrow Cu-PAN$$

黄色（PAN）　深红色（Cu-PAN）

小贴士

溶液中存在三种有色物质，而它们的浓度又在不断变化之中，因此溶液的颜色特别是终点时的变化就较复杂，它取决于 Cu-EDTA、PAN 和 Cu-PAN 的相对浓度。滴定终点是否敏锐的关键是蓝色的 Cu-EDTA 浓度的大小，终点时 Cu-EDTA 配合物的物质的量等于加入的过量的 EDTA 的物质的量。一般来说，在 100～150 mL 溶液中加入的 EDTA 标准溶液（浓度在 0.015 $mol\cdot L^{-1}$ 附近的），以过量 10～15 mL 为宜。

4. CaO（EDTA 滴定法——基准法）和 MgO（EDTA 滴定差减法——代用法）的测定

控制溶液酸度，采用 EDTA 配位滴定法测定。

三、试剂

1. 0.015 mol·L^{-1}EDTA 标准溶液。
2. 0.015 mol·$L^{-1}$$CuSO_4$ 标准溶液。
3. NH_4Cl(s)。
4. 1∶1 HCl 溶液,3∶97 HCl 溶液。
5. HNO_3。
6. 10%NH_4CNS 溶液。
7. 1∶1 $NH_3·H_2O$。
8. 10%磺基水杨酸指示剂。
9. $CH_3COOH-CH_3COONa$ 缓冲溶液(pH≈4.3)。
10. 0.2%PAN 指示剂。
11. 1∶2 三乙醇胺溶液。
12. 钙黄绿素-甲基百里香酚蓝-酚酞混合指示剂(即 CMC,固体)。
13. 200 g·L^{-1}KOH 溶液。
14. 100 g·L^{-1}酒石酸钾钠溶液。
15. $NH_3·H_2O-NH_4Cl$ 缓冲溶液(pH≈10)。
16. 酸性铬蓝 K-萘酚绿 B 混合指示剂(即 K-B,固体)。

四、步骤

1. SiO_2 的测定(基准法)

准确称取 0.5 g 左右试样,置于干燥的 50 mL 烧杯(或 100～150 mL 瓷蒸发皿)中,加 2 g 固体 NH_4Cl,用平头玻璃棒混合均匀。盖上表面皿,沿杯口滴加 3 mL 浓盐酸和 1 滴硝酸①,仔细搅匀,使试样充分分解。将烧杯置于沸水浴上,杯上放一玻璃三角架,再盖上表面皿,蒸发至近干(需 10～15 min)。取下,加 10 mL 热的 3∶97 HCl 溶液,搅拌,使可溶性盐类溶解,以中速定量滤纸过滤,用胶头淀帚蘸以热的 3∶97 HCl 溶液②擦洗玻璃棒及烧杯,并洗涤沉淀至洗涤液中不含 Fe^{3+} 为止。Fe^{3+} 可用 10% NH_4CNS 溶液检验③,一般来说,洗涤 10 次即可达到不含 Fe^{3+} 的要求。滤液及洗涤液保存在 250 mL 容量瓶中,并用水稀释至标线,摇匀,作为母液供测定 Fe^{3+}、Al^{3+}、Ca^{2+}、Mg^{2+} 等离子之用。

将沉淀滤纸包移至已称至恒重的瓷坩埚中,先在电炉上低温烘干,再升高温度使滤纸充分灰化,然后在 950～1 000 ℃的马弗炉内灼烧 30 min④。取出,稍冷,再移置干燥器中冷却至室温(需 15～40 min),称量。如此反复灼烧,直至恒重。

同一实验室的允许差为 0.15%。

---

① 加入浓 HNO_3 的目的是使 Fe 全部以正三价状态存在。

② 此处以热的 3∶97 HCl 溶液溶解残渣是为了防止 Fe^{3+} 和 Al^{3+} 水解成氢氧化物沉淀而混在硅酸中,以及防止大量形成硅酸胶液。

③ Fe^{3+} 与 NH_4CNS 反应生成血红色的 $Fe(CNS)_3$。

④ 也可放在电炉上干燥后,直接移入马弗炉中,将炉温由低温(如 100～200 ℃)渐渐升高温度,进行灰化和灼烧。

2. Fe_2O_3 的测定(代用法)

量取 25.00 mL 母液放入 300 mL 烧杯中，加水稀释至约 100 mL，用 1∶1 $NH_3·H_2O$ 溶液或1∶1 HCl 溶液调节溶液 pH 为 1.8～2.0(用精密 pH 试纸检验或酸度计检验)。将溶液加热至 70 ℃[①]，加 10 滴 10%磺基水杨酸指示剂[②]，用 0.015 mol·L^{-1}EDTA 标准滴定溶液缓慢地滴定至亮黄色(终点时溶液温度应不低于 60 ℃)。保留此溶液供测定 Al_2O_3 用。

同一实验室的允许差为 0.15%。

3. Al_2O_3 的测定(代用法)

往上述测完铁的溶液中加入 0.015 mol·L^{-1}EDTA 标准滴定溶液至过量[③] 10.00～15.00 mL(对铝而言)，用水稀释至 150～200 mL。将溶液加热至 70～80 ℃后，在搅拌下用 1∶1 $NH_3·H_2O$ 调节溶液 pH 为 3.0～3.5，加入 15 mL $CH_3COOH-CH_3COONa$ 缓冲溶液(pH≈4.3)，加热煮沸并保持微沸 1～2 min，取下稍冷，加入 4～5 滴 0.2% PAN 指示剂，用 0.015 mol·$L^{-1}$$CuSO_4$ 标准滴定溶液滴定至亮紫色。

同一实验室的允许差为 0.20%。

4. CaO 的测定(基准法)

量取 25.00 mL 母液放入 300 mL 烧杯中，加水稀释至约 200 mL，加入 5 mL 1∶2 三乙醇胺溶液及适量的钙黄绿素－甲基百里香酚蓝－酚酞指示剂，在搅拌下加入 200 g·L^{-1} KOH 溶液至出现绿色荧光后再过量 5～8 mL，此时溶液酸度在 pH13 以上，用 0.015 mol·L^{-1}EDTA标准滴定溶液滴定至绿色荧光消失并呈现红色。

同一实验室的允许差为 0.25%。

5. MgO(含 CaO)的测定(代用法)

量取 25.00 mL 母液放入 300 mL 烧杯中，加水稀释至约 200 mL，加入1 mL 100 g·L^{-1} 酒石酸钾钠溶液，加入 5 mL 1∶2 三乙醇胺溶液，搅拌。然后加入 25 mL $NH_3·H_2O-NH_4Cl$ 缓冲溶液(pH≈10)及适量的酸性铬蓝 K－萘酚绿 B 混合指示剂，用 0.015 mol·L^{-1}EDTA 标准滴定溶液滴定，近终点时应缓慢滴定至纯蓝色。

同一实验室的允许差为：含量小于 2%，0.15%；含量大于 2%，0.20%。

此处测定的是 MgO 和 CaO 的总量，用差减法求得 MgO 的质量分数。

附　注

在 GB/T 176—2017 中，给出了基准法和代用法等多种试验方法，其中基准法、代用法分别有 10 个和 19 个检测项目。针对不同检测项目的系统分析，试样分解采用了多组溶(熔)剂(如无水碳酸钠、氢氟酸－高氯酸、硼酸锂、碳酸钠－硼砂和氢氧化钠等)，为便于课堂教学且考虑本水泥产品质量检验只系统检测 5 个项目，因此采用盐酸代替其他溶(熔)剂来分解水泥熟料，SiO_2 的测定也较标准中之操作步骤有所简化。

① 注意防止溶液剧沸，否则 Fe^{3+} 会水解形成 $Fe(OH)_3$，使实验失败。

② 磺基水杨酸与 Al^{3+} 会发生配位反应，不宜多加。

③ Al^{3+} 在 pH＝4.3 的溶液中会产生沉淀，因此必须先加 EDTA 标准溶液，然后再加入 $CH_3COOH-CH_3COONa$ 缓冲溶液，并加热。这样使部分 Al^{3+} 在溶液的 pH 达 4.3 之前，已通过配位反应形成 Al－EDTA 配合物，从而降低 Al^{3+} 的浓度，以免 Al^{3+} 水解而形成沉淀。

思 考 题

1. 如何分解水泥熟料试样？分解时的化学反应是什么？

2. 本实验测定 SiO_2 含量的方法原理是什么？

3. 试样分解后加热蒸发的目的是什么？操作中应注意些什么？

4. 洗涤沉淀的操作中应注意些什么？怎样提高洗涤的效果？

5. 沉淀在高温灼烧前，为什么需经干燥、灰化？

6. 在 Fe^{3+}、Al^{3+}、Ca^{2+}、Mg^{2+} 等离子共存的溶液中，以 EDTA 标准溶液分别滴定 Fe^{3+}、Al^{3+}、Ca^{2+} 等离子及 Ca^{2+}、Mg^{2+} 的含量时，是怎样消除其他共存离子的干扰的？

7. 在滴定上述各种离子时，溶液酸度应分别控制在什么范围？怎样控制？

8. 滴定 Fe^{3+}、Al^{3+} 时，各应控制什么样的温度范围？为什么？

9. 以 EDTA 为标准溶液，以磺基水杨酸为指示剂滴定 Fe^{3+}，以 PAN 为指示剂滴定 Al^{3+}，以 CMC 为指示剂滴定 Ca^{2+}，以 K-B 为指示剂滴定 Ca^{2+}、Mg^{2+} 的总量等，在滴定过程中溶液颜色的变化如何？怎样确定终点？

10. 在测定 SiO_2、Fe^{3+} 及 Al^{3+} 时，操作中应注意些什么？

11. 如 Fe^{3+} 的测定结果不准确，对 Al^{3+} 的测定结果有什么影响？

12. 测定 Fe^{3+} 时，如 $pH<1$，对 Fe^{3+} 和 Al^{3+} 的测定结果有什么影响？若 $pH>4$，又各有什么影响？

13. 测定 Al^{3+} 时，如 $pH<4$，对 Al^{3+} 的测定结果有什么影响？

14. 测定 Ca^{2+}、Mg^{2+} 含量时，如 $pH>10$，对测定结果有什么影响？

15. 在 Ca^{2+} 的测定中，为什么要先加三乙醇胺而后加 NaOH 溶液？

16. 根据原理中介绍的水泥熟料中 Al_2O_3 含量的控制范围及试样称取量，如何粗略计算 EDTA 标准溶液的加入量？

实验三十二　氯化钾的质量分析

一、目的

1. 熟悉国家标准关于氯化钾质量检验的技术指标要求。

2. 掌握分析检测技术在化工产品质量检验过程中的具体应用。

二、原理

依据《氯化钾》(GB/T 6549—2011)质量标准及其试验方法，氯化钾产品按其用途分为两种类别。

Ⅰ类：工业用氯化钾，适用于化工行业各种钾盐的生产，也适用于配制复混肥或直接作为肥料施用；

Ⅱ类：农业用氯化钾，适用于配制复混肥或直接作为肥料施用。

氯化钾通常为白色、灰白色、微红色、浅褐色粉末状、结晶状或颗粒状，其主要化学成分及其杂质含量(质量分数)，应符合表 8.2 所示的技术要求。

表 8.2 工农业用氯化钾技术要求

项目	指标[①]					
	Ⅰ类			Ⅱ类		
	优等品	一等品	合格品	优等品	一等品	合格品
$w(K_2O)/\%$ ≥	62.0	60.0	58.0	60.0	57.0	55.0
$w(H_2O)/\%$ ≤	2.0	2.0	2.0	2.0	4.0	6.0
$w(Ca+Mg)/\%$ ≤	0.3	0.5	1.2	—	—	—
$w(NaCl)/\%$ ≤	1.2	2.0	4.0	—	—	—
$w_{水不溶物}/\%$ ≤	0.1	0.3	0.5	—	—	—

氯化钾质量检验的技术指标总共有五项，下面分别简述其试验方法概要。

(1) K_2O 含量的测定：试料用水溶解后，在碱性条件下加热消除试料中铵离子的干扰，加入 EDTA 以消除干扰分析结果的其他阳离子。钾与四苯硼钠反应生成四苯硼钾沉淀，过滤、干燥并称量。

(2) 水分的测定：试料在(105±2) ℃的烘箱内干燥，减少的质量即为水分含量。

(3) Ca 和 Mg 含量的测定，标准中提供两种试验方法：EDTA 容量法，火焰原子吸收光谱法。

容量法与“水泥熟料中有关组分测定”类同，不再赘述。

采用火焰原子吸收分光光度计测定钙或镁含量的基本过程是：试料用水溶解，加入氯化镧消除共存离子的干扰，在盐酸介质中，使用空气－乙炔火焰，于波长 422.7 nm 和 285.2 nm处测量吸光度，以工作曲线法求出钙和镁的含量。

(4) NaCl 含量的测定：试料用水溶解，在火焰发射分光光度计用火焰激发钠离子，所产生的 589 nm 谱线强度与标准溶液发射的强度相对比，求出氯化钠的含量。

(5) 水不溶物含量的测定：试料用水溶解，不溶性残渣经过滤、烘干、称量，即可测定水不溶物的含量。

三、实验

(一) K_2O 含量的测定(四苯酸钾重量法)

1. 仪器和试剂[②]

(1) 烘箱。

(2) 玻璃坩埚式过滤器，4 号(25 mL 或 30 mL)。

(3) 40 $g \cdot L^{-1}$ EDTA 溶液。

(4) 200 $g \cdot L^{-1}$ NaOH 溶液。

---

① 除水分外，各组分质量分数均以干基计；Ⅰ类中钙镁总量、氯化钠和水不溶物的质量分数作为工业用氯化钾推荐性指标，农业用不限量。

② 各试验方法所需试剂，除特别规定外，均为分析纯。

(5) 30 $g\cdot L^{-1}$四苯硼钠[$NaB(C_6H_5)_4$]溶液：称取 30 g 四苯硼钠，溶于 980 mL 水中，加4 mL 200 $g\cdot L^{-1}$ NaOH 溶液和 20 mL 100 $g\cdot L^{-1}$ $MgCl_2\cdot 6H_2O$ 溶液，搅拌 15 min，使用前过滤。

(6) 1 $g\cdot L^{-1}$四苯硼钠洗涤液：用 30 $g\cdot L^{-1}$四苯硼钠溶液的滤液按 1∶30 配制。

(7) 5 $g\cdot L^{-1}$酚酞指示剂。

2. 步骤

(1) 试液制备：准确称取约 5 g 试料，置于 250 mL 烧杯中，加入 100 mL 水，在不断搅拌下加热，微沸 5 min，取下，冷却至室温，移入 500 mL 容量瓶中，用水稀释至标线，摇匀。此为溶液 A。

干过滤溶液 A，弃去最初少量滤液，量取 25.00 mL 滤液于 250 mL 容量瓶中，用水稀释至标线，摇匀。此为溶液 B。

(2) 测定：量取 50.00 mL 溶液 B 于 250 mL 烧杯中，加入 10 mL 40 $g\cdot L^{-1}$ EDTA 溶液及2～3滴 5 $g\cdot L^{-1}$酚酞指示剂，在搅拌下逐滴加入 200 $g\cdot L^{-1}$ NaOH 溶液至红色出现并过量 1 mL。加热微沸 5 min，溶液保持红色，体积保持 50 mL 左右。

取下烧杯，用少许水冲洗杯壁。在不断搅拌下缓慢滴加 12 mL 四苯硼钠溶液，继续搅拌1 min，在流水中迅速冷却到室温，放置 10 min。用预先在(120±2) ℃干燥至恒重的玻璃坩埚式过滤器抽滤。先抽滤上层清液，用四苯硼钠洗涤液以倾析法洗涤沉淀 4～5 次并转移沉淀至过滤器中，直至转移完全，继续用该洗涤液洗涤过滤器中沉淀 3～4 次，每次用量约 5 mL。

将盛有沉淀的过滤器置于(120±2) ℃烘箱内干燥 90 min。取出，放入干燥器冷却至室温，称量。

以质量分数(w_1)表示的氧化钾的含量(以百分数表示，下同)，其计算式为

$$w_1=\frac{0.1314\times m_1}{m\times\frac{25}{500}\times\frac{50}{250}}\times\frac{1}{1-w_2}\times 100\%$$

式中：m_1 为干燥后的四苯硼钾质量，g；m 为试料的质量，g；w_2 为试料中水分的质量分数；0.1314 为 $K_2O/KB(C_6H_5)_4$的化学(换算)因数。

(二) 水分的测定

1. 仪器

带磨口玻璃盖扁形称量瓶(直径约 60 mm，高约 30 mm)。

2. 步骤

准确称取约 5 g 试料，置于预先在(105±2) ℃干燥至恒重的称量瓶中，轻轻摇动称量瓶，使试料均匀地平铺在其中，打开称量瓶盖，一并置入(105±2) ℃烘箱中干燥 120 min。取出称量瓶，盖上瓶盖，放入干燥器中冷却至室温，称量。

以质量分数(w_2)表示的水分的含量，其计算式为

$$w_2=\frac{m_1-m_2}{m}\times 100\%$$

式中：m_1、m_2 为干燥前、后称量瓶及试料的质量，g；m 同前。

（三）Ca 和 Mg 含量的测定

1. 火焰原子吸收光谱法

(1) 仪器和试剂

① 火焰原子吸收分光光度计。

② 100 g · L^{-1}氯化镧溶液。

③ 1∶1 HCl 溶液。

④ 10 mg · mL^{-1}氯化钾溶液。

⑤ 1.00 mg · mL^{-1}钙标准溶液：称取 2.497 2 g 预先在 105～110 ℃干燥 1 h 并置于干燥器中冷却至室温的碳酸钙(高纯试剂)，置于 250 mL 烧杯中，加 20 mL 水，逐滴加入 1∶1 HCl 溶液至完全溶解，过量 10 mL。加热煮沸，驱尽二氧化碳，取下冷却至室温，移入 1 000 mL 容量瓶中，用水稀释至标线，摇匀。100 μg · mL^{-1}钙标准溶液由此液配制。

⑥ 1.00 mg · mL^{-1}镁标准溶液：称取 1.658 3 g 预先在 900 ℃灼烧 1 h 并置于干燥器中冷却至室温的氧化镁(高纯试剂)，置于 250 mL 烧杯中，加 20 mL 水、10 mL 1∶1 HCl 溶液，微热至完全溶解。冷却至室温，移入 1 000 mL 容量瓶中，用水稀释至标线，摇匀。50 μg · mL^{-1}镁标准溶液由此液配制。

(2) 步骤

① 试液制备：按表 8.3 准确称取适量试料，置于 250 mL 烧杯中，加入 100 mL 水，在不断搅拌下加热，微沸 5 min，取下冷却至室温，移入 250 mL 容量瓶中，用水稀释至标线，摇匀后干过滤，此为溶液 C。同时制备空白试液。

② Ca 含量的测定：按表 8.3 量取溶液 C 于 100 mL 容量瓶中，加入 10 mL 10 mg·mL^{-1}氯化钾溶液、10 mL 100 g·L^{-1}氯化镧溶液及 4 mL 1∶1 HCl 溶液，用水稀释至标线，摇匀。在火焰原子吸收分光光度计上，用空气－乙炔火焰，在波长 422.7 nm 处，以水调零，测量试液和空白试液的吸光度，由工作曲线查得钙的质量浓度。

③ Mg 含量的测定：测定方法同 Ca 含量的测定，取样量仍按表 8.3，只是测定波长为 285.2 nm。

表 8.3　称样量与量取试液的体积

钙或镁质量分数/%	称样量/ g	量取试液体积/mL	
		钙	镁
<0.1	2	50.00	50.00
0.1～0.4	2	20.00	10.00
>0.4～1.0	1	20.00	10.00

④ 工作曲线的绘制：准确量取 0.00 mL、1.00 mL、2.00 mL、4.00 mL、6.00 mL、8.00 mL 100 μg · mL^{-1}钙标准溶液和 50 μg · mL^{-1}镁标准溶液，分别置于一组 100 mL 容量瓶中。按每组容量瓶标号顺序各对应加入 10 mL 10 mg·mL^{-1}氯化钾溶液、10 mL 100 g·L^{-1}氯化镧溶液及4 mL 1∶1 HCl 溶液，用水稀释至标线，摇匀。上述钙、镁标准系列使用溶液浓度分别为：0.0 μg·mL^{-1}、1.0 μg·mL^{-1}、2.0 μg·mL^{-1}、4.0 μg·mL^{-1}、6.0 μg · mL^{-1}、8.0 μg · mL^{-1} 和 0.0 μg·mL^{-1}、0.5 μg·mL^{-1}、1.0 μg · mL^{-1}、2.0 μg·mL^{-1}、3.0 μg·mL^{-1}、4.0 μg · mL^{-1}。以钙或镁的质量浓度为横坐标、相应的吸

光度(扣除空白试液的吸光度)为纵坐标,绘制各自的工作曲线。

以质量分数(w_2)表示的钙的含量,其计算式为

$$w_3=\frac{\rho\times100\times10^{-6}}{m\times\frac{V}{250}}\times\frac{1}{1-w_2}\times100\%$$

式中:ρ 为从工作曲线上查得的被测试验溶液中钙的质量浓度,$\mu g\cdot mL^{-1}$;V 为量取试液溶液的体积,mL;m、w_2 同前。

以质量分数(w_4)表示的镁的含量的计算公式与上式类同。

2. EDTA 容量法

(1) 试剂

① 1∶10 H_2O_2 溶液(用 35%过氧化氢配制)。

② 1∶3 三乙醇胺溶液。

③ 100 $g\cdot L^{-1}$ NaOH 溶液。

④ 0.02 $mol\cdot L^{-1}$ EDTA 标准滴定溶液。

⑤ $NH_3\cdot H_2O-NH_4Cl$ 缓冲溶液(pH≈10)。

⑥ 钙羧酸指示剂[2-羟基-1-(2-羧基-4-磺酸-1-萘基偶氮)-3-萘甲酸]:称取 0.2 g 钙羧酸指示剂和 10 g 经 110 ℃干燥的氯化钠,置于研钵中研细混匀,贮于棕色磨口瓶中,放入干燥器中备用。

⑦ 5 $g\cdot L^{-1}$ 铬黑 T 指示剂:称取 0.5 g 铬黑 T,溶于 100 mL 1∶3 三乙醇胺溶液中。

(2) 步骤

① 试液制备:按表 8.4 准确称取适量试料,置于 400 mL 烧杯中,加入 150 mL 热水,在搅拌下加 4~5 滴 1∶10 H_2O_2 溶液,加热微沸至无小气泡(约 5 min),然后冷却至室温,移入 200 mL 容量瓶中,用水稀释至标线,摇匀。

② Ca 含量的测定:按表 8.4 量取试液于 250 mL 烧杯中,用水稀释至约 100 mL,加入5 mL1∶3三乙醇胺溶液,用 100 $g\cdot L^{-1}$ NaOH 溶液调至 pH>12,加钙羧酸指示剂少许,搅匀,用0.02 $mol\cdot L^{-1}$ EDTA 标准滴定溶液滴定至溶液由酒红色变纯蓝色为终点。

③ Mg 含量的测定:按表 8.4 量取试液于 250 mL 烧杯中,用水稀释至约 100 mL,加入 5 mL 1∶3 三乙醇胺溶液、5 mL $NH_3\cdot H_2O-NH_4Cl$ 缓冲溶液及 2 滴铬黑 T 指示剂,搅匀,用0.02 $mol\cdot L^{-1}$ EDTA标准溶液滴定至溶液由酒红色变纯蓝色为终点。

表 8.4　称样量与量取试液的体积

钙或镁质量分数/%	称样量/g	量取试液体积/mL
<0.1	10	50.0
0.1~0.5	10	20.0
>0.5~1.0	5	20.0

④ 空白试验:钙和镁含量的测定均需与试料测定同时做空白试验。

以质量分数表示钙含量或镁含量,其计算式①从略。

① 请读者自行推导出 w_5、w_6 计算式并注意试料中的水分(w_2)应扣除。

(四) NaCl 含量的测定(火焰发射分光光度法)

1. 仪器和试剂

(1) 火焰发射分光光度计。

(2) 90 $mg \cdot mL^{-1}$氯化钾溶液。

(3) 1.0 $mg \cdot mL^{-1}$钠标准溶液:称取预先在 400 ℃干燥的2.542 1 g氯化钠(基准试剂),溶解于水中,再移入 1 000 mL 容量瓶中,用水稀释至标线,摇匀。

2. 步骤

(1) 试液制备:准确称取约 1.0 g 试料,置于 250 mL 烧杯中,加入约 50 mL 水,在不断搅拌下加热,微沸 5 min,取下,冷却至室温,移入 500 mL 容量瓶中,用水稀释至标线,摇匀。

(2) 工作曲线的绘制:准确量取 0.00 mL、5.00 mL、10.00 mL、15.00 mL、20.00 mL、25.00 mL 1.0 $mg \cdot mL^{-1}$钠标准溶液,分别注入 6 个 500 mL 容量瓶中,各加入 10.0 mL 90 $mg \cdot mL^{-1}$氯化钾溶液,用水稀释至标线,摇匀。此系列分别含钠 0.0 mg、5.0 mg、10.0 mg、15.0 mg、20.0 mg、25.0 mg。以钠的质量浓度为横坐标,相应的辐射强度为纵坐标,绘制工作曲线。

(3) 初步测量:干过滤已制备好的试液,弃去最初少量滤液。取约 50 mL 滤液于 100 mL 洁净烧杯中,按火焰发射分光光度计的规定操作测量钠谱线的辐射强度。由工作曲线查出钠的近似含量。

(4) 精确测量(插入法):根据预测试液中钠的含量,配制两个浓度接近的钠标准溶液,使试液中钠的含量正好位于中间,然后按火焰发射分光光度计规定操作,测量钠谱线的辐射强度。先用插入法计算试液中钠的含量,再换算成试料中氯化钠的质量分数。

试液中钠的质量(m_0)按下式计算:

$$m_0 = m_1 + (m_2 - m_1) \times \frac{E_0 - E_1}{E_2 - E_1}$$

式中:m_1、m_2 分别为低、高浓度标准溶液中钠的质量,mg;E_0、E_1、E_2 分别为试验溶液,低、高浓度标准溶液中钠的辐射强度测量值。故以质量分数(w_7)表示的氯化钠含量的计算式为

$$w_7 = \frac{m_0 \times 2.542\,1 \times 10^{-3}}{m} \times \frac{1}{1 - w_2} \times 100\%$$

式中:m、w_2 同前;2.542 1 为 NaCl/Na 的化学(换算)因数。

(五) 水不溶物含量的测定

1. 仪器和试剂

(1) 烘箱。

(2) 玻璃坩埚式过滤器,4 号(25 mL 或 30 mL)。

(3) 10 $g \cdot L^{-1}$硝酸银溶液。

2. 步骤

准确称取 10～20 g 试料,置于 400 mL 烧杯中,加入 150 mL 水,在不断搅拌下微沸 5 min,沸水浴保温 30 min。取下烧杯,待残渣下沉后,用已在(105±2) ℃干燥至恒重的玻璃坩埚式过滤器(内放中速滤纸)抽滤。抽滤前用热水浸润过滤器,使滤纸紧贴滤板,残渣用热水洗涤至无 Cl^-,以硝酸银溶液检验。将带有残渣的过滤器放入(105±2) ℃的

烘箱中，干燥 60 min，取出，放入干燥器冷却至室温、称量。

以质量分数(w_8)表示的水不溶物的含量，其计算式为

$$w_8=\frac{m_1-m_2}{m}\times\frac{1}{1-w_2}\times 100\%$$

式中：m_1、m_2 分别为过滤器与滤纸及残渣质量、过滤器及滤纸质量，g；m、w_2 同前。

附　注

根据我国国家标准《氯化钾》(GB 6549—2011)之规定，该标准中各项目的平行测定结果允许误差如下表所示：

测定项目	质量分数/%	绝对差值/%
K_2O	—	≤0.38
H_2O	≤4.00	≤0.20
	>4.00	≤0.30
Ca 或 Mg	<0.20	≤0.02
	0.20～1.00	≤0.04
NaCl	≤2.00	≤0.10
	>2.00	≤0.20
水不溶物	≤0.20	≤0.02
	>0.20	≤0.03

本标准中产品质量指标合格结果判断，采用《数字修约规则与极限数值的表示和判定》(GB/T 8170—2008)中的"修约值比较法"。

思考题

1. 用于沉淀钾离子的四苯硼钠试剂，为何种类型的沉淀剂？形成的四苯硼钾缔合物为什么在水中溶解度很低？

2. 在转移四苯硼钾沉淀至玻璃坩埚式过滤器中时，为什么要用特制的洗涤液且进行多次洗涤？

3. 若用已测得的氧化钾质量分数数据为基础，如何计算主成分(氯化钾)在某一产品中的质量分数？请写出计算公式。

4. 测定水分时，为何事先必须将称量瓶干燥至恒重？

5. EDTA 滴定法测钙、镁含量或钙和镁总量，试验溶液的准备中加入 H_2O_2 溶液的作用是什么？测定时所加入的氢氧化钠溶液、氨水-氯化铵缓冲溶液，各起什么作用？为什么要先加入三乙醇胺以后再加入氢氧化钠溶液？

6. 试从仪器结构、工作原理、应用范围三方面，对火焰原子吸收分光光度计和火焰发射分光光度计(火焰光度计)进行比较。

7. 火焰光度计适宜测定哪些金属元素？试举例说明其具体应用情况。

8. 请查阅相关资料，进一步熟悉和掌握国家标准(氯化钾)的基本格式与其他方面的详尽内容。

第九章 化学检验工职业鉴定和化学实验技术技能大赛

当前，我国经济从高速增长阶段转向高质量发展阶段，需要大批高技能人才。全国各行各业和各职业院校，广泛开展了岗位技术培训、技术鉴定、技术比赛等活动，以鉴定、比赛、就业促培训，全面提高化学检验工的职业能力。

9.1 化学检验工职业能力

9.1.1 化学检验技术特点

化学检验是应用化学分析、仪器分析和物理参数测定等基本理论及检验手段，鉴定物质的组成、测定物质组成成分含量的一项专门技术。它是保证材料及产品质量的重要手段，对产品质量既有控制和监督作用，又有指导作用，并为新产品的研制、新工艺的开发等提供依据，是现代工业生产及环境保护等工作的重要环节。

化学检验岗位工作的特点是技术性强、知识面广、责任重大，化学检验人员的技术素质是实现检测科学化，确保测定结果准确可靠的决定性因素之一。因此，必须依据《化学检验工国家职业标准》的知识和技能要求，对学生进行化学检验工岗位职业技能培训和鉴定，使学生了解和掌握化学检验职业标准、岗位职责，明确努力奋斗的目标，熟练掌握化学检验知识和技能；按照化学检验技术要求，开展化学检验职业技能大赛，以促进教学、促进职业能力的提升，使毕业生能更快、更好地胜任化学检验岗位工作。

9.1.2 化学检验工应掌握的职业能力

根据国家化学检验工高级工（或国家职业资格三级）职业标准，结合技能大赛技术要求，对化学检验工职业的技能和知识要求如表 9.1 所示。

表 9.1　化学检验工职业技能和知识要求分析表

职业技能模块	技能要求	知识要求
检验方案	(1) 能读懂较复杂的化学分析，基本仪器分析和物理性能检测的方法、标准和操作规范 (2) 能读懂较复杂的检验(试验)装置示意图 (3) 能合理选择检验方案 (4) 能制订检验方案	(1) 理解化工产品、化学肥料、医药、农药、水泥、环境等化学检验的相关基本知识 (2) 熟悉标准及标准化知识 (3) 理解化学分析，基本仪器分析和物理性能检测的原理 (4) 掌握分析操作的一般程序 (5) 熟练掌握测定结果的计算方法和依据
准备实验用水及溶液	(1) 能正确选择化学分析、仪器分析及配制标准溶液所需实验用水的规格 (2) 能正确贮存实验用水 (3) 能按标准或规范要求检验实验用水的质量(如电导率、pH 范围、可氧化物质、吸光度、蒸发残渣等) (4) 能正确识别化学检验常用的试剂和标准物质 (5) 能根据不同分析检验需要正确选用各种试剂和标准物质 (6) 能正确配制各种化学分析和仪器分析用辅助试剂(缓冲溶液、指示剂、掩蔽剂等) (7) 能按标准和规范正确配制化学分析、仪器分析用标准溶液及试液	(1) 熟悉实验室用水规格、检验和贮存方法 (2) 熟悉各类化学试剂的分类、特点、用途、包装和贮存方法 (3) 熟悉常用标准物质的特点及用途 (4) 掌握普通试剂溶液和标准溶液的制备方法及配制与标定注意事项 (5) 熟练掌握常用溶液浓度(物质的量浓度、质量浓度、质量分数、体积分数、滴定度等)表示方法及浓度计算方法
准备实验仪器设备	(1) 能正确识别、选用玻璃量器(如容量瓶、移液管、滴定管等)、过滤器、加热器等用品 (2) 能正确进行容量瓶的检查与试漏 (3) 能正确进行移液管的检查 (4) 能正确进行滴定管的检查、试漏、涂油及赶气泡操作 (5) 能正确选用洗涤液，按操作程序洗涤和干燥常用玻璃仪器 (6) 能按有关规程对玻璃量器(如容量瓶、移液管、滴定管等)进行容量校正 (7) 能正确准备和使用电子天平、计时器、温度计等计量器具 (8) 能正确准备和使用电炉、干燥箱、高温炉(马弗炉)、水浴、离心机、真空泵等检验辅助设备 (9) 能正确准备和使用物理性能测定仪(如密度计、黏度计、阿贝折光仪、旋光仪、闭口杯闪点测定仪、馏程测定仪、电导率仪等) (10) 能正确识别、选用、准备、校验和使用常用的专用分析检验仪器设备(如紫外-可见分光光度计、气相色谱仪、酸度计、电位滴定仪(附磁力搅拌器)、原子吸收分光光度计、火焰光度计、高效液相色谱仪等) (11) 能制备、安装、检漏及老化气相色谱柱	(1) 掌握化学分析常用玻璃仪器和其他用品的名称、规格、用途、使用方法及使用注意事项 (2) 掌握玻璃仪器的洗涤常识 (3) 掌握容量瓶、移液管、滴定管的校正方法 (4) 掌握紫外-可见分光光度计、气相色谱仪、酸度计、电位滴定仪、原子吸收分光光度计、高效液相色谱仪的结构、工作原理、性能、操作方法、用途及使用注意事项 (5) 熟悉气相色谱柱的制备方法 (6) 掌握分光光度计波长准确度、光电流稳定度、透射比正确度、吸收池配套性等检验方法

续表

职业技能模块	技能要求	知识要求
操作计算机	能熟练操作与分析仪器配套使用的计算机	熟悉计算机操作应用的一般知识
设计检验记录表格	能根据不同类型检验项目需要设计相应的检验原始记录表格(试样来源、测定项目、环境条件如温度等、试样测定次数或标准溶液标定次数、称量及滴定体积、仪器型号和编号等)	熟练掌握不同类型检验项目原始记录的设计要求
制订采样方案及准备采样	(1) 制订采样方案,包括批量的大小、采样单元、试样数、试样量、采样部位、采样工具、采样操作方法和采样的安全措施等 (2) 设计采样原始记录表格	(1) 熟悉采样的重要意义和基本原则 (2) 掌握固体产品、液体产品、气体产品的采样方法 (3) 熟悉对化工产品试样保存的一般要求 (4) 熟悉固体试样的制样方法
实施采样	(1) 采样前,能解读采样方案中的各项规定,包括批量的大小、采样单元、试样数、试样量、采样部位、采样工具、采样操作方法和采样的安全措施等 (2) 能正确检查抽样工具和容器是否符合要求,准备好试样标签 (3) 能在规定的部位按采样操作方法进行采样,填好试样标签和采样记录	
保存试样	能根据试样性质使用规定的容器在一定环境条件下保存试样至规定日期	
制备固体试样	能正确制备组成不均匀的固体试样,包括粉碎、过筛、混合和缩分	
分离富集、分解试样	能按标准或规格要求,用液-液萃取、薄层(或柱)层析、减压浓缩等方法分离富集试样中的待测组分,或用规定的方法(如溶解、熔融、灰化、消化等)分解试样	熟悉化学检验中的分离和富集、分解试样知识
化学分析	(1) 能正确进行试样的汽化分析操作,包括称量、加热干燥至恒重 (2) 能正确进行试样的沉淀分析操作,包括称量和溶解、沉淀、过滤、洗涤、烘干和灼烧等 (3) 能正确进行滴定分析的基本操作:能使用酸式滴定管和碱式滴定管进行连滴、一滴、半滴或更少量的滴定操作;能对不同类型的滴定管和装有不同颜色溶液的滴定管正确读数 (4) 能识别标准滴定溶液和其有效期;能正确进行标准溶液体积的温度较正 (5) 能正确使用酸碱指示剂、金属指示剂、氧化还原指示剂及沉淀滴定指示剂,准确判断滴定终点,进行酸碱滴定、配位(络合)滴定、氧化还原滴定和沉淀滴定分析 (6) 能测定试剂的酸度、碱度、灼烧残渣等 (7) 能用酸碱滴定法、配位(络合)滴定法、氧化还原滴定法、沉淀滴定法和重量(称量)分析法测定化工产品主成分的含量	(1) 熟练掌握重量(称量)分析挥发法的操作规程 (2) 熟练掌握重量(称量)分析沉淀的操作规程 (3) 熟练掌握滴定分析的操作规程 (4) 熟悉使用标准溶液的一般要求 (5) 熟悉酸碱滴定、配位(络合)滴定、氧化还原滴定和沉淀滴定的知识 (6) 熟悉相关国家标准中各检验项目的相应要求

续表

职业技能模块	技能要求	知识要求
仪器分析	(1) 能用正确的方法溶(熔)解固体试样,稀释液体试样或吸收气体试样,制备 pH 测定液 (2) 能按操作规程操作气相色谱仪(包括其配套设备,如高压气体钢瓶、减压阀、气路管线、净化器、色谱数据工作站等),能根据不同的检验项目选择适当的色谱分析条件,合理地调整色谱参数;或能按操作规程操作原子吸收光谱仪[包括其配套设备,如乙炔钢瓶(或乙炔稳压发生器)、压缩空气钢瓶(或空气压缩机),或其他燃气和助燃气、减压阀、气路管线、计算机及配套系统软件],能根据不同的检验项目选择适当的仪器分析条件,合理地调整仪器参数,或能按操作规程操作火焰光度计 (3) 能用 pH 计测定各种化工产品水溶液的 pH (4) 能用电位滴定法、分光光度法等仪器分析方法测定化工产品组分的含量 (5) 能用色谱法或原子吸收分光光度法或火焰光度法分析相应类别化工产品的有关项目	(1) 掌握 pH 计的操作方法 (2) 熟悉电位滴定法、分光光度法有关知识 (3) 熟悉色谱分析的分离原理及分类,气相色谱基本术语,气相色谱仪的结构、操作方法,气相色谱定性和定量方法;或火焰光度分析方法;或原子吸收分光光度计的结构、原子吸收定量分析技术、最佳仪器条件的选择、干扰因素的消除方法等知识 (4) 熟悉相关国家标准中各检验项目的相应要求
检测物理参数和性能	能检测化工产品的物理参数和性能,如密度、沸点和馏程、熔点、水不溶物、蒸发残渣、结晶点(或凝固点)、折射率、比旋光度、闪点等	(1) 熟悉各物理参数的作用 (2) 熟悉相关国家标准中各检验项目的相应要求
监测"三废"排放	能按标准要求,测定本单位产生的"三废"中的主要环境监测项目	(1) 熟悉与检验产品相关的环境污染物的种类及主要来源 (2) 熟悉废水、废气的主要监测项目 (3) 熟悉环境控制标准和环境监测的主要分析方法
记录原始数据	能正确记录检验原始数据,填写试验记录表格	熟练掌握原始记录的填写要求
进行对照试验、减免误差	(1) 能将标准试样(或管理试样、人工合成试样)与待测试样进行对照试验 (2) 能按其他标准分析方法(如仲裁法)与所用检验方法做对照试验 (3) 能分析一般检验误差产生的原因 (4) 能采取相应措施减免误差	熟悉系统误差的来源及减免方法
数据处理	(1) 能根据检验结果有效数字位数的要求,正确进行数据的修约和运算 (2) 能由对照试验结果计算校正系数,并依此校正测定误差,消除系统误差 (3) 能正确处理检验结果中出现的可疑值:当查不出可疑值出现的原因时,能采用 Q 值检验法和格鲁布斯法判断可疑值的取舍	(1) 掌握有效数字及数字修约规则 (2) 掌握实验结果的数据处理方法
填写检验报告	能正确填写检验报告,做到内容完整、表述准确、字迹(或打印)清晰、判定无误	熟悉对检验报告的要求

续表

职业技能模块	技能要求	知识要求
清洗分析用器皿	(1) 能针对盛装不同种类残渣、残液的器皿采用适宜的清洗方法 (2) 能正确存放玻璃仪器和其他器皿	熟悉玻璃仪器的洗涤知识
校核原始记录	能校核其他检验人员的检验原始记录,验证其检验方法是否正确、数据运算是否正确	掌握对原始记录的要求
审定检验报告	能对其他检验人员制作的检验报告按管理规定进行审核,内容包括: (1) 填写内容是否与原始记录相符 (2) 检验依据是否适用 (3) 环境条件是否满足要求 (4) 结论的判定是否正确	掌握对检验报告的要求
保养维护仪器设备	能正确保养、维护所用仪器设备	熟悉一般仪器设备的维护、保养知识
发现仪器设备故障	能及时发现所用仪器设备出现的一般保障	熟悉简单仪器设备的结构及常见故障现象
安装调试验收仪器设备	能读懂新购置的一般仪器设备的说明书,能按规程进行安装、调试,并能验证其技术参数是否达到规定要求	熟悉一般仪器设备的工作原理及结构组成
排除仪器设备故障	(1) 能够排除所用仪器设备的简单故障 (2) 能正确更换仪器设备的易耗件	熟悉常用仪器设备的工作原理、结构和常见故障及其排除方法
实验室安全	能执行实验室各项安全守则,正确使用消防器材,安全使用各种电器	了解化学实验室的安全知识,掌握易制毒、易制爆化学品的保管、领用及使用规则
实验人员安全防护	(1) 能正确使用通风橱,不乱排放废液、废渣 (2) 能正确使用防护用品	熟悉化学实验人员的安全防护知识
安全事故的处理	能对突发的安全事故果断采取适当措施,进行人员急救和事故处理	掌握意外事故的处理方法和急救知识
编写仪器操作规程	能制订一般检验仪器设备的操作规程	熟悉一般检验仪器设备的使用方法及注意事项
编写检验操作规范	能编写相关产品和原材料的检验操作规范	熟悉相关产品和原材料的检验方法和标准
改进检验装置	能根据检验方法的需要改进试验装置,提高检验效率和检验结果的准确度	熟悉各种试验装置的结构及各部件的作用
传授技艺	(1) 能向初、中级化学检验工传授与其工作内容相关的专业知识 (2) 能较系统地示范化工产品的化学分析、仪器分析、物理参数和物理性能检测等实际操作的技术、技巧	熟悉传授技艺、技能的基本方法

9.2 化学实验技术技能大赛

9.2.1 大赛项目及要求

1. 大赛目的

为了发挥全国职业院校技能大赛对职业教育“树旗、导航、定标、催化”的作用，以检验教学成果、体现世界技能大赛及 QHSE(质量、健康、安全、环境管理)理念、促进职业教育高质量发展为指导思想，通过竞赛营造崇尚技能的氛围，培育选手的工匠精神，实现教学内容与职业标准对接，促进选手化学实验技术能力的提升，引领职业院校专业建设与课程改革，自 2006 年以来，全国 60 多所石油与化工职业院校及 30 多个行业企业的学生和职工分别进行了化学实验技术(原称工业分析检验)技能大赛。作为我国职业教育迄今为止规模最大、覆盖面最广、要求最高的化学实验技术技能大赛，为广大石油与化工职业院校学生和教师、企业职工提供了展示、切磋、交流化学实验技术的平台，使化学实验技术有了较大幅度的提升。竞争越来越激烈，充分展现了职业教育加强校企合作、深化工学结合、强化技能训练、创新人才培养模式改革的成果，扩大了职业教育的社会影响，对激励职业院校学生学技成才、促进职业教育的发展等都起到了极其重要的作用。

2. 大赛项目

大赛项目一般由一个理论模块、两个独立的实操模块(如无机化工产品的制备及质量评价、有机化工产品的合成及质量评价等)和仿真(知识与技能的综合应用)三部分组成。表 9.2 为化学实验技术国赛实操模块内容及要求的示例，每个模块的任务和评价重点均不相同，更加全面地考核选手的知识及技术的应用能力。

表 9.2 实操模块的考核内容、时间分配及赋分权重

编号	模块名称	项目名称	考核内容	考核时间	权重
A	无机化工产品的制备及质量评价	硫酸亚铁铵的制备及质量检验	安全健康环保 理论基础 仪器设备准备 溶液配制 无机物制备 产率计算 标准工作曲线制作 纯度分析 文明操作 质量评价 结果报告	360 min(其中产品制备操作 180 min、质量检验操作 180 min)	55%

续表

编号	模块名称	项目名称	考核内容	考核时间	权重
B	有机化工产品的合成及质量评价	乙酸乙酯的合成及质量评价	安全健康环保 理论基础 实验装置搭建 反应物用量计算 有机物合成 产品分离提纯 产率计算 含量分析 文明操作 质量评价 结果报告	210 min	45%
合计				570 min	100%

3. 大赛内容

化学实验技术是利用现代化学技术对各类天然或合成材料进行物理常数与化学性质的测定、定性与定量分析、制备与合成的专门技术技能。与化学实验技术相关的职业，主要包括《中华人民共和国职业分类大典(2022 年版)》中的“检验、检测和计量服务人员”“环境监测服务人员”“检验试验人员”等职业小类。化学实验技术人员适于在企业质量控制部门、研究和开发部门的化学实验室或在不同行业企业的环保部门工作，应能独立地完成物质的合成、生产质量控制、分析检验任务，制定实验室的工作计划，记录工作过程和评价工作结果等。在工作中必须遵守有关劳动安全、健康保护、环境保护及质量保证等的条例和规定。

依据世界技能大赛化学实验室技术项目说明，全国职业院校技能大赛化学实验技术赛项规程，国家化学检验员高级工(即国家职业资格三级)职业标准规定的应知、应会要求，化学实验技术竞赛项目的考核内容涵盖了化学实验技术人员特定职能和整体角色的执行，涉及物质的制备、定性分析、定量分析及质量控制。主要内容包括：化工产品生产涉及的过程，如物质的制备(产品的生产)、分离、试样的采集、物性常数和化学参数识别、纯度分析(如滴定分析、电化学分析、光谱分析、色谱分析等)、数据记录和结果计算及评价、质量控制、工作管理及健康和安全、废弃物处置等。在大赛提供的全面、公平、真实的平台上，结合评分标准的要求，综合评价选手的知识理解和技能掌握程度，执行国家及行业标准规范的能力，科学的实验工作方法和实验技巧，实事求是的科学态度，严谨细致的工作作风，清洁整齐的工作习惯，职业健康、安全、环保的意识等。

4. 基础知识要求

(1) 标准的定义，标准的分类与分级，标准的代号与编号。

(2) 标准物质的定义，标准物质的分类。

(3) 化学试剂的级别、标志、标签颜色及选用，化学试剂的取用方法及注意事项等。

(4) 化学实验室用水的级别及选用。

(5) 实验室常用仪器设备

一般玻璃仪器的名称、规格、主要用途、洗涤方法、选择和使用方法及使用注意事项。

滴定管、容量瓶及吸量管的常用规格、主要用途、洗涤方法、选择和使用方法、校准方法及使用注意事项。

电子天平的基本构造、称量原理、性能指标、选择和使用方法、使用注意事项和日常维护常识。

实验室常用电气设备(如电炉、电热恒温水浴锅、马弗炉、恒温干燥箱等)的选择和使用方法、使用注意事项和日常维护常识。

(6) 高压气体钢瓶的使用与维护:高压气体钢瓶的分类、标识及选用;减压阀的选择、安装和使用;高压气体钢瓶的存放及安全使用守则。

(7) 无机化学及实验操作基本知识。

(8) 有机化学及实验操作基本知识。

5. 专业知识要求

(1) 误差和数理处理

误差的分类、产生的原因及减免方法;准确度和精密度的定义,误差和偏差的计算方法;数值修约规则及有效数字运算规则;实验原始记录、结果的表示方法及报告的规范书写。

(2) 标准溶液

① 标准滴定溶液浓度的表示方法及计算,溶液浓度的换算。

② 配制标准滴定溶液的一般规定,标准滴定溶液的配制和标定方法。

③ 试剂溶液标签的书写,溶液的贮存方法及注意事项。

(3) 化学分析基本知识

① 滴定分析基本知识:滴定反应的条件,滴定分析法相关术语,滴定方式及其应用,滴定分析结果的计算。

② 酸碱滴定法:酸碱平衡的相关计算;缓冲溶液的选用、配制及计算方法;酸碱指示剂的选用;酸碱滴定法基本原理,酸碱滴定可行性的判断;酸碱标准滴定溶液的制备及计算;酸碱滴定结果的计算;酸碱滴定法的应用。

③ 沉淀滴定法:沉淀滴定反应的条件;常用沉淀滴定方法的基本原理、终点指示方法、滴定条件及适用范围;沉淀滴定结果的计算。

④ 配位滴定法:EDTA 及其金属配合物的性质;配位滴定基本原理;酸度对配位滴定的影响;金属指示剂的作用原理和常用金属指示剂适用的条件;单一离子准确滴定的条件,滴定混合离子酸度范围的选择,提高滴定选择性的方法;配位滴定方式及应用,配位滴定结果的计算。

⑤ 氧化还原滴定法:电极电位和能斯特公式的应用;影响氧化还原反应方向的因素;影响氧化还原反应速率的因素;高锰酸钾法、重铬酸钾法及碘量法滴定终点的指示方法;氧化还原滴定曲线的特点,氧化还原滴定突跃及其影响因素;高锰酸钾法、重铬酸钾法和碘量法的滴定原理、滴定条件、适用范围及结果计算;高锰酸钾法、重铬酸钾法和碘量法标准滴定溶液的制备方法。

⑥ 重量分析法:沉淀重量法和气化法原理;沉淀的类型,沉淀条件,沉淀重量法对称量形式和沉淀形式的要求,影响沉淀溶解度的因素,沉淀剂选择原则;影响沉淀纯度的因素;沉淀的过滤、洗涤及干燥方法;重量分析结果的计算;重量分析法的

应用。

(4) 仪器分析基本知识

① 紫外－可见分光光度法：光的特性，物质对光选择吸收的条件；紫外－可见吸收光谱的特点，有机物紫外吸收光谱的溶剂效应，紫外吸收光谱在有机物结构推断及纯度鉴定中的应用，紫外吸收光谱的定性分析；紫外－可见分光光度计的分类、基本组成部分及作用，紫外－可见分光光度计的使用、调试和日常维护方法；显色剂的种类和选择原则，显色反应条件和光度测量条件的选择；光吸收定律及其应用，定量方法。

② 红外吸收光谱法：红外吸收光谱法的特点，红外吸收光谱产生的条件，分子振动方程及应用，分子的振动形式；常见官能团的特征吸收频率及影响因素；红外光谱法的应用等。

③ 原子吸收分光光度法：原子吸收分光光度法的特点和应用范围；峰值吸收的条件；原子吸收光谱仪的分类、结构及工作流程；仪器的使用、调试方法及日常维护；定量方法；标准溶液和试液的制备方法；测量条件的选择，干扰的消除方法；灵敏度、检出限和回收率。

④ 电位分析法：电位分析基本原理；指示电极和参比电极的构造、电极电位及使用方法；直接电位法测定溶液 pH 的原理、方法及注意事项；标准缓冲溶液的制备；酸度计的使用方法；电位滴定装置的组成、电极的选择及终点的确定方法。

⑤ 库仑分析法：库仑分析基本知识；库仑滴定原理及装置，终点指示方法；恒电位库仑分析原理及装置；微库仑分析原理及装置。

⑥ 气相色谱法：气相色谱法基本术语；气相色谱仪的工作流程和分离原理；气相色谱仪的主要组成部分、各部分的作用及工作条件的选择；气相色谱柱的种类、固定相的分类和选择方法；气相色谱仪检测器的种类、检测原理、性能指标和工作条件的选择；气相色谱操作条件的选择；提高气相色谱分离度的有效途径；气相色谱的定性和定量分析方法；气相色谱仪的使用、气相色谱数据处理机的使用。

⑦ 高效液相色谱法：高效液相色谱法的特点、分类及选用；高效液相色谱仪的流程、主要组成部分及其作用，常用检测器；流动相溶剂的处理方法；正、反相键合固定相色谱的分离原理，固定相的特点、类型及应用范围，常用的流动相，键合相色谱的应用。

6. 操作技能基本要求

(1) 物质制备项目要求

① 能合理选择原料，制备常见无机物和有机物。

② 能正确计算反应物用量及配比。

③ 能合理选择及控制物质制备条件。

④ 能正确进行物质制备及分离提纯操作。

⑤ 能正确记录及处理物质制备数据。

⑥ 能正确计算制备物质的纯度及产率。

(2) 化学分析项目要求

① 能正确洗涤普通玻璃仪器，器壁不挂水珠。

② 能根据滴定剂性质合理选用滴定管，正确进行滴定管的检查、试漏、涂油等

操作。

③ 能正确进行滴定管的装液、赶气泡、读数及滴定操作，合理控制滴定速度，掌握近终点时 1/2 滴或 1/4 滴溶液加入技术。

④ 能根据待滴定物质性质合理选用指示剂，正确判断滴定终点。

⑤ 能用电子天平准确称取规定质量的物质。能正确使用干燥器、称量瓶等。

⑥ 能正确进行基准物质的溶解、定量转移、稀释及摇匀等操作。

⑦ 能正确填写操作考核报告单、数据记录、结果计算和有效数字的保留，标定结果的精密度和准确度达到规定要求。

⑧ 能安全进行各项操作，保持台面整洁，注意环境保护。

(3) 仪器分析项目要求

① 能正确使用紫外-可见分光光度计等分析仪器。

② 能正确绘制吸收曲线，确定吸收波长正确选择各类仪器分析操作条件。

③ 能正确稀释试样溶液。

④ 能正确配制标准系列溶液，绘制标准曲线，确定试样溶液浓度。标准曲线绘制方法由参赛选手自行设计。

⑤ 能正确填写操作考核报告单，进行数据记录，测定结果的准确度达到规定要求。

⑥ 能安全进行各项操作，保持台面整洁，注意环境保护。

9.2.2 化学实验技术技能大赛的命题

1. 命题依据

① 世界技能大赛化学实验技术项目(WSC 2019 TD52 V1.0)说明；

② 国家《化学检验工》高级工(或国家职业资格三级)职业标准；

③ 化学实验技术国赛、省赛技术要求；

④ 化学检验工岗位工作要求；

⑤ 职业教育特点。

2. 命题原则

化学实验技术技能大赛的根本目的是将大赛要求贯穿于教学和岗位工作中，以大赛促教学、促生产，以达到全员都能参赛而不是选拔参赛，这样才能全面提升岗位化学检验人员的素质。大赛的命题原则如下：

① 理论知识考核的广度和深度以化学检验工职业标准和职业岗位技能应用要求为度；

② 职业技能操作考核以化学检验工职业标准的技能模块对应的技能规范和职业岗位技能要求为准；

③ 命题既有利于人才的选拔，又有利于职业教育的健康发展与教学质量的普遍提升。

3. 试题综合分析

(1) 优势性分析。自 2006 年以来化学实验技术技能国赛命题的依据均为国家化学检验工高级工(或国家职业资格三级)职业标准和岗位技能要求。

理论题库含有 2 000 多道题，内容几乎涵盖所有技能点，要求选手对内容熟练，在 60

min 内完成 100 道试题和气相色谱等仿真操作。

技能操作主要考核滴定分析技术和紫外–可见分光光度分析技术和色谱分析技术等的应用,充分体现了对技能操作的熟练程度、规范程度和准确程度的考核。直接采用了岗位常用的国家标准方法,贴近实际,技能综合性较强。详细而严谨的评分标准,充分体现了化学检验过程和结果的考核、鉴定要求。

(2) 缺陷性分析。操作技能考核内容的范围较小,几年来主要为滴定分析技术和紫外–可见分光光度分析技术应用的考核,缺少物理参数、分析仪器性能指标的测试,实验条件的选择较少。设计与创新的空间相对较小,限制了选手创新能力的培养和提高。

4. 命题方向

(1) 理论知识

理论考核内容的覆盖面将增大,具体内容见化学检验工国家职业标准中职业技能模块的技能规范及其对应的知识要求。

知识的应用性加强,引导职业教育对学生学习能力和知识灵活运用能力的培养。

加强理论联系实际能力的考核,引导职业教育加强理论联系实际的教学,培养学生综合运用所学知识观察问题、分析问题和解决问题的能力。

(2) 操作技能

化学检验方案的设计,检验记录和检验报告的设计;采样和制样;容量器皿的校准;分析仪器性能的测试;实验条件的选择;仪器设备、溶剂、试剂等的选用;称量技术;滴定分析技术;紫外–可见分光光度、直接电位、电位滴定、原子吸收光谱、气相色谱和高效液相色谱等仪器分析技术的应用;物理参数的测量技术等。化学检验结果准确度、操作技能的规范性、完成操作的时间要求等都将不断提高。重点考核学生实验操作能力,引导职业教育重视对学生操作技能的培养,体现技术教育、技能教育,培养高素质的职业岗位技能直接应用型人才。

5. 培训方法及要求

教学中可采用"教、学、做"一体化的方式,结合化学检验实际,注重知识点的理解记忆,培养学生良好的学习方法和学习习惯,提高其学习能力。通过到企业化学检验一线岗位参观和实习,扩大眼界、打开思路,明确岗位化学检验工作要求,激发求知欲。充分利用规范的操作视频、动画等,通过操作演示,加强操作技能的规范性、测定结果的准确性和操作的流畅性,提高人才培养的质量和效率。

9.3 化学实验技术技能大赛理论知识和操作技能训练

9.3.1 理论知识

这里提供了一份化学实验技术技能大赛的理论知识考核样卷,借此了解理论知识考核的大致范围和要求。

1. 判断题(每题 1 分,共 30 分)

(1) 推荐性标准,不具有强制性;违反这类标准,不构成经济或法律方面的责任。(　　)

(2) 仲裁分析结果比验证分析结果的准确度高。(　　)

(3) 当产品中的某项指标达不到国家标准的要求时,需要制定企业标准。(　　)

(4) 分析天平及砝码应该及时检定,一般规定检定间隔不超过一年。(　　)

(5) 用 Q 值检验法舍弃一个可疑值后,应对其余数据继续检验,直至无可疑值为止。(　　)

(6) 用间接碘量法测定胆矾含量时,可在中性或弱酸性溶液中用 $Na_2S_2O_3$ 标准溶液滴定反应生成的 I_2。(　　)

(7) 在水的总硬度测定中,必须依据水中 Ca^{2+} 的性质选择滴定条件。(　　)

(8) 显色剂用量对显色反应有影响,显色剂过量太多会发生副反应、改变有色配合物的配位比等。因此,必须通过实验合理选择显色剂的用量。(　　)

(9) 紫外吸收光谱与可见吸收光谱一样,是由 K 层和 L 层电子的跃迁而产生的。(　　)

(10) 有机化合物的定性一般用红外光谱。紫外光谱常用于有机化合物的官能团定性。(　　)

(11) 用紫外分光光度法测定试样中有机化合物含量时,所用的吸收池可用丙酮清洗。(　　)

(12) 单波长双光束分光光度计,使用了两个单色器。(　　)

(13) 在红外光谱分析中,对不同分析试样(固体、液体和气体)应选用相应的吸收池。(　　)

(14) 灵敏度和检测限是衡量原子吸收光谱仪性能的两个重要指标。(　　)

(15) 原子吸收光谱分析的波长范围是 190～800 nm。(　　)

(16) 石墨炉原子吸收测定中,所使用的惰性气体的作用是保护石墨管不因高温灼烧而氧化、作为载气将汽化的试样物质带走。(　　)

(17) 干扰消除的方法分为两类:一类是不分离的情况下消除干扰;另一类是分离杂质消除干扰。应尽可能采用第一类方法。(　　)

(18) 色谱分析中,噪声和漂移产生的原因主要有检测器不稳定、检测器和数据处理方面的机械和电噪声、载气不纯或压力控制不稳、色谱柱的污染等。(　　)

(19) 色谱分析中,只要组分浓度达到检测限就可以进行定量分析。(　　)

(20) 通常气相色谱仪的载气流速,设定在最佳流速或者更高一点。(　　)

(21) 程序升温的初始温度,应设置在试样中最易挥发组分的沸点附近。(　　)

(22) ID 表是色谱数据处理机进行色谱峰定性和定量的依据。(　　)

(23) HP Chem 工作站中,主要由方法与运行控制、数据处理及报告设计三个页面控制色谱工作站的各种功能。(　　)

(24) 由于高效液相色谱流动相系统的压力非常高,因此只能采取阀进样。(　　)

(25) 煤样制备过程中应进行破碎、过筛:弃去筛上的部分,筛下的部分混匀、缩分。(　　)

(26) 化工产品质量检验中,主成分含量达到标准规定的要求,如仅有一项杂质含量不能达到标准规定的要求时,可判定为合格产品。(　　)

(27) 气体分析中,混合气体中各组分的含量不随温度及压力的变化而变化。(　　)

(28) 含有多元官能团的化合物的相对密度总是大于 1.0。(　　)

(29) 物质的折射率随着温度的升高而降低。(　　)

(30) 乙酰化法适合所有羟基化合物的测定。(　　)

2. 单选题(每题 1 分,共 50 分)

(1) 具有一种或多种足够均匀和很好确定了的特性值,用以校准设备、评价测量方法或给材料定值的材料或物质称为(　　)。

A. 标准　　B. 标准化工作　　C. 标准物质　　D. 分析纯试剂

(2) 国家标准的有效期一般为(　　)年。

A. 2　　B. 3　　C. 5　　D. 10

(3) 一种分析方法的准确度是反映该方法(　　)的重要指标,它决定着分析结果的可靠性。

A. 系统误差　　B. 随机误差　　C. 标准偏差　　D. 正确

(4) 置信区间的大小受(　　)的影响。

A. 测定次数　　B. 平均值　　C. 置信度　　D. 真值

(5) 下列有关分析天平性能或使用方法的说法正确的是(　　)。

A. 分析天平的灵敏度越高越好

B. 分析天平的零点是天平达到平衡时投影屏的读数

C. 某坩埚的质量为 15.461 3 g,则所用 1 g 以上砝码的组合应为:10 g,2 g,2 g,1 g

D. 用半机械加码电光天平以直接称量法称量时,投影屏读数迅速向右偏转,则需减砝码

(6) 用 0.100 0 $mol \cdot L^{-1}$ NaOH 标准溶液滴定同浓度的 $H_2C_2O_4$($K_{a_1}=5.9\times10^{-2}$、$K_{a_2}=6.4\times10^{-5}$)时,有几个滴定突跃? 应选用何种指示剂? (　　)

A. 两个,甲基橙($pK_{HIn}=3.40$)　　B. 两个,甲基红($pK_{HIn}=5.00$)

C. 一个,溴百里酚蓝($pK_{HIn}=7.30$)　　D. 一个,酚酞($pK_{HIn}=9.10$)

(7) 某溶液中主要含有 Fe^{3+}、Al^{3+}、Pb^{2+}、Mg^{2+},以乙酰丙酮为掩蔽剂,六亚甲基四胺为缓冲溶液,在 pH=5～6 时,以二甲酚橙为指示剂,用 EDTA 标准溶液滴定,所测得的是(　　)含量。

A. Fe^{3+}　　B. Al^{3+}　　C. Pb^{2+}　　D. Mg^{2+}

(8) 用氯化钠基准试剂标定 $AgNO_3$ 溶液浓度时,溶液酸度过大会使标定结果(　　)。

A. 偏高　　B. 偏低　　C. 不影响　　D. 难以确定其影响

(9) 在下列杂质离子存在下,以 Ba^{2+} 沉淀 SO_4^{2-} 时,沉淀首先吸附(　　)。

A. Fe^{3+}　　B. Cl^-　　C. Ba^{2+}　　D. NO_3^-

(10) 正萃取过程的本质是(　　)。

A. 使待分离组分由小分子转变为大分子　　B. 使待分离组分由疏水性变成亲水性

C. 使待分离组分由亲水性变成疏水性　　D. 使待分离组分价态发生改变

(11) 下列树脂属于强碱性阴离子交换树脂的是(　　)。

A. $RN(CH_3)_3OH$　　B. RNH_3OH

C. $RNH_2(CH_3)OH$　　D. $RNH(CH_3)_2OH$

(12) 某化合物在正己烷和乙醇中,分别测得最大吸收波长为$\lambda_{max}=317$ nm 和$\lambda_{max}=305$ nm:该吸收的跃迁类型为(　　)。

A. $\sigma\rightarrow\sigma^*$　　B. $n\rightarrow\sigma^*$　　C. $\pi\rightarrow\pi^*$　　D. $n\rightarrow\pi^*$

(13) 双波长分光光度法,以(　　)作参比。

A. 试样溶液本身　　B. 蒸馏水

C. 空白溶液　　D. 试剂

(14) 在分光光度分析中,绘制标准曲线和进行试样测定时,应使(　　)保持一致。

A. 浓度　　B. 温度　　C. 标样量　　D. 吸光度

(15) 用分光光度法测定试样中两组分含量时,若两组分吸收曲线重叠,则其定量方法是根据(　　)建立的多组分光谱分析数学模型。

A. 朗伯定律　　B. 朗伯定律和加和性原理

C. 比尔定律　　D. 比尔定律和加和性原理

(16) 适宜的显色时间和有色溶液的稳定程度,可以通过(　　)确定。

A. 推断　　B. 查阅文献　　C. 实验　　D. 计算

(17) 用硫氰酸盐作显色剂测定Co^{2+}时Fe^{3+}有干扰,可用(　　)作为掩蔽剂。

A. 氟化物　　B. 氯化物　　C. 氢氧化物　　D. 硫化物

(18) 对高聚物多用(　　)法制样后,再进行红外吸收光谱测定。

A. 薄膜　　B. 糊状　　C. 压片　　D. 混合

(19) 下列乙烯的振动模式中,能产生红外活性振动的是(　　)。

A. 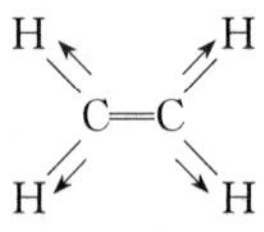

B. 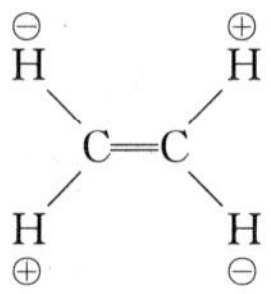

C. 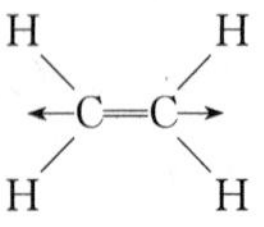

D. 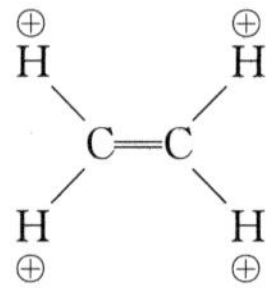

(20) 原子吸收光谱是(　　)。

A. 带状光谱　　B. 线性光谱　　C. 宽带光谱　　D. 分子光谱

(21) 原子吸收光谱法是基于从光源辐射出待测元素的特征谱线,通过试样蒸气时,被蒸气中待测元素的(　　)所吸收,由辐射特征谱线减弱的程度,求出试样中待测元素含量。

A. 分子　　B. 离子　　C. 激发态原子　　D. 基态原子

(22) 电导滴定法是根据滴定过程中由于化学反应所引起的溶液(　　)来确定滴定终点的。

A. 电导　　B. 电导率　　C. 电导变化　　D. 电导率变化

(23) 电位滴定法是根据(　　)确定滴定终点的。

A. 指示剂颜色变化　　B. 电极电位

C. 电位突跃　　D. 电位大小

(24) 卡尔·费休法测定水分时，是根据(　　)时需要定量的水参加而测定试样中水分的。

A. SO_2 氧化 I_2　B. I_2 氧化 SO_2　C. I_2 氧化甲醇　D. SO_2 氧化甲醇

(25) 离子选择电极的选择性，主要取决于(　　)。

A. 离子浓度　B. 电极膜活性材料的性质

C. 待测离子活度　D. 测定温度

(26) 在色谱分析中：采用内标法定量时，应通过文献或测定得到(　　)。

A. 内标物的绝对校正因子　B. 待测组分的绝对校正因子

C. 内标物的相对校正因子　D. 待测组分相对于内标物的相对校正因子

(27) 去除载气中的微量水分，通常使用变色硅胶过滤器：正常状态良好的变色硅胶过滤器中装填的变色硅胶，应呈(　　)色。

A. 黄　B. 粉　C. 白　D. 蓝

(28) 液相色谱中，通用型检测器是(　　)检测器。

A. 紫外吸收　B. 示差折光　C. 热导池　D. 氢焰

(29) 正己烷、正己醇、苯在正相色谱中的洗脱顺序为(　　)。

A. 正己醇、苯、正己烷　B. 正己烷、苯、正己醇

C. 苯、正己烷、正己醇　D. 正己烷、正己醇、苯

(30) 在三节管式炉中测定煤中的碳、氢元素，煤样中硫的干扰可用(　　)消除。

A. 碱石棉　B. 银丝卷　C. 铬酸铅　D. 粒状二氧化锰

(31) 艾氏卡法测定全硫的方法中，艾氏卡试剂的组成为(　　)。

A. 1 份 MgO + 2 份 Na_2CO_3　B. 2 份 MgO + 1 份 Na_2CO_3

C. 1 份 MgO + 2 份 $Ca(OH)_2$　D. 2 份 MgO + 1 份 $Ca(OH)_2$

(32) 用燃烧后气体容量法测定钢铁中碳含量：在 101.3 kPa 和 16 ℃时，每毫升刻度相当于每克试样中含(　　)碳。

A. 0.005%　B. 0.01%　C. 0.05%　D. 0.5%

(33) 用电导法测定钢铁中碳含量时：用下列(　　)吸收液吸收 CO_2 后，电导率增加。

A. 氢氧化钠　B. 氢氧化钾

C. 氢氧化钡　D. 高氯酸钡

(34) 有效磷是指水溶性磷和(　　)之和。

A. 弱碱溶性磷　B. 弱酸溶性磷

C. 强碱溶性磷　D. 强酸溶性磷

(35) 向 40 mL 含 CO、CH_4、N_2 的混合气体中加入过量的氧气，经充分燃烧后：测得其体积缩减了 42 mL，生成 CO_2 为 36 mL，则该气体中 CH_4 的体积分数为(　　)。

A. 10%　B. 40%　C. 50%　D. 90%

(36) 用气体吸收法，测定 CO_2、O_2、CO 混合气体中各组分的体积分数时，其依次的吸收顺序为(　　)。

A. CO、CO_2、O_2　B. CO_2、O_2、CO

C. CO_2、CO、O_2　D. CO、O_2、CO_2

(37) 下列燃烧方法中,不必加入燃烧所需的助燃气体的是(　　)。

A. 爆炸法　　　　B. 缓慢燃烧法

C. 氧化铜燃烧法　　　　D. 爆炸法或缓慢燃烧法

(38) 下列(　　)燃烧方法中,可燃气体含量不能处在爆炸范围内。

A. 爆炸　　B. 缓慢　　C. 氧化铜　　D. 爆炸或缓慢

(39) 在下列密度测定方法中,(　　)适用于易挥发物质密度的测定。

A. 密度瓶法　　　　B. 韦氏天平法

C. 密度计法　　　　D. 韦氏天平法或密度瓶法

(40) 下列(　　)黏度计,能用于测定物质的绝对黏度。

A. 恩氏　　B. 毛细管　　C. 旋转　　D. 赛氏

(41) 用钠熔法分解有机物后,以稀 HNO_3 酸化并煮沸 5 min,加入 $AgNO_3$ 溶液,若有淡黄色沉淀出现,则说明该有机物含(　　)元素。

A. S　　B. X(卤素)　　C. N　　D. C

(42) 用氧瓶燃烧法测定卤素含量时,试样分解后,燃烧瓶中棕色烟雾未消失即打开瓶塞,将使测定结果(　　)。

A. 偏高

B. 偏低

C. 偏高或偏低

D. 棕色物质与测定对象无关,不影响测定结果

(43) 有机物的溴值是指(　　)。

A. 有机物的含溴量

B. 100 g 有机物需加成的溴的质量(g)

C. 100 g 有机物需加成的溴的物质的量

D. 与 100 g 溴加成时消耗的有机物的质量(g)

(44) 测定某右旋物质,用蒸馏水校正零点为$-0.55°$,该物质溶液在旋光仪上读数为6.24°,则其旋光度为(　　)。

A. $-6.79°$　　B. $-5.69°$　　C. 6.79°　　D. 5.69°

(45) 测定熔点时,如试样中有杂质,将使测定的熔点值(　　)。

A. 升高　　B. 降低　　C. 升高或降低　　D. 不影响

(46) 有机物经钠熔后的溶液用稀 HAc 酸化,加入稀 $Pb(Ac)_2$ 溶液,有黑色沉淀,说明该化合物中含(　　)元素。

A. N　　B. S　　C. I　　D. Cl

(47) 测定液体的折射率时,在目镜中应调节观察到下列(　　)图形式时才能读数。

A. 　　B. 　　C. 　　D. 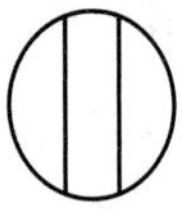

(48) 用密度瓶法在 20 ℃条件下测定物质密度时,得到:纯水质量为 50.250 6 g、试样质量为 48.360 0 g(已知 20 ℃时,纯水的密度为 $0.998\ 2\ g\cdot cm^{-3}$),则该试样的密度为

(　　)$g\cdot cm^{-3}$。

A. 0.960 6　　B. 1.037 2　　C. 0.964 1　　D. 1.041 0

(49) 用碘酸钠氧化法测定糖类含量时,其测定对象为(　　)。

A. 醛糖　　B. 酮糖　　C. 醛糖和酮糖　　D. 蔗糖

(50) 用毛细管测定物质的熔点时,熔点管内装入试样的高度应为(　　)。

A. 1～2 mm　　B. 2～3 mm　　C. 4 mm　　D. 0.5～1 mm

3. 多选题(每题 1 分,共 20 分)

(1) 下列量器中,可用于量取试样溶液体积的是(　　)。

A. 滴定管　　B. 移液管　　C. 吸量管　　D. 量筒

(2) 水的总硬度测定中,不需用蒸馏水淋洗的容器是(　　)。

A. 锥形瓶　　B. 滴定管

C. 取水样的移液管　　D. 水样瓶

(3) 在可见分光光度法中,理想的工作曲线应该是重现性好且通过原点的直线:在实际工作中,引起工作曲线不能通过原点的主要因素是(　　)。

A. 参比溶液的选择和配制不当

B. 显色反应和反应条件的选择控制不当

C. 试液和参比溶液所用的吸收池厚度不一致

D. 试液和参比溶液所用的光源性能不一致

(4) 溶液的酸度对光度测定有显著影响,它影响待测组分的(　　)。

A. 吸收光谱　　B. 显色剂形态

C. 吸光系数　　D. 待测组分的化合状态

(5) 分光光度计维护保养,应考虑(　　)的影响。

A. 温度　　B. 湿度　　C. 防尘　　D. 防震

(6) 紫外分光光度法对有机物进行定性分析的依据是(　　)等。

A. 峰的形状　　B. 曲线坐标　　C. 峰的数目　　D. 峰的位置

(7) 一台分光光度计的校正,应包括(　　)等。

A. 波长的校正　　B. 吸光度的校正

C. 杂散光的校正　　D. 吸收池的校正

(8) 在原子吸收光谱分析中,为了防止回火,各种火焰点燃和熄灭时,燃气与助燃气的开关必须遵守的原则是(　　)。

A. 先开助燃气,后关助燃气　　B. 先开燃气,后关燃气

C. 后开助燃气,先关助燃气　　D. 后开燃气,先关燃气

(9) 为了使标准溶液的离子强度与试液的离子强度相同,通常采用的方法是(　　)。

A. 固定离子溶液的本底　　B. 加入离子强度调节剂

C. 向溶液中加入待测离子　　D. 将标准溶液稀释

(10) 色谱柱的温度会影响(　　),因此应严格控制。

A. 色谱柱的柱效　　B. 色谱柱的分离度

C. 色谱柱的选择性　　D. 组分的分配系数

(11) 下列有关色谱检测器的灵敏度和检测限的说法正确的是(　　)。

A. 灵敏度和检测限都是衡量检测器敏感程度的指标，前者越大、后者越小，检测器的性能越好

B. 灵敏度是指通过检测器物质的量变化时，该物质响应值的变化率

C. 检测限是指产生两倍于噪声信号的响应值时，进入检测器的组分的量

D. 灵敏度表示检测器对组分的敏感程度，检测限表示检测器可以测量的组分最低浓度

(12) 在色谱分析中：表示相邻两组分分离的好坏，可用(　　)来说明。

A. 分离度　B. 相对保留值　C. 分配系数　D. 容量因子

(13) 色谱分析中的内标法，适用于(　　)试样的分析。

A. 需要较复杂的前处理过程的　B. 进样量难以精确控制的

C. 组分复杂出峰不完全的　D. 色谱条件常会发生微小变化的

(14) 在 HP Chem 工作站上，可以采用(　　)方法来消除基线不稳造成的小峰的误识别。

A. 设定最小检出峰高　B. 设定最小检出面积

C. 设定更高的峰检出域值　D. 设定更大的基线漂移

(15) 下列组分中，在 FID 中有响应的是(　　)。

A. 氦气　B. 氮气　C. 甲烷　D. 甲醇

(16) 水质分析中(　　)等分析方法，最为常用。

A. 重量法　B. 滴定法　C. 吸光光度法　D. 比浊法

(17) 肥料中氨态氮的测定方法有(　　)。

A. 甲醛法　B. 铁粉还原法　C. 蒸馏滴定法　D. 酸量法

(18) 硅酸盐试样处理中，半熔(烧结)法与熔融法相比较，其优点为(　　)。

A. 熔剂用量少　B. 熔样时间短

C. 分解完全　D. 干扰少

(19) 化工生产分析，涉及的范围包括(　　)分析。

A. 原材料　B. 中间产品　C. 产品　D. 副产品

(20) 下列物理常数的测定中，需要进行大气压力校正的是(　　)。

A. 恩氏黏度　B. 开口闪点　C. 熔点　D. 沸点或馏程

9.3.2 操作技能

化学检验工技能鉴定及化学实验技术技能大赛的操作考核是化学检验过程和检验结果的综合考核。2006 年以来的国赛、省赛及市赛等考核的要求基本相似，化学分析主要考核滴定分析技术，仪器分析主要考核紫外-可见分光光度分析技术。具体案例如下：

1. 化学分析项目：EDTA 标准溶液的标定及硫酸镍试液中镍的测定

(1) 目的

① 了解 EDTA 标准溶液的标定原理；

② 掌握常用的标定 EDTA 标准溶液的方法；

③ 掌握用配位滴定法直接测定金属离子的原理和方法；

④ 掌握铬黑 T 和紫脲酸铵指示剂的应用条件及终点颜色的判断方法。

(2) 原理

见本书 4.3.2。

(3) 仪器和试剂

① 仪器设备

a. 电子天平(200 g,0.1 mg),1 台;

b. 电子天平(100 g,0.1 g),1 台;

c. 酸式或聚四氟乙烯旋塞滴定管(50 mL),1 支;

d. 锥形瓶(250 mL),8 个;

e. 容量瓶(250 mL),1 个;

f. 移液管(25 mL),1 支。

② 试剂

a. 氧化锌,基准试剂;

b. 5 $g \cdot L^{-1}$铬黑 T 指示剂;

c. EDTA 标准溶液(约 0.05 $mol \cdot L^{-1}$);

d. 20% HCl 溶液;

e. 10% $NH_3 \cdot H_2O$;

f. NH_3-NH_4Cl 缓冲溶液,pH≈10;

g. 硫酸镍试液;

h. 紫脲酸铵固体指示剂:称取 1 g 紫脲酸铵及 200 g 干燥的氯化钠,混匀,研细。

(4) 步骤

EDTA 标定:准确称取 1.5 g 已于(800±50) ℃的高温炉灼烧至恒重的工作基准试剂氧化锌,用少量水湿润,加 20 mL 20%的盐酸溶解,移入 250 mL 容量瓶中、定容。移取 25.00 mL 于 250 mL 锥形瓶中,加 70 mL 蒸馏水,用 10%的氨水调节溶液至 pH 为 7~8,加入 10 mL 氨-氯化铵缓冲溶液(pH≈10)及3~4 滴5 $g \cdot L^{-1}$的铬黑 T 指示剂,用 EDTA 溶液滴定至溶液由紫色恰好变为纯蓝色。平行标定三次。同时进行空白试验。

试样分析:准确称取 2.8 g 硫酸镍试样于 250 mL 锥形瓶中,加入 70 mL 蒸馏水,加 10 mL NH_3-NH_4Cl 缓冲溶液及 0.2 g 紫脲酸铵固体指示剂,用 EDTA 标准溶液滴定至溶液呈蓝紫色。平行测定三次。同时进行空白试验。

(5) 数据记录

① EDTA(0.05 $mol \cdot L^{-1}$)标准溶液的标定

序号	1	2	3
m(倾样前)/g			
m(倾样后)/g			
m(ZnO)/g			
V (初)/mL			
V (终)/mL			
V (消耗)/mL			

续表

序号	1	2	3
V (空白)/mL			
V (体校)/mL			
溶液温度/ ℃			
温度补正值			
V (温校)/mL			
V (实际)/mL			
c(EDTA)/(mol·L^{-1})			
$\bar{c}$(EDTA)/ (mol·L^{-1})			
极差(平均值)/%			

② 硫酸镍中镍含量的测定

序号	1	2	3
m(倾样前)/g			
m(倾样后)/g			
m(试样)/g			
V (初)/mL			
V (终)/mL			
V (消耗)/mL			
V (空白)/mL			
V (体校)/mL			
溶液温度/℃			
温度补正值			
V (温校)/mL			
V (实际)/mL			
w(Ni)/(g·kg^{-1})			
$\overline{w}$(Ni)/(g·kg^{-1})			
极差(平均值)/%			

(6) 结果计算

计算 EDTA 标准溶液的物质的量浓度(mol·L^{-1})及硫酸镍试液中镍的质量分数(g·kg^{-1}),其计算公式如下。

$$c(\mathrm{EDTA})=\frac{m(\mathrm{ZnO})\times\dfrac{25.00}{250.0}\times 1\,000\ \mathrm{mL\cdot L^{-1}}}{M(\mathrm{ZnO})V(\mathrm{EDTA})}$$

式中: c(EDTA)——EDTA 标准溶液的物质的量浓度,mol·L^{-1};

m(ZnO)——基准氧化锌的质量,g;

V(EDTA)——滴定消耗 EDTA 标准溶液的体积,mL;

$M(\mathrm{ZnO})$——氧化锌的摩尔质量，81.39 $\mathrm{g \cdot mol^{-1}}$。

$$w(\mathrm{Ni})=\frac{c(\mathrm{EDTA})\times V(\mathrm{EDTA})\times M(\mathrm{Ni})}{m\times 1\,000\ \mathrm{mL\cdot L^{-1}}}\times 1\,000\ \mathrm{g\cdot kg^{-1}}$$

式中：$w(\mathrm{Ni})$——镍的质量分数，$\mathrm{g\cdot kg^{-1}}$；

$c(\mathrm{EDTA})$——EDTA 标准溶液的物质的量浓度，$\mathrm{mol\cdot L^{-1}}$；

$V(\mathrm{EDTA})$——滴定消耗 EDTA 标准溶液的体积，mL；

$M(\mathrm{Ni})$——镍的摩尔质量，58.69 $\mathrm{g\cdot mol^{-1}}$；

m——试样的质量，g。

附：EDTA 标准溶液的标定及硫酸镍中镍的测定参照《化学分析操作考核评分细则》(如表 9.3 所示)评分。

表 9.3　化学分析操作考核评分细则

项目/分值	考核内容	分值	扣分说明	考核记录	扣分	得分
(一)天平称量(8分)	电子天平的准备	1	① 检查、调节天平水平			
			② 清扫天平			
			③ 调零			
			注：每错一项扣 0.5 分，本大项的分扣完为止			
	称量操作	2	① 干燥器的使用方法			
			② 称量瓶的取放方法			
			③ 称量物、称量接受器等物品的摆布			
			④ 敲样(称量瓶)、滴液(滴瓶)次数(≤3 次)			
			⑤ 关闭天平门后的读数			
			⑥ 数值稳定后的读数			
			注：每错一项扣 0.5 分，本大项的分扣完为止			
	称量质量范围	4	① 在指定质量的±5%范围内不扣分			
			② 在指定质量的±(5～10) %范围内 1 个扣 1 分			
			③ 大于指定质量的±10%范围 1 个扣 2 分			
			注：本大项的分扣完为止			
	称量结束工作	1	① 天平复原			
			② 除天平以外的称量相关用品的复位			
			③ 天平使用记录			
			注：每错一项扣 0.5 分，本大项的分扣完为止			
	重新称量		物质重新称量 1 次扣 4 分			

续表

项目/分值	考核内容	分值	扣分说明	考核记录	扣分	得分
(二)容量瓶的使用(3分)	物质的溶解及转移	1	① 物质在烧杯中溶解完全后再转入容量瓶			
			② 溶液由烧杯转移到容量瓶的方法正确			
			③ 溶液转移后烧杯的洗涤次数不少于3次			
			注:每错一项扣0.5分,本大项的分扣完为止			
	容量瓶的使用	2	① 定容方法			
			② 液面调节准确			
			③ 摇匀操作方法			
			④ 摇匀次数≥15			
			注:每错一项扣0.5分,本大项的分扣完为止			
	溶液重配		溶液重配1次扣5分			
(三)移液管的使用(5分)	移液管的准备	2	① 从烧杯中吸取溶液润洗移液管			
			② 插入溶液前管尖及其外壁擦拭方法、次数			
			③ 润洗液的用量			
			④ 润洗次数≥3次			
			注:每错一项扣0.5分,本大项的分扣完为止			
	移液管移取溶液的操作	1	① 插入溶液前管尖及其外壁的擦拭			
			② 移液管尖插入溶液的深度			
			③ 移液操作方法			
			注:每错一项扣0.5分,本大项的分扣完为止			
	移液管液面的调节	1	① 调节液面前管尖外壁的擦拭			
			② 液面调节方法			
			③ 液面调节准确			
			④ 液面不得调过			
			注:每错一项扣0.5分,本大项的分扣完为止			
	移液管放液操作	1	① 放液方法			
			② 放液结束后的停留时间			
			注:每错一项扣0.5分,本大项的分扣完为止			
	试液重吸		因吸空等原因重吸1次扣2分			
(四)滴定操作(12分)	滴定管润洗方法	1	① 溶液润洗方法			
			② 溶液润洗次数			
			注:每错一项扣0.5分,本大项的分扣完为止			

续表

项目/分值	考核内容	分值	扣分说明	考核记录	扣分	得分
(四)滴定操作(12分)	滴定管装液方法	2	① 装液前摇匀试剂瓶中溶液			
			② 溶液由试剂瓶直接装入滴定管			
			③ 装液时溶液不得淋在滴定管外			
			④ 滴定管尖无气泡			
			注:每错一项扣 0.5 分,本大项的分扣完为止			
	零点调节	1	① 零点调节正确			
			② 管尖残液处理正确			
			注:每错一项扣 0.5 分,本大项的分扣完为止			
	滴定操作	2	① 滴定速度适当			
			② 由半滴操作到达终点			
			注:每错一项扣 1 分,本大项的分扣完为止			
	滴定终点	4	① 标定终点判断正确			
			② 测定终点判断正确			
			注:每错一项扣 1 分,本大项的分扣完为止			
	读数	2	① 读数前的静置时间			
			② 读数准确			
			注:每错一项扣 1 分,本大项的分扣完为止			
	实验重做		重做 1 次扣 6 分			
(五)数据记录(2分)	原始数据记录	2	① 数据直接填在报告单上			
			② 数据记录及时			
			③ 滴定管体积校正正确			
			注:每错一项扣 1 分,本大项的分扣完为止			
(六)文明操作(2分)	仪器的洗涤、台面的整洁、“三废”处理、实验结束	2	① 实验前、后仪器的洗涤			
			② 实验过程中及实验结束后台面整洁			
			③ 废纸、废液不乱扔、乱倒			
			④ 实验结束后仪器、试剂等用品的归位			
			注:每错一项扣 0.5 分,本大项的分扣完为止			
	仪器损坏		损坏仪器 1 件扣 2 分			
(七)报告与数据处理(8分)	实验报告	4	① 不空项			
			② 单位齐全、正确			
			③ 有效数字位数正确			

续表

项目/分值	考核内容	分值	扣分说明	考核记录	扣分	得分
（七）报告与数据处理（8分）	实验报告		④ 报告整洁、不修改			
			注:每错一项扣 0.5 分,本大项的分扣完为止			
	涂改非原始数据		涂改非原始数据一个扣 2 分			
	涂改原始数据		涂改原始数据竞赛成绩为零			
	结果计算	4	① 计算公式正确			
			② 溶液温度校准值正确			
			③ 计算结果正确			
			注:每错一项扣 1 分,本大项的分扣完为止			
（八）标定结果评价（30分）	精密度(相对极差)	15	相对极差≤0.1 %		0	
			0.1%<相对极差≤0.2%		3	
			0.2%<相对极差≤0.3%		6	
			0.3%<相对极差≤0.4%		9	
			0.4%<相对极差≤0.5%		12	
			相对极差>0.5%		15	
	准确度(相对误差)	15	|相对误差|≤0.1%		0	
			0.1%<|相对误差|≤0.2%		3	
			0.2%<|相对误差|≤0.3%		6	
			0.3%<|相对误差|≤0.4%		9	
			0.4%<|相对误差|≤0.5%		12	
			|相对误差|>0.5%		15	
（九）测定结果评价（30分）	精密度(相对极差)	15	相对极差≤0.1 %		0	
			0.1%<相对极差≤0.2%		3	
			0.2%<相对极差≤0.3%		6	
			0.3%<相对极差≤0.4%		9	
			0.4%<相对极差≤0.5%		12	
			相对极差>0.5%		15	
	准确度(相对误差)	15	|相对误差|≤0.1%		0	
			0.1%<|相对误差|≤0.2%		3	
			0.2%<|相对误差|≤0.3%		6	
			0.3%<|相对误差|≤0.4%		9	
			0.4%<|相对误差|≤0.5%		12	
			|相对误差|>0.5%		15	

续表

项目/分值	考核内容	分值	扣分说明	考核记录	扣分	得分
(十)完成时间	完成时间(210 min)		不延时,提前完成不加分 完成时间:________ min			
总分		100				

2. 仪器分析项目:紫外分光光度法测定未知物的含量

(1) 目的

① 掌握吸收曲线的测绘方法;

② 掌握利用紫外吸收光谱曲线定性的方法;

③ 掌握用紫外分光光度法测定未知物含量的方法。

(2) 原理

山梨酸、磺基水杨酸、邻菲咯啉在近紫外光区都有较强的特征吸收,吸收稳定、重现性好,且它们的吸收曲线有显著的差别,可用紫外分光光度法进行定性分析和定量分析。

(3) 仪器和试剂

① 仪器

a. 紫外-可见分光光度计(TU—1900 型等);

b. 石英吸收池(1 cm),2 个;

c. 容量瓶(100 mL),10 个;

d. 吸量管(5 mL、10 mL),各 1 支;

e. 移液管(5 mL,1 支;10 mL,2 支;20 mL,1 支;25 mL,1 支);

f. 烧杯(50 mL),5 个;

g. 量筒(10 mL),1 个。

② 试剂

a. 标准储备液($1\ mg\cdot mL^{-1}$):山梨酸、磺基水杨酸、邻菲咯啉分别配成 $1\ mg\cdot mL^{-1}$ 的标准溶液,作为储备液。

b. 未知液:浓度为 400～600 $\mu g\cdot mL^{-1}$(其必为给定的三种溶液之一)。

(4) 步骤

① 未知物的定性分析

将未知液稀释成约 10 $\mu g\cdot mL^{-1}$ 的试液(可在烧杯中进行稀释)。以蒸馏水为参比,于 200～330 nm 波长范围内测定吸光度,作吸收曲线,用所制作的吸收曲线对照标准谱图,确定待测物质的名称,并依据吸收曲线确定测定波长。

小贴士

在 200～330 nm 波长范围内每隔 5 nm 测定一个吸光度值,在最大吸收波长的 ±5 nm范围内每隔 1 nm 测定一个吸光度值。

以下所附三种物质的标准谱图,可供定性分析参考。

a. 山梨酸的标准吸收光谱曲线

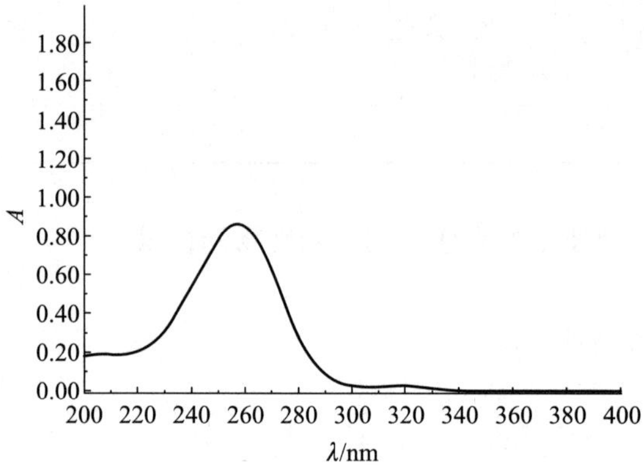

b. 磺基水杨酸的标准吸收光谱曲线

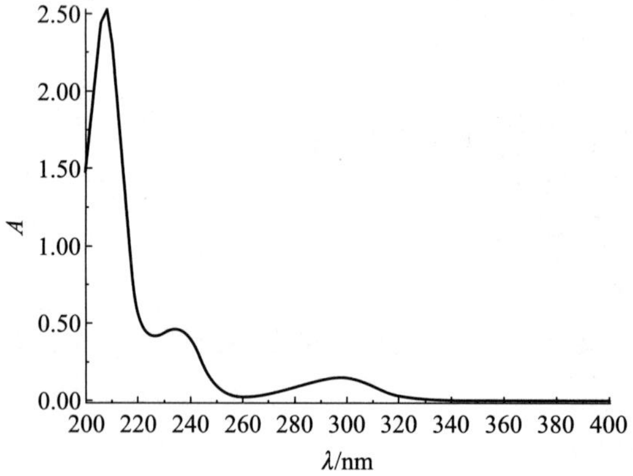

c. 邻菲咯啉的标准吸收光谱曲线

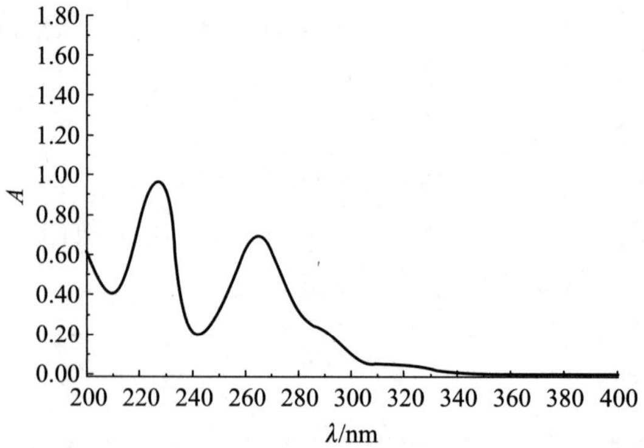

② 未知物的定量分析

a. 山梨酸含量的测定：准确量取 1 mg·mL^{-1} 山梨酸标准储备液 10.00 mL，在 100 mL容量瓶中定容，此溶液的质量浓度为 100 μg·mL^{-1}；再分别准确量取 1.00 mL、2.00 mL、3.00 mL、4.00 mL、5.00 mL上述溶液，在 100 mL 容量瓶中定容。准确量取 10.00 mL 未知液，在 100 mL 容量瓶中定容；再准确量取 2 份 5.00 mL 上述溶液，分别在 100 mL 容量瓶中定容。于最大吸收波长处(259 nm 附近)分别测定上述溶液的吸光度。由标准曲线上查得未知液的浓度，根据未知液的稀释倍数，计算试样溶液的浓度。

b. 磺基水杨酸含量的测定：准确量取 1 mg·mL^{-1} 磺基水杨酸标准储备液 20.00 mL，在 100 mL 容量瓶中定容，此溶液的质量浓度为 200 μg·mL^{-1}；再分别准确量取2.00 mL、4.00 mL、6.00 mL、8.00 mL、10.00 mL 上述溶液，在 100 mL 容量瓶中定容。准确量取 10.00 mL 未知液，在 100 mL 容量瓶中定容；再准确量取 2 份 25.00 mL 上述溶液，分别在 100 mL 容量瓶中定容。于最大吸收波长处(234 nm 附近)分别测定上述溶液的吸光度。在标准曲线上查得未知液的质量浓度，根据未知液的稀释倍数，计算试样溶液的质量浓度。

c. 邻菲咯啉含量的测定：准确量取 1 mg·mL^{-1} 邻菲咯啉标准储备液 10.00 mL，在 100 mL容量瓶中定容，此溶液的质量浓度为 100 μg·mL^{-1}；再分别准确量取 1.00 mL、2.00 mL、3.00 mL、4.00 mL、5.00 mL 上述溶液，在 100 mL 容量瓶中定容。准确量取 10.00 mL 未知液，在 100 mL 容量瓶中定容；再准确量取 2 份 5.00 mL 上述溶液，分别在 100 mL 容量瓶中定容。于最大吸收波长处(227 nm 附近)分别测定以上溶液的吸光度。由标准曲线上查得未知液的质量浓度，根据未知液的稀释倍数，计算试样溶液的质量浓度。

(5) 数据记录

① 未知物的定性分析

未知物试样质量浓度：________。

λ/nm										
A										
λ/nm										
A										
λ/nm										
A										
λ/nm										
A										
λ/nm										
A										

未知物为________；最大吸收波长 λ_{max} = ________ nm。

② 未知物的定量测定

a. 标准曲线的绘制

测量波长:________;标准溶液浓度:________。

吸收池配套性检查: $A_1=0.000$; $A_2=$________。

溶液代号	吸取标液体积/mL	$\rho_B/(\mu g\cdot mL^{-1})$	$A_{测定}$	$A_{实际}$
0				
1				
2				
3				
4				
5				

b. 未知物含量的测定

平行测定次数	1	2	备用
量取试样体积/mL			
试样定容体积/mL			
试样稀释倍数			
测定吸光度 $A_{测定}$			
实际吸光度 $A_{实际}$			
查得的质量浓度/ $(\mu g\cdot mL^{-1})$			
原始试样质量浓度/ $(\mu g\cdot mL^{-1})$			
平均值/ $(\mu g\cdot mL^{-1})$			
极差 (平均值) /%			

定量分析结果:未知物的浓度为________。

附:紫外分光光度法测定未知物的含量参照《仪器分析 操作考核评分细则》(如表 9.4所示)评分。

表 9.4 仪器分析 操作考核评分细则

项目	考核内容	分值	扣分说明	考核记录	扣分	得分
(一)仪器准备(2分)	实验前仪器的洗涤	1	① 洗涤方法			
			② 洗涤效果			
			注:每错一项扣 0.5 分,本大项的分扣完为止			
	分光光度计的准备	1	① 预热			
			② 预热时间			
			注:每错一项扣 0.5 分,本大项的分扣完为止			

续表

项目	考核内容	分值	扣分说明	考核记录	扣分	得分
(二)溶液制备(15分)	吸量管的润洗	2	① 从烧杯中吸取溶液润洗			
			② 插入溶液前管尖及其外壁的擦拭			
			③ 润洗液的用量			
			④ 润洗次数≥3次			
			注:每错一项扣0.5分,本大项的分扣完为止			
	吸量管移取试液操作	1	① 插入溶液前管尖及其外壁的擦拭			
			② 管尖插入溶液的深度			
			③ 移液操作方法			
			注:每错一项扣0.5分,本大项的分扣完为止			
	吸量管液面的调节	2	① 调节液面前管尖外壁的擦拭			
			② 液面调节方法			
			③ 液面调节准确			
			④ 液面不要调过			
			注:每错一项扣0.5分,本大项的分扣完为止			
	吸量管放液操作	1	① 放液方法			
			② 放液结束后停留的时间			
			注:每错一项扣0.5分,本大项的分扣完为止			
	容量瓶操作	3	① 定容方法			
			② 液面调节准确			
			③ 摇匀方法			
			④ 摇匀次数			
			第①③④项,每错一项扣0.5分 第②项每错一个扣1分,本大项的分扣完为止			
	标准系列溶液的配制	6	① 标准系列溶液少于7个(含空白)扣3分			
			② 每重配一个溶液扣3分,最多扣6分			
			注:吸光度测量后不允许重新配制溶液			

续表

项目	考核内容	分值	扣分说明	考核记录	扣分	得分
（三）吸收池的使用（2分）	吸收池的使用方法	2	① 握持方法			
			② 润洗方法及次数			
			③ 装液高度			
			④ 擦拭方法			
			⑤ 测量结束后的处理			
			注：每错一项扣0.5分，本大项的分扣完为止			
（四）分光光度计的使用（3分）	分光光度计的使用	3	① 参比溶液的选择			
			② 溶液不要洒落于仪器			
			③ 吸光度稳定后读数			
			④ 实验结束后关闭电源			
			⑤ 填写仪器使用记录本			
			注：每错一项扣0.5分，本大项的分扣完为止			
（五）数据记录（2分）	原始数据记录	2	① 数据直接填写在报告单上			
			② 数据记录及时			
			注：每错一项扣1分，本大项的分扣完为止			
（六）文明操作（2分）	台面的整洁 “三废”处理 实验结束工作	2	① 实验过程中及实验结束后台面整洁			
			② 废纸、废液不乱扔、乱倒			
			③ 实验结束后仪器的洗涤，仪器、试剂归位			
			注：每错一项扣0.5分，本大项的分扣完为止			
	仪器损坏		损坏仪器1件扣2分			
（七）定性测定（5分）	溶液配制	1	① 溶液配制方法			
	吸收曲线的绘制	2	② 数据点个数，点的准确性，曲线平滑，曲线名称、坐标、单位齐全			
	定性结论	2	③ 定性结论			
（八）定量测定（35分）	测定波长的选择	1	在给定波长的±3 nm范围内			
	吸收池配套性检查	1	检查方法及结果			

续表

项目	考核内容	分值	扣分说明	考核记录	扣分	得分
(八)定量测定(35 分)	工作曲线的绘制	2	① 曲线数据点准确			
			② 曲线数据点均匀分布在曲线上下两侧			
			③ 曲线的正确使用			
			④ 曲线名称、坐标、单位齐全			
			第①②③项,每错一项扣 1 分,第④项每少一个扣 0.5 分,本大项的分扣完为止			
	标准系列分布	2	分布合理			
	标准溶液的吸光度	2	大多数点(≥4 个点)的吸光度为 0.2～0.8			
	试样的稀释方法	2	1 次稀释倍数不能大于 50 倍			
	试样吸光度	3	在 0.4～0.6 范围内			
	工作曲线的线性	20	相关系数≥0.999 995		0	
			0.999 995>相关系数≥0.999 99		4	
			0.999 99>相关系数≥0.999 95		8	
			0.999 95>相关系数≥0.999 9		12	
			0.999 9>相关系数≥0.999 5		16	
			相关系数<0.999 5		20	
	工作曲线斜率	2	1.20≥k≥0.84		0	
			1.73≥k>1.20,0.84>k≥0.58		1	
			k>1.73,k<0.58		2	
(九)报告与数据处理(6 分)	报告	4	① 不空项			
			② 单位齐全、正确			
			③ 有效数字位数正确			
			④ 报告整洁、不修改			
			注:每错一个扣 0.5 分,每一项最多扣 2 分			
	涂改非原始数据		涂改非原始数据一个扣 2 分			
	涂改原始数据		涂改原始数据竞赛成绩为零			
	结果计算	2	① 计算公式			
			② 计算结果			
			注:每错一个扣 1 分,扣完为止			

续表

项目	考核内容	分值	扣分说明	考核记录	扣分	得分
(十)结果评价(28 分)	精密度	8	$A_{相差} \leqslant 0.001$		0	
			$A_{相差} = 0.002$		2	
			$A_{相差} = 0.003$		4	
			$A_{相差} = 0.004$		6	
			$A_{相差} > 0.004$		8	
	准确度	20	$\lvert 相对误差 \rvert \leqslant 0.25\ \%$		0	
			$0.25\ \% < \lvert 相对误差 \rvert \leqslant 0.5\ \%$		5	
			$0.5\ \% < \lvert 相对误差 \rvert \leqslant 0.75\ \%$		10	
			$0.75\ \% < \lvert 相对误差 \rvert \leqslant 1\ \%$		15	
			$\lvert 相对误差 \rvert > 1\ \%$		20	
(十一)完成时间	完成时间(210 min)		不延时,提前完成不加分 完成时间:________ min			
总分		100				

参考文献

[1] 四川大学化学工程学院，浙江大学化学系.分析化学实验.4 版.北京:高等教育出版社,2015.

[2] 华中师范大学，东北师范大学，陕西师范大学，等.分析化学实验.4 版.北京:高等教育出版社,2015.

[3] 武汉大学.分析化学实验.6 版. 北京:高等教育出版社,2021.

[4] 张小玲，张慧敏，邵清龙. 化学分析实验. 北京:北京理工大学出版社,2007.

[5] 金谷，江万权，周俊英. 定量分析化学实验. 合肥:中国科学技术大学出版社,2005.

[6] 奚旦立，孙裕生.环境监测.5 版.北京:高等教育出版社,2019.

[7] 刘珍，黄沛成，于世林，等. 化验易读本. 4 版. 北京:化学工业出版社,2004.

[8] 陈培榕，李景虹，邓勃. 现代仪器分析实验与技术. 2 版. 北京:清华大学出版社,2006.

[9] 穆华荣，陈志超. 仪器分析实验. 2 版. 北京:化学工业出版社,2004.

[10] 黄一石，吴朝华，杨小林.仪器分析.3 版.北京:化学工业出版社,2013.

[11] 黄一石，乔子荣.定量化学分析.3 版.北京:化学工业出版社,2014.

[12] 胡伟光，张文英.定量化学分析实验.4 版.北京:化学工业出版社,2020.

[13] 王英健.仪器分析.北京:科学出版社,2010.

[14] 魏培海，曹国庆.仪器分析.4 版.北京:高等教育出版社,2022.

[15] 曹国庆，倪超，肖珊美.仪器分析技术.2 版.北京:化学工业出版社,2018.

[16] 高等职业教育化学教材编写组. 分析化学. 6 版. 北京:高等教育出版社,2022.

[17] 王秀艳，牛桂玲，祁强，等. 分析化学实训. 北京:石油工业出版社,2020.

[18] 高等职业教育化学教材编写组. 无机化学实验. 6 版. 北京:高等教育出版社,2024.

[19] 高等职业教育化学教材编写组. 有机化学实验. 6 版. 北京:高等教育出版社,2024.

[20] 沈磊，季剑波. 世界技能大赛赛项指导书 化学实验室技术. 北京:化学工业出版社,2021.

[21] 王炳强，谢茹胜. 世界技能大赛化学实验室技术培训教材. 北京:化学工业出版社,2020.

附录

附录 1　常用酸碱的相对密度、质量分数和浓度

试剂名称	相对密度	质量分数	$c/(\mathrm{mol \cdot L^{-1}})$
盐酸	1.18～1.19	36%～38%	11.6～12.4
硝酸	1.39～1.40	65%～68%	14.4～15.2
硫酸	1.83～1.84	95%～98%	17.8～18.4
磷酸	1.69	85%	14.6
高氯酸	1.67～1.68	70%～72%	11.7～12.0
氢氟酸	1.13～1.14	40%	22.5
氢溴酸	1.49	47%	8.6
冰醋酸	1.05	99.8%(优级纯) 99.0%(分析纯)	17.4
醋酸	1.05	37%	6.0
氨水	0.88～0.90	25%～28%	13.3～14.8
三乙醇胺	1.12	—	7.5

附录 2　纯水的表观密度*

温度/℃	表观密度/$(\mathrm{g \cdot mL^{-1}})$	温度/℃	表观密度/$(\mathrm{g \cdot mL^{-1}})$
10	0.998 4	21	0.997 0
11	0.998 3	22	0.996 8
12	0.998 2	23	0.996 6
13	0.998 1	24	0.996 3
14	0.998 0	25	0.996 1
15	0.997 9	26	0.995 9
16	0.997 8	27	0.995 6
17	0.997 6	28	0.995 4
18	0.997 5	29	0.995 1
19	0.997 3	30	0.994 8
20	0.997 2		

(空气密度 $1.2\ \mathrm{g \cdot L^{-1}}$，玻璃体胀系数 $25\times10^{-6}\ ℃^{-1}$)

*(1) 此表适用于在 $1.1\sim1.3\ \mathrm{g \cdot L^{-1}}$ 的空气密度下，用衡量法测定钠钙玻璃(量器一般用这种软质玻璃制造)制造的量器的实际容量。

(2) 表观密度是指在一定的空气密度、温度下，玻璃量器容纳或释出的单位体积的纯水于 20 ℃时与黄铜砝码平衡所需砝码的质量。

附录 3　0～95 ℃时标准缓冲溶液的 pH

温度/℃	(1) 0.05 mol·L⁻¹草酸三氢钾	(2) 25 ℃饱和酒石酸氢钾	(3) 0.05 mol·L⁻¹邻苯二甲酸氢钾	(4) 0.025 mol·L⁻¹ KH_2PO_4＋0.25 mol·L⁻¹ Na_2HPO_4	(5) 0.008 695 mol·L⁻¹ KH_2PO_4＋0.030 43 mol·L⁻¹ Na_2HPO_4	(6) 0.01 mol·L⁻¹硼砂	(7) 25 ℃饱和氢氧化钙
0	1.666	—	4.003	6.984	7.534	9.464	13.423
5	1.668	—	3.999	6.951	7.500	9.395	13.207
10	1.670	—	3.998	6.923	7.472	9.332	13.003
15	1.672	—	3.999	6.900	7.448	9.276	12.810
20	1.675	—	4.002	6.881	7.429	9.225	12.627
25	1.679	3.557	4.008	6.865	7.413	9.180	12.454
30	1.683	3.552	4.015	6.853	7.400	9.139	12.289
35	1.688	3.549	4.024	6.844	7.389	9.102	12.133
38	1.691	3.548	4.030	6.840	7.384	9.081	12.043
40	1.694	3.547	4.035	6.838	7.380	9.068	11.984
45	1.700	3.547	4.047	6.834	7.373	9.038	11.841
50	1.707	3.549	4.060	6.833	7.367	9.011	11.705
55	1.715	3.554	4.075	6.834	—	8.985	11.574
60	1.723	3.560	4.091	6.836	—	8.962	11.449
70	1.743	3.580	4.126	6.845	—	8.921	—
80	1.766	3.609	4.164	6.859	—	8.885	—
90	1.792	3.650	4.205	6.877	—	8.850	—
95	1.806	3.674	4.227	6.886	—	8.833	—

附录 4　常用缓冲溶液的配制

缓冲溶液组成	pK_a	缓冲溶液的 pH	缓冲溶液配制方法
氨基乙酸－HCl	2.35 (pK_{a_1})	2.3	取 150 g 氨基乙酸溶于 500 mL 水中，加 80 mL 浓 HCl 溶液，用水稀释至 1 L
磷酸－柠檬酸盐		2.5	取 113 g $Na_2HPO_4\cdot 12H_2O$，溶于 200 mL 水后，加 387 g 柠檬酸，溶解，过滤后，稀释至 1 L
一氯乙酸－NaOH	2.86	2.8	取 200 g 一氯乙酸，溶于 200 mL 水中，加 40 g NaOH 溶解后，稀释至 1 L
邻苯二甲酸氢钾－HCl	2.95 (pK_{a_1})	2.9	取 500 g 邻苯二甲酸氢钾，溶于 500 mL 水中，加 80 mL 浓 HCl 溶液，稀释至 1 L
甲酸－NaOH	3.76	3.7	取 95 g 甲酸和 40 g NaOH 于 500 mL 水中，溶解，稀释至 1 L

续表

缓冲溶液组成	pK_a	缓冲溶液的 pH	缓冲溶液配制方法
$NH_4Ac-HAc$		4.5	取 27 g NH_4Ac 溶于 200 mL 水中,加 59 mL 冰醋酸,稀释至 1 L
NaAc−HAc	4.74	4.7	取 83 g 无水 NaAc 溶于水中,加 60 mL 冰醋酸、稀释至 1 L
NaAc−HAc	4.74	5.0	取 160 g 无水 NaAc 溶于水中,加 60 mL 冰醋酸,稀释至 1 L
$NH_4Ac-HAc$		5.0	取 250 g NH_4Ac 溶于水中,加 25 mL 冰醋酸,稀释至 1 L
六亚甲基四胺−HCl	5.15	5.4	取 400 g 六亚甲基四胺溶于 200 mL 水中,加100 mL 浓 HCl 溶液,稀释至 1 L
$NH_4Ac-HAc$		6.0	取 600 g NH_4Ac 溶于水中,加 20 mL 冰醋酸,稀释至 1 L
NaAc−磷酸盐		8.0	取 50 g 无水 NaAc 和 50 g $Na_2HPO_4 \cdot 12H_2O$ 溶于水中,稀释至 1 L
Tris[三羟甲基氨甲烷,$CNH_2(HOCH_3)_3$]−HCl	8.21	8.2	取 25 g Tris 试剂溶于水中,加 8 mL 浓 HCl 溶液,稀释至 1 L
NH_3-NH_4Cl	9.26	9.2	取 54 g NH_4Cl 溶于水中,加 63 mL 浓氨水,稀释至 1 L
NH_3-NH_4Cl	9.26	9.5	取 54 g NH_4Cl 溶于水中,加 126 mL 浓氨水,稀释至 1 L
NH_3-NH_4Cl	9.26	10.0	取 54 g NH_4Cl 溶于水中,加 350 mL 浓氨水,稀释至 1 L

注:(1) 缓冲溶液配制后可用 pH 试纸检查,若 pH 不对,则可用共轭酸或碱调节,欲精确调节 pH 可用 pH 计。
(2) 若需增加或减少缓冲溶液的缓冲容量,可相应增加或减少共轭酸碱对物质的量,再调节之。

附录 5　滴定分析中常用指示剂

1. 酸碱指示剂

指示剂名称	pH 变色范围与指示剂颜色	配制方法
甲基紫 (第一变色范围) (第二变色范围)	0.13～0.5 黄～绿 1.0～1.5 绿～蓝	0.1%水溶液
百里酚蓝 (第一变色范围)	1.2～2.8 红～黄	(1) 0.1 g 指示剂溶于 100 mL 20%乙醇中 (2) 0.1 g 指示剂溶于含有 4.3 mL 0.05 $mol \cdot L^{-1}$ NaOH 溶液的 100 mL 水溶液中

指示剂名称	pH 变色范围与指示剂颜色	配制方法
五甲氧基红	1.2～3.2 红紫～无色	0.1 g 指示剂溶于 100 mL 70%乙醇中
甲基紫 (第三变色范围)	2.0～3.0 蓝～紫	0.1%水溶液
甲基橙	3.1～4.4 红～橙黄	0.1%水溶液
溴酚蓝	3.0～4.6 黄～蓝	(1) 0.1 g 指示剂溶于 100 mL 20%乙醇中 (2) 0.1 g 指示剂溶于含有 3 mL 0.05 $mol \cdot L^{-1}$ NaOH 溶液的 100 mL 水溶液中
刚果红	3.0～5.2 蓝紫～红	0.1%水溶液
溴甲酚绿	3.8～5.4 黄～蓝	(1) 0.1 g 指示剂溶于 100 mL 20%乙醇中 (2) 0.1 g 指示剂溶于含有 2.9 mL 0.05 $mol \cdot L^{-1}$ NaOH 溶液的 100 mL 水溶液中
甲基红	4.4～6.2 红～黄	0.1 或 0.2 g 指示剂溶于 100 mL 60%乙醇中
四碘荧光黄	4.5～6.5 无色～红	0.1%水溶液
氯酚红	5.0～6.0 黄～红	(1) 0.1 g 指示剂溶于 100 mL 20%乙醇中 (2) 0.1 g 指示剂溶于含有 4.7 mL 0.05 $mol \cdot L^{-1}$ NaOH 溶液的 100 mL 水溶液中
溴酚红	5.0～6.8 黄～红	(1) 0.1 g 指示剂溶于 100 mL 20%乙醇中 (2) 0.1 g 指示剂溶于含有 3.9 mL 0.05 $mol \cdot L^{-1}$ NaOH 溶液的 100 mL 水溶液中
对硝基苯酚	5.6～7.6 无色～黄	0.1%水溶液
溴百里酚蓝	6.0～7.6 黄～蓝	(1) 0.1 g 指示剂溶于 100 mL 20%乙醇中 (2) 0.1 g 指示剂溶于含有 3.2 mL 0.05 $mol \cdot L^{-1}$ NaOH 溶液的 100 mL 水溶液中
中性红	6.8～8.0 红～亮黄	0.1 g 指示剂溶于 100 mL 60%乙醇中
酚红	6.4～8.2 黄～红	(1) 0.05 g 或 0.1 g 指示剂溶于 100 mL 20%乙醇中 (2) 0.05 g 或 0.1 g 指示剂溶于含有 5.7 mL 0.05 $mol \cdot L^{-1}$ NaOH 溶液的 100 mL 水溶液中
甲酚红	7.2～8.8 亮黄～红紫	(1) 0.1 g 指示剂溶于 100 mL 50%乙醇中 (2) 0.1 g 指示剂溶于含有 5.3 mL 0.05 $mol \cdot L^{-1}$ NaOH 溶液的 100 mL 水溶液中

续表

指示剂名称	pH 变色范围与指示剂颜色	配制方法
百里酚蓝（第二变色范围）	8.0～9.6 黄～蓝	同第一变色范围
酚酞	8.0～9.8 无色～紫红	0.1 g 或 1 g 指示剂溶于 100 mL 60%乙醇中
百里酚酞	9.4～10.6 无色～蓝	0.1 g 指示剂溶于 100 mL 90%乙醇中
硝胺	11.0～13.0 无色～红棕	0.1 g 指示剂溶于 100 mL 60%乙醇中
达旦黄	12.0～13.0 黄～红	0.1%水溶液

2. 混合酸碱指示剂

混合指示剂组成	变色点 pH	酸色	碱色	备注
1 份 0.1%甲基黄乙醇溶液 1 份 0.1%亚甲基蓝乙醇溶液	3.25	蓝紫	绿	pH 3.4 绿色 pH 3.2 蓝紫
1 份 0.1%甲基橙水溶液 1 份 0.25%靛蓝二磺酸水溶液	4.1	紫	黄绿	
1 份 0.1%溴甲酚绿钠盐水溶液 1 份 0.2%甲基橙水溶液	4.3	橙	蓝绿	pH 3.5 黄色 pH 4.0 绿黄 pH 4.3 浅绿
3 份 0.1%溴甲酚绿乙醇溶液 1 份 0.2%甲基红乙醇溶液	5.1	酒红	绿	
1 份 0.2%甲基红乙醇溶液 1 份 0.1%亚甲基蓝乙醇溶液	5.4	红紫	绿	pH 5.2 红紫 pH 5.4 暗蓝 pH 5.6 绿色
1 份 0.1%氯酚红钠盐水溶液 1 份 0.1%苯胺蓝水溶液	5.3	绿	紫	pH 5.6 呈淡紫色
1 份 0.1%溴甲酚绿钠盐水溶液 1 份 0.1%氯酚红钠盐水溶液	6.1	黄绿	蓝紫	pH 5.4 呈蓝紫 pH 5.8 蓝色 pH 6.0 蓝微带紫 pH 6.2 蓝紫
1 份 0.1%溴甲酚紫钠盐水溶液 1 份 0.1%溴百里酚蓝钠盐水溶液	6.7	蓝	紫蓝	pH 6.2 黄紫 pH 6.6 紫 pH 6.8 蓝紫

续表

混合指示剂组成	变色点 pH	酸色	碱色	备注
1 份 0.1%中性红乙醇溶液 1 份亚甲基蓝乙醇溶液	7.0	蓝紫	绿	pH 7.0 蓝紫
1 份 0.1%中性红乙醇溶液 1 份 0.1%溴百里酚蓝乙醇溶液	7.2	玫瑰	绿	pH 7.4 暗绿 pH 7.2 浅红 pH 7.0 玫瑰色
1 份 0.1%溴百里酚蓝钠盐水溶液 1 份 0.1%酚红钠盐水溶液	7.5	黄	紫	pH 7.2 暗绿 pH 7.4 淡紫 pH 7.6 深紫
1 份 0.1%甲酚红钠盐水溶液 3 份 0.1%百里酚蓝钠盐水溶液	8.3	黄	紫	pH 8.2 玫瑰色 pH 8.4 紫色
1 份 0.1%百里酚蓝 50%乙醇溶液 3 份 0.1%酚酞 50%乙醇溶液	9.0	黄	紫	从黄到绿再到紫
2 份 0.1%百里酚酞乙醇溶液 1 份 0.1%茜素黄乙醇溶液	10.2	黄	绿	
2 份 0.2%尼罗蓝水溶液 1 份 0.1%茜素黄乙醇溶液	10.8	绿	红棕	

3. 配位滴定指示剂

指示剂名称	用于测定			配制方法
	测定元素	颜色变化	测定条件	
酸性铬蓝 K	Ca	红～蓝	pH＝12	0.1%乙醇溶液
	Mg	红～蓝	pH＝10(氨性缓冲溶液)	
钙指示剂	Ca	酒红～蓝	pH＞12(KOH 或 NaOH)	与 NaCl 配成质量比为 1∶100的固体混合物
铬天青 S	Al	紫～黄橙	pH＝4(醋酸缓冲溶液),热	0.4%水溶液
	Cu	蓝紫～黄	pH＝6～6.5(醋酸缓冲溶液)	
	Fe(Ⅲ)	蓝～橙	pH＝2～3	
	Mg	红～黄	pH＝10～11(氨性缓冲溶液)	
二硫腙	Zn	红～绿紫	pH＝4.5,50%(体积分数)乙醇溶液	0.03%乙醇溶液

续表

指示剂名称	用于测定			配制方法
	测定元素	颜色变化	测定条件	
铬黑 T	Al	蓝～红	pH＝7～8，吡啶存在下，以 Zn^{2+} 回滴	与 NaCl 配成 1∶100 的固体混合物
	Bi	蓝～红	pH＝9～10，以 Zn^{2+} 回滴	
	Ca	红～蓝	pH＝10，加入 EDTA-Mg	
	Cd	红～蓝	pH＝10(氨性缓冲溶液)	
	Mg	红～蓝	pH＝10(氨性缓冲溶液)	
	Mn	红～蓝	氨性缓冲溶液，加羟胺	
	Ni	红～蓝	氨性缓冲溶液	
	Pb	红～蓝	氨性缓冲溶液，加酒石酸钾	
	Zn	红～蓝	pH＝6.8～10(氨性缓冲溶液)	
紫脲酸铵	Ca	红～紫	pH＞10(NaOH)，体积分数为25%乙醇	与 NaCl 配成质量比为1∶100的固体混合物
	Co	黄～紫	pH＝8～10(氨性缓冲溶液)	
	Cu	黄～紫	pH＝7～8(氨性缓冲溶液)	
	Ni	黄～紫红	pH＝8.5～11.5(氨性缓冲溶液)	
PAN	Cd	红～黄	pH＝6(醋酸缓冲溶液)	0.2%乙醇(或甲醇)溶液
	Co	黄～红	醋酸缓冲溶液，70～80 ℃，以 Cu^{2+} 回滴	
	Cu	紫～黄	pH＝10(氨性缓冲溶液)	
		红～黄	pH＝6(醋酸缓冲溶液)	
	Zn	粉红～黄	pH＝5～7(醋酸缓冲溶液)	
PAR	Bi	红～黄	pH＝1～2(HNO_3)	0.05%或0.2%水溶液
	Cu	红～黄(绿)	pH＝5～11(六亚甲基四胺，氨性缓冲溶液)	
	Pb	红～黄	六亚甲基四胺或氨性缓冲溶液	
邻苯二酚紫	Cd	蓝～红紫	pH＝10(氨性缓冲溶液)	0.1%水溶液
	Co	蓝～红紫	pH＝8～9(氨性缓冲溶液)	
	Cu	蓝～黄绿	pH＝6～7，吡啶溶液	
	Fe(Ⅲ)	黄绿～蓝	pH＝6～7，吡啶存在下，以 Cu^{2+} 回滴	
	Mg	蓝～红紫	pH＝10(氨性缓冲溶液)	
	Mn	蓝～红紫	pH＝9(氨性缓冲溶液)，加羟胺	
	Pb	蓝～黄	pH＝5.5(六亚甲基四胺)	
	Zn	蓝～红紫	pH＝10(氨性缓冲溶液)	
磺基水杨酸	Fe(Ⅲ)	红紫～黄	pH＝1.5～2	1%～2%水溶液
试钛灵	Fe(Ⅲ)	蓝～黄	pH＝2～3(醋酸热溶液)	2%水溶液

续表

指示剂名称	用于测定			配制方法
	测定元素	颜色变化	测定条件	
二甲酚橙(XO)	Bi	红～黄	pH＝1～2(HNO_3)	0.5%乙醇(或水)溶液
	Cd	粉红～黄	pH＝5～6(六亚甲基四胺)	
	Pb	红紫～黄	pH＝5～6(醋酸缓冲溶液)	
	Th(Ⅳ)	红～黄	pH＝1.6～3.5(HNO_3)	
	Zn	红～黄	pH＝5～6(醋酸缓冲溶液)	

4. 氧化还原指示剂

指示剂名称	变色电位 $E^\ominus$/V (pH＝0)	颜色变化		配制方法
		氧化态	还原态	
中性红	0.24	红色	无色	0.05 g指示剂溶于100 mL 60%乙醇中
酚藏花红	0.28	无色	红色	0.2%水溶液
亚甲基蓝	0.36	蓝色	无色	0.05%水溶液
变胺蓝	0.59 (pH＝2)	无色	蓝色	0.05%水溶液
二苯胺	0.76	紫色	无色	1%浓硫酸溶液
二苯胺磺酸钠	0.85	紫红	无色	0.5%水溶液
邻苯氨基苯甲酸	1.08	紫红	无色	0.1 g 指示剂加 20 mL 5%的 Na_2CO_3 溶液,用水稀释至 100 mL
邻菲咯啉-Fe(Ⅱ) (试亚铁灵)	1.06	浅蓝	红色	1.485 g 邻菲咯啉,0.695 g 硫酸亚铁溶于 100 mL 水中
硝基邻菲咯啉-Fe(Ⅱ)	1.25	浅蓝	紫红	1.608 g 5-硝基邻菲咯啉,0.695 g 硫酸亚铁溶于 100 mL 水中
淀粉溶液*				0.5 g 可溶性淀粉,加少许水调成浆状,不断搅拌下注于 100 mL 沸水中,微沸 1～2 min。必要时可加入 0. 1 g 水杨酸防腐
甲基橙**				0.1%水溶液

* 淀粉溶液本身并不具有氧化还原性,但在碘法中起指示剂作用,淀粉与 I_3^- 生成深蓝色吸附化合物,当 I_3^- 被还原时,深蓝色消失,因此蓝色的出现和消失可指示终点。通常称淀粉为氧化还原滴定中的特殊指示剂。

** 在溴酸钾法中使用,用 $KBrO_3$ 标准溶液滴定至溶液有微过量的 Br_2 时,指示剂被氧化,结构遭到破坏,溶液褪色,即可指示终点,因颜色不能复原,所以称为不可逆指示剂。

5. 沉淀滴定指示剂

指示剂名称	待测离子	滴定剂	滴定条件	颜色变化	配制方法
铬酸钾	Br^-,Cl^-	Ag^+	pH 6.5～10.5	乳白～砖红	5%水溶液 饱和 1 $mol\cdot L^{-1}$
铁铵矾	Ag^+	CNS^-	0.1～1 $mol\cdot L^{-1}$ HNO_3 溶液中	乳白～浅红	HNO_3 溶液(约 40%)
荧光黄	Cl^-	Ag^+	pH 7～10	黄绿～粉红	0.2%乙醇溶液
二氯荧光黄	Cl^-	Ag^+	pH 4～10	黄绿～红	0.1%水溶液
曙红	Br^-,I^-,SCN^-	Ag^+	pH 2～10	橙～深红	0.5%水溶液
罗丹明 6G	Ag^+	Br^-	0.3 $mol\cdot L^{-1}$ HNO_3	橙～红紫	0.1%水溶液
茜素红 S	SO_4^{2-}	Ba^{2+}	pH 2～3	白～红	0.05%或 0.2%水溶液

附录 6　常用干燥剂

干燥剂	干燥能力 (经干燥后空气中剩余水分)/($mg\cdot L^{-1}$)	应用实例
硅胶	6×10^{-3}	NH_3、O_2、N_2、空气及仪器防潮
P_2O_5	2×10^{-5}	CS_2、H_2、O_2、SO_2、N_2、CH_4 等
$CaCl_2$	0.14	H_2、O_2、HCl、Cl_2、H_2S、NH_3、CO_2、CO、N_2、SO_2、CH_4、乙醚等
碱石灰	—	NH_3、O_2、N_2 等,并可除去气体中的 CO_2 和酸气
浓硫酸	3×10^{-3}	As_2O_3、I_2、$AgNO_3$、SO_2、卤代烷、饱和烃
分子筛	1.2×10^{-3}	O_2、H_2、空气、乙醇、乙醚、甲醇、吡啶、丙酮、苯等

附录 7　常 用 坩 埚

坩埚材料	最高使用温度/℃	适用试剂	备注
瓷	1 100	除氢氟酸、强碱、碳酸钠、焦硫酸盐外,都可使用	膨胀系数小,耐酸,价廉
刚玉	1 600	碳酸钠、硫代硫酸钠等	耐高温,质坚,易碎,不耐酸
铂	1 200	碱熔融、氢氟酸处理试样	质软,易划伤,拒熔含磷和硫的物质
银	700	苛性碱及过氧化钠熔融	高温时易氧化,不耐酸,尤其不能接触热硝酸,拒熔含硫物质
镍	900	过氧化钠及碱熔融	价廉、可替代银坩埚使用、不易氧化
铁	600	过氧化钠等	价廉、可替代镍坩埚使用
石英	1 000	焦硫酸钾、硫酸氢钾等	不可使用氢氟酸、苛性碱等
聚四氟乙烯	200	各种酸碱	主要代替铂坩埚用于氢氟酸分解试样,且用氢氟酸-硫酸作熔剂时,不能加热到冒烟

附录8　气相色谱中常用担体

商品牌号	组成、规格和用途
101	白色硅藻土担体。硅藻土经过选洗后，加碱性助熔剂，再经高温灼烧而成的弱碱性担体
101 酸洗	101 担体经盐酸处理
101 硅烷化	101 担体经六甲基二硅氨烷处理
102	白色硅藻土担体。硅藻土经过选洗后，加中性助熔剂，再经高温灼烧而成的近中性担体
201	红色硅藻土担体。由硅藻土加填料成型，再高温灼烧，适合于分析非极性物质
201 酸洗	201 担体经盐酸处理而成
202	红色硅藻土担体。由硅藻土成型，经高温灼烧而成
405	白色硅藻土担体。化学组成：SiO_2 89.88%，Al_2O_3 4.85%，Na_2O 0. 40%，K_2O 0.02%，TiO_2 0.40%，Fe_2O_3 0.35%，MgO+CaO 3.95%，灼碱 0.15%。比表面积 $1.3\times10^3\ m^2\cdot kg^{-1}$，表观密度 430 $kg\cdot m^{-3}$。吸附性低，催化性能小，适用于分析高沸点、极性和易分解化合物
6201	红色硅藻土担体。化学组成：SiO_2 74. 3%，Al_2O_3 13.25%，Na_2O 0. 13%，K_2O 0.25%，TiO_2 0.47%，Fe_2O_3 1.55%，MgO+CaO 4.26%，灼碱 5.7%。比表面积 $5\times10^3\ m^2\cdot kg^{-1}$，表观密度 470 $kg\cdot m^{-3}$。适用于分析非极性物质
Celite	白色硅藻土担体
Celatom	白色 Celite 型硅藻土担体
Gas Chrom A	酸洗的 Celatom
Gas Chrom P	酸碱洗的 Celatom
Gas Chrom Q	用二甲基二氯硅烷处理的 Gas Chrom P。催化吸附性小，为同类型中最好的担体，重现性好，表面均匀，适用于分析农药、药物、甾族化合物
Chromosorb G	白色硅藻土担体。比表面积 500 $m^2\cdot kg^{-1}$，机械强度和红色担体相似，堆积密度 470 $kg\cdot m^{-3}$，填充密度 580 $kg\cdot m^{-3}$
Chromosorb P	红色硅藻土担体。化学组成：SiO_2 90.6%，Al_2O_3 4.4%，Fe_2O_3 1. 6%，TiO_2 0.2%，CaO 0.6%，Na_2O+K_2O 1.0%，水分 0.3%。比表面积 $4\times10^3\ m^2\cdot kg^{-1}$，堆积密度 380 $kg\cdot m^{-3}$，填充密度 470 $kg\cdot m^{-3}$，适用于分析碳氢化合物

附录 9　国际相对原子质量表

元素		相对原子质量	元素		相对原子质量	元素		相对原子质量	元素		相对原子质量
符号	名称		符号	名称		符号	名称		符号	名称	
Ac	锕	[227]	Er	铒	167.26	Mn	锰	54.938 05	Ru	钌	101.07
Ag	银	107. 868 2	Es	锿	[254]	Mo	钼	95.94	S	硫	32.066
Al	铝	26. 981 54	Eu	铕	151.964	N	氮	14.006 74	Sb	锑	121.760
Am	镅	[243]	F	氟	18.988 40	Na	钠	22.989 77	Sc	钪	44.955 91
Ar	氩	39.948	Fe	铁	55.845	Nb	铌	92.906 38	Se	硒	78.96
As	砷	74.921 60	Fm	镄	[257]	Nd	钕	144.24	Si	硅	28.085 5
At	砹	[210]	Fr	钫	[223]	Ne	氖	20.179 7	Sm	钐	150.36
Au	金	196.966 55	Ga	镓	69.723	Ni	镍	58.693 4	Sn	锡	118.710
B	硼	10.811	Gd	钆	157.25	No	锘	[254]	Sr	锶	87.62
Ba	钡	137.327	Ge	锗	72.61	Np	镎	237.048 2	Ta	钽	180.947 9
Be	铍	9.012 18	H	氢	1.007 94	O	氧	15.999 4	Tb	铽	158.925 34
Bi	铋	208.980 38	He	氦	4.002 60	Os	锇	190.23	Tc	锝	98.906 2
Bk	锫	[247]	Hf	铪	178.49	P	磷	30.973 76	Te	碲	127.60
Br	溴	79.904	Hg	汞	200.59	Pa	镤	231.035 88	Th	钍	232.038 1
C	碳	12.010 7	Ho	钬	164.930 32	Pb	铅	207.2	Ti	钛	47.867
Ca	钙	40.078	I	碘	126.904 47	Pd	钯	106.42	Tl	铊	204.383 3
Cd	镉	112.411	In	铟	114.818	Pm	钷	[145]	Tm	铥	168.934 21
Ce	铈	140.116	Ir	铱	192.217	Po	钋	[～210]	U	铀	238.028 9
Cf	锎	[251]	K	钾	39.098 3	Pr	镨	140.907 65	V	钒	50.941 5
Cl	氯	35.452 7	Kr	氪	83.80	Pt	铂	195.078	W	钨	183.84
Cm	锔	[247]	La	镧	138.905 5	Pu	钚	[244]	Xe	氙	131.29
Co	钴	58.933 20	Li	锂	6.941	Ra	镭	226.025 4	Y	钇	88.905 85
Cr	铬	51.996 1	Lr	铹	[257]	Rb	铷	85.467 8	Yb	镱	173.04
Cs	铯	132.905 45	Lu	镥	174.967	Re	铼	186.207	Zn	锌	65.39
Cu	铜	63.546	Md	钔	[256]	Rh	铑	102.905 50	Zr	锆	91.224
Dy	镝	162.50	Mg	镁	24.305 0	Rn	氡	[222]			

附录 10　化合物的摩尔质量

化学式	$M/(g\cdot mol^{-1})$	化学式	$M/(g\cdot mol^{-1})$
AgBr	187.77	$AgNO_3$	169.87
AgSCN	165.95	$Al(C_9H_7ON)_3$(8-羟基喹啉铝)	459.44
AgCl	143.32	$AlK(SO_4)_2\cdot 12H_2O$	474.38
Ag_2CrO_4	331.73	Al_2O_3	101.96
AgI	234.77	As_2O_3	197.84

续表

化学式	$M/(g\cdot mol^{-1})$	化学式	$M/(g\cdot mol^{-1})$
As_2O_5	229.84	$HgCl_2$	271.50
$BaCO_3$	197.34	HCOOH	46.03
$BaCl_2\cdot 2H_2O$	244.27	H_2CO_3	62.03
$BaCrO_4$	253.32	$H_2C_2O_4$	90.04
$BaSO_4$	233.39	$H_2C_2O_4\cdot 2H_2O$(草酸)	126.07
$Bi(NO_3)_3\cdot 5H_2O$	485.07	$H_2C_4H_4O_4$(丁二酸)	118.09
Bi_2O_3	465.96	$H_2C_4H_4O_6$(酒石酸)	150.09
$CaCO_3$	100.09	$H_3C_6H_5O_7\cdot H_2O$(柠檬酸)	210.14
$CaC_2O_4\cdot H_2O$	146.11	$H_2C_4H_4O_5$	134.09
$CaCl_2$	110.99	(DL-苹果酸)	
CaO	56.08	$HC_3H_6NO_2$	89.10
$CaSO_4$	136.14	(DL-α-丙氨酸)	
$CaSO_4\cdot 2H_2O$	172.17	HCl	36.16
$Cd(NO_3)_2\cdot 4H_2O$	308.48	HNO_3	63.01
CdO	128.41	H_2O_2	34.01
$CdSO_4$	208.47	H_3PO_4	98.00
CH_2O(甲醛)	60.03	H_2S	34.08
CH_3COOH	60.05	H_2SO_3	82.07
$C_{14}H_{14}N_3O_3SNa$(甲基橙)	327.33	H_2SO_4	98.08
$C_6H_5NO_3$(硝基酚)	139.11	$HClO_4$	100.46
$C_4H_3N_2O_2$(丁二酮肟)	116.12	$KAl(SO_4)_2\cdot 12H_2O$	474.38
$(CH_2)_6N_4$(六亚甲基四胺)	140.19	KBr	119.00
$C_7H_5O_6S\cdot 2H_2O$(磺基水杨酸)	254.22	$KBrO_3$	167.00
C_9H_7NO(8-羟基喹啉)	145.16	KCN	65.12
$C_{12}H_8N_2\cdot H_2O$(邻菲咯啉)	198.22	KSCN	97.18
$C_2H_6NO_2$(氨基乙酸,甘氨酸)	75.07	K_2CO_3	138.21
$C_6H_{12}N_2O_4S_2$(L-胱氨酸)	240.30	KCl	74.55
$CoCl_2\cdot 6H_2O$	237.93	$KClO_2$	122.55
CuI	190.45	$KClO_4$	138.55
$Cu(NO_3)_2\cdot 3H_2O$	241.60	K_2CrO_4	194.19
CuO	79.55	$K_2Cr_2O_7$	294.18
CuSCN	121.62	$K_3Fe(CN)_6$	329.25
$CuSO_4\cdot 5H_2O$	249.68	$K_4Fe(CN)_6$	368.35
$FeCl_3\cdot 6H_2O$	270.80	$KHC_4H_4O_6$(酒石酸氢钾)	188.18
$Fe(NO_3)_3\cdot 9H_2O$	404.00	KI	166.00
FeO	71.85	KIO_3	214.00
Fe_2O_3	159.69	$KMnO_4$	158.03
Fe_3O_4	231.54	KH_2PO_4	136.09
$FeSO_4\cdot 7H_2O$	278.01	KNO_3	101.10
Hg_2Cl_2	472.09	KOH	56.11
$HgSO_4$	29.65	K_2PtCl_6	485.99

续表

化学式	$M/(g \cdot mol^{-1})$	化学式	$M/(g \cdot mol^{-1})$
$KHSO_4$	136.16	$Na_2H_2C_{10}H_{12}O_3N_2 \cdot 2H_2O$	372.24
K_2SO_4	174.25	Na_2HPO_4	141.96
$K_2S_2O_7$	254.31	$Na_2HPO_4 \cdot 12H_2O$	358.14
$KHC_8H_4O_6$(苯二甲酸氢钾)	204.22	$NaHSO_4$	120.06
$K_3C_6H_5O_7$(柠檬酸钾)	306.40	Na_2SO_4	142.04
$Mg(C_9H_7ON)_2$(8-羟基喹啉镁)	312.61	Na_2SO_3	126.04
$MgNH_4PO_4 \cdot 6H_2O$	245.41	Na_2O	61.98
MgO	40.30	$NaOH$	39.997
$Mg_2P_2O_7$	222.55	$NaNO_2$	69.00
$MgSO_4 \cdot 7H_2O$	246.47	$Na_2S_2O_3 \cdot 5H_2O$	248.17
MnO_2	86.94	$NiCl_2 \cdot 6H_2O$	237.96
$MnSO_4$	151.00	$NiSO_4 \cdot 7H_2O$	280.85
NH_3	17.03	$Ni(C_4H_7N_2O_2)_2$(丁二酮肟镍)	288.91
$NH_4C_2H_3O_2$(乙酸铵)	77.08	PbO	223.2
NH_4SCN	76.12	$Pb(C_2H_3O_2)_2 \cdot 3H_2O$	379.8
$(NH_4)_2C_2O_4 \cdot H_2O$	142.11	$PbCrO_4$	323.2
NH_4Cl	53.49	$PbCl_2$	278.1
NH_4F	37.04	$Pb(NO_3)_2$	331.2
$NH_4Fe(SO_4)_2 \cdot 12H_2O$	482.18	PbS	239.3
$(NH_4)_2Fe(SO_4)_2 \cdot 6H_2O$	392.13	$PbSO_4$	303.3
NH_4HF_2	57.05	SO_2	64.06
NH_4NO_3	80.04	SO_3	80.06
$(NH_4)_3PO_4 \cdot 12MoO_4$	1 876.31	SiF_4	104.08
$NH_2OH \cdot HCl$(盐酸羟胺)	69.49	SiO_2	60.08
$Na_4B_4O_7 \cdot 10H_2O$	381.37	$SnCl_2 \cdot 2H_2O$	225.63
Na_2BiO_3	279.97	$SnCl_4$	260.50
$NaC_2H_3O_2$(乙酸钠)	82.03	SnO	134.69
$NaC_2H_3O_2 \cdot 3H_2O$	136.08	SnO_2	150.69
$Na_3C_6H_5O_7$(柠檬酸钠)	258.07	$SrCO_3$	147.63
$NaC_5H_8NO_4 \cdot H_2O$(L-谷氨酸钠)	187.13	$Sr(NO_3)_2$	211.63
$Na_2C_2O_4$	134.00	$SrSO_4$	183.68
Na_2CO_3	105.99	$TiCl_3$	154.24
$Na_2CO_3 \cdot 10H_2O$	286.14	TiO_2	79.88
$NaCl$	58.44	$Zn(NO_3)_2 \cdot 4H_2O$	261.46
$NaClO_4$	122.44	$Zn(NO_3)_2 \cdot 6H_2O$	297.49
NaF	41.99	ZnS	97.46
$NaHCO_3$	84.01	$ZnSO_4$	161.45
$Na_2H_2C_{10}H_{12}O_3N_2$(EDTA 二钠盐)	372.24	$ZnSO_4 \cdot 7H_2O$	287.56

读者意见反馈

为收集对教材的意见建议，进一步完善教材编写并做好服务工作，读者可将对本教材的意见建议通过如下渠道反馈至我社。

咨询电话　400－810－0598

反馈邮箱　gjdzfwb@pub.hep.cn

通信地址　北京市朝阳区惠新东街4号富盛大厦1座

　　　　　高等教育出版社总编辑办公室

邮政编码　100029

责任编辑：苗叶凡

高等教育出版社　高等职业教育出版事业部

地址：北京市朝阳区惠新东街4号富盛大厦1座19层

邮编：100029

联系电话：010－58556582

E－mail：miaoyf@hep.com.cn

高教社高职化学化工教育教师 QQ 群：149057920

（申请配套教学课件请联系责任编辑）